普通高等教育"十一五"国家级规划教材　计算机系列教材

刘华蓥　衣治安　主　编
吴雅娟　韩玉祥　副主编

C程序设计教程
（第3版）（微课版）

清华大学出版社

北京

内 容 简 介

本书采用开门见山的编写思路，开篇直奔主题，通过例题介绍 C 语言的一些基本概念，让学生在做中学，在编程中体会，避免了基础知识的枯燥介绍过程。通过合理布局减少了一些臃肿的叙述，以循环、数组、函数和指针为重点，大幅度减少了数据类型、共用体、编译预处理和位运算的篇幅。

全书共 10 章，以概述开篇，然后是 3 种基本结构(顺序结构程序设计、选择结构程序设计、循环结构程序设计)、数组、函数、指针、结构体与动态内存分配、文件和 C 语言涉及的其他知识。书中共有 153 道例题，同时引入了"通讯录管理系统"和"链表操作"等案例程序，除特别声明外，全部在 Visual C++ 6.0 环境中调试运行。

本书是作者总结 20 多年 C 语言教学经验，参考众多国内外优秀教材，综合分析学生的学习规律和接受能力后而精心组织编写的，适合作为高等学校的 C 语言教材，也适合作为广大编程爱好者的自学读物。课程组录制了 110 个知识点的讲解视频，扫描书中的二维码即可播放对应的知识点视频，更加便于读者学习和复习。

图书在版编目(CIP)数据

C 程序设计教程：微课版/刘华鋈，衣治安主编. —3 版. —北京：清华大学出版社，2022.1(2022.9重印)
计算机系列教材
ISBN 978-7-302-59538-0

Ⅰ. ①C⋯　Ⅱ. ①刘⋯ ②衣⋯　Ⅲ. ①C 语言－程序设计－高等学校－教材　Ⅳ. ①TP312.8

中国版本图书馆 CIP 数据核字(2021)第 229606 号

责任编辑：张瑞庆
封面设计：常雪影
责任校对：胡伟民
责任印制：朱雨萌

出版发行：清华大学出版社
　　　　　网　　　址：http://www.tup.com.cn，http://www.wqbook.com
　　　　　地　　　址：北京清华大学学研大厦 A 座　　　　邮　　编：100084
　　　　　社　总　机：010-83470000　　　　　　　　　　邮　　购：010-62786544
　　　　　投稿与读者服务：010-62776969，c-service@tup.tsinghua.edu.cn
　　　　　质量反馈：010-62772015，zhiliang@tup.tsinghua.edu.cn
　　　　　课件下载：http://www.tup.com.cn，010-83470236
印　装　者：三河市铭诚印务有限公司
经　　　销：全国新华书店
开　　　本：185mm×260mm　　　印　　张：17　　　字　　数：425 千字
版　　　次：2011 年 2 月第 1 版　　2022 年 1 月第 3 版　　印　　次：2022 年 9 月第 4 次印刷
定　　　价：49.80 元

产品编号：089643-01

前　言

　　C语言具有功能丰富、应用灵活、执行效率高并能直接对计算机硬件操作等特点,既可以作为系统软件的描述语言,也可以用来开发应用软件,多年来一直作为高等学校计算机程序设计的入门课程之一。

　　但是,正由于它的优势明显,也给C语言的学习带来了一定难度。由于C语言的功能丰富,使得需要掌握的课程内容相对较多,例如,C语言运算符就有15个优先级别,数据类型种类繁多等;由于它的应用灵活,使得编程和调试都增加了难度,例如,C语言不做数组下标和指针指向的越界检查,数组元素的地址可以作为实参传递给形参数组名等;由于它兼顾了系统软件和应用软件的开发,又必须完善许多特殊的功能,例如,C语言具有丰富的位运算、库函数、内存动态分配和复杂的指针类型等。如果不学习这些内容,很难反映C语言的特点,反之必将使得教学内容繁多、教材臃肿、学时增多,教师总觉得有讲不完的重点和难点,学生总有听不懂的内容,教学效果很难提高。

　　本书编写组成员20多年来一直在高校从事计算机基础教学,常年担任高级语言类课程的主讲和实验任务,主持了20多项省部级计算机基础教学改革课题的研究,出版了高等学校教材30余部。以本书编写组为骨干的教学团队是省级教学团队,该团队中有一人获得省级教学名师奖、两人获得校级教学名师称号,建设有"C程序设计"等两门省级精品课,获国家级教学成果奖1项、省部级教学成果奖15项。20多年来,教学团队一直关注C程序设计课程的教学改革,也积累了编写此课程教材的实际经验。本书不像传统的C语言教材那样先从数据的类型、表达式讲起,而是通过例题引入库函数、数据类型、语句、算法等程序设计要素的使用方法,对基本内容的介绍开门见山,等读者具备了一定的C程序设计基础以后再引入更深层次的内容。例题中先有程序设计思路的分析,编写程序之后还有相应的解释性的说明,引导读者逐步掌握各种程序设计方法。书中正文篇幅不长,削减了对初学者用途较少的共用体、枚举类型、位运算的比例,既保证了C语言核心内容的篇幅,也更有利于组织教学。

　　本书的叙述以89 ANSI C为基础,同时兼顾C99的标准,除特别声明外,本书的例题均在Visual C++ 6.0环境中调试运行。

　　课程组录制了110个知识点的讲解视频,教师讲解细致,字幕清晰,扫描书中的二维码即可播放对应的知识点视频,更加便于读者的学习和复习。

　　本书由刘华蓥、衣治安担任主编,吴雅娟、韩玉祥担任副主编。其中,第1章至第4章及附录A、B、C由刘华蓥编写,第5章和第6章由吴雅娟编写,第7章由韩玉祥编写,第8章由马瑞民编写,第9章和第10章及附录D由衣治安编写,全书由刘华蓥统稿。本教材建议的授课时间为 70 学时,其中理论占 40 学时,实验占 30 学时,本书有配套的实验指导与习题集,教师可以根据授课对象和教学需要调整授课学时和教学内容。

本书在编写过程中得到了东北石油大学计算机基础教育系教师们的指导与帮助,他们的教学资料和经验对本书的完善起到了很大的作用,在此致以诚挚的谢意。

由于水平有限,难免有不当之处,恳请批评指正。

作　者

2021 年 9 月

目　　录

第1章 概 述

本章介绍 C 语言的发展简史、C 程序的构成和程序设计算法,并通过几个简单的 C 程序使读者初步了解程序设计的基本知识。

1.1 C 语言简介

C 语言是一种应用非常广泛的程序设计语言,它既可以作为系统软件的描述语言,也可以用来开发应用软件。 C 语言简介

C 语言源于 BCPL 语言。1967 年,英国剑桥大学的 Martin Richards 推出了 BCPL 语言。1970 年,美国贝尔实验室的 Ken Thompson 对 BCPL 语言进行了简化,设计出了很简单的 B(取 BCPL 的第一个字母)语言,并用 B 语言编写了第一个 UNIX 操作系统。1972 年,贝尔实验室的 Dennis M. Ritchie 在 B 语言的基础上设计出了 C(取 BCPL 的第二个字母)语言。

1978 年,Brain W. Kernighan 和 Dennis M. Ritchie 合著了著名的 *The C Programming Language*,从而使 C 语言成为目前广泛流行的程序设计语言。此后,又有多种语言在 C 语言的基础上产生,如 C++、Java 和 C♯ 等。

1983 年,美国国家标准协会(ANSI)对 C 语言进行了标准化,推出了第一个 C 语言标准草案(83 ANSI C)。1989 年,ANSI 发布了完整的 C 语言标准,通常称为 ANSI C(又称 C89)。1990 年,国际标准化组织(ISO)采纳了 ANSI C,并以国际标准发布。1999 年,ISO 对 C 标准做了全面修订,形成了 C 语言标准 ISO/IEC 9899:1999,简称 C99。目前,C 语言最新标准是 2011 年发布的 ISO/IEC 9899:2011,简称 C11。

各主流厂家提供的 C 编译器有 Microsoft Visual C++、Turbo C、Borland C 等,都未实现 C99 以后标准所建议的全部功能,因此本书所采用的是 ANSI C 标准,程序的书写形式兼顾 C99 标准。

本书中的 Visual C++采用 6.0 版本,Turbo C 采用 2.0 版本。如无特别声明,书中例题都能在 Visual C++ 6.0 和 Turbo C 2.0 环境下调试运行,仅适用于一种环境的例题基本上都有相应的提示或解释。

1.2 简单的 C 程序

本节通过几个简单的 C 程序初步了解 C 程序的构成。

1.2.1 printf 函数

【例 1-1】 在屏幕上输出一行信息。

```
#include "stdio.h"
main()
{
  printf("hello!");
}
```

运行结果：

```
hello!
```

【说明】

(1) 程序中

```
main()
{

}
```

是一个函数,这个函数的名字为 main,一般称为主函数。这个名字是专用的,每一个 C 程序必须有且只能有一个主函数。

(2) main()是函数的首部,函数首部下面一对花括号"{ }"括起来的部分称为函数体。

(3) 本例中函数体内只有一条语句。C 语言规定语句必须以分号";"结束。printf 是格式输出函数,其双引号"""(也称双撇号)内的若干字符会原样输出。

(4) 程序第 1 行的 #include "stdio.h" 是编译预处理命令。编译预处理命令都是以井号"#"开头,后面没有分号,一般位于函数首部之前。#include 称为文件包含命令,其作用是将头文件 stdio.h 的内容包含进来(详见 6.7.2 节)。该命令也可写为 #include<stdio.h>。

(5) 若将函数体中唯一的语句改为

```
printf("hello!\n");
```

其中,\n 是换行符,则在输出"hello!"后回车换行。

(6) 程序改为

```
#include "stdio.h"
main()
{
  printf("hello!\n");
  printf("******\n");
}
```

则运行结果：

```
hello!
******
```

(7) 将(6)函数体中的两条语句改为下面的一条语句

```
printf("hello!\n******\n");
```

输出效果是一样的,但(6)读起来更清晰、易懂,建议采用(6)的方式。

1.2.2 基本整型与%d格式符

【例1-2】 基本整型变量的定义和输出。

例 1-2

```
#include "stdio.h"
main()
{
    int a;                /*第4行,定义一个基本整型变量a*/
    a=23;                 /*a赋值为23*/
    printf("%d\n",a);     /*用%d格式符输出基本整型变量a的值*/
}
```

运行结果：

```
23
```

【说明】

(1) 第4行是本程序的声明部分,int是基本整型的类型标识符,该行定义a为基本整型变量。声明也由分号结束。在 Turbo C 中基本整型变量可以存放 −32768～32767 的整数,在 Visual C++中可以存放 −2147483648～2147483647 的整数。在一个函数中,声明部分放在所有语句的前面。

(2) /*……*/是注释,可以根据需要加在程序中的任何位置。注释是给阅读程序的人看的,计算机并不编译也不执行。在 Visual C++中,还可以使用行注释//,注释范围从//起至换行符止。所以,第4行也可改为

```
int a;           //第4行,定义一个基本整型变量a
```

(3) %d是基本整型格式符,用于输入输出基本整型数据。执行 printf 函数时将%d的位置换成双撇号后对应变量的具体数值输出。

(4) 将最后一行语句改为

```
printf("%4d\n",a);
```

则运行结果：

```
23
```

%4d 指定输出数据占 4 列。a 的值是 23,只有 2 列,故在其前补以两个空格,然后输出 23,于是该数据的输出共占 4 列。若 a 的值是－23567,则运行结果为

    －23567

即数据的实际位数大于给定的列数时,按实际位数输出。

1.2.3 加、减、乘、除运算符和算术表达式

加、减、乘、除运算符分别是＋、－、＊、/,它们都是基本算术运算符。用算术运算符和括号将运算对象(也称操作数)连接起来的、符合语法规则的式子称为算术表达式。

【例 1-3】 加、减、乘、除运算示例。

例 1-3

```
#include "stdio.h"
main()
{  int a,b,s;              /* 定义 3 个整型变量 */
   a=5;b=3;                /* a 赋值为 5,b 赋值为 3 */
   s=a+b;                  /* 第 5 行,计算 a、b 之和 */
   printf("s=%d\n",s);     /* 第 6 行,输出结果 */
}
```

运行结果:

    s=8

【说明】

(1) printf 函数格式说明(即双撇号括起来的部分)中的普通字符 s＝原样输出,使运行结果看起来更清晰。若将第 6 行语句改为

    printf("sum=%d\n",s);

则运行结果:

    sum=8

(2) 将第 5 行改为

    s=a-b;   /* 计算 a、b 之差 */

则运行结果:

    s=2

(3) 将第 5 行改为

    s=a＊b;   /* 计算 a、b 之积 */

则运行结果:

    s=15

（4）将第 5 行改为

```
s=a/b;                          /*计算 a、b 之商*/
```

则运行结果：

```
s=1
```

需要特别注意的是：类型相同的两个量做基本算术运算，结果值仍为原类型。所以，5/3 的结果值为整数 1，而不会是实数 1.666667。

C 语言规定了所有运算符的优先级和结合方向（详见附录 C）。计算表达式的值时，按运算符的优先级顺序执行。乘法和除法运算符的优先级相同，加法和减法运算符的优先级相同，而乘、除运算符的优先级高于加、减运算符，所以当它们同时出现在一个表达式中时，先做乘除，后做加减。

如果两个运算符的优先级相同，则根据运算符的结合方向处理。基本算术运算符的结合方向都是自左至右，即先左后右。例如，表达式 a＋b－3，则先做 a＋b，然后再减 3。

自左至右的结合方向又称左结合性，简称左结合。类似地，自右至左的结合方向又称右结合性，简称右结合。

1.2.4　单精度浮点型与 %f 格式符

【例 1-4】　单精度浮点型变量的定义和输出。

```
#include "stdio.h"
main()
{   float a,b,s;                /*定义 3 个单精度浮点型变量*/
    a=5.0;b=3.0;                /*a 赋值为 5.0,b 赋值为 3.0*/
    s=a/b;                      /*计算 a、b 之商*/
    printf("s=%f\n",s);         /*用%f 格式符输出单精度浮点型变量 s 的值*/
}
```

例 1-4

运行结果：

```
s=1.666667
```

【说明】

（1）float 是单精度浮点型的类型标识符，被定义为单精度浮点型的变量可以存放 $-3.4 \times 10^{38} \sim 3.4 \times 10^{38}$ 的实数。

（2）%f 是单精度浮点型格式符，用于输入输出单精度浮点型数据。输出时，整数部分全部输出，并输出 6 位小数。

（3）将最后一条语句改为

```
printf("s=%7.2f\n",s);
```

则运行结果：

s=   1.67

%7.2f 中的 7 表示该数据所占列数,2 表示保留两位小数,对小数点后第 3 位进行四舍五入。如果输出数据长度小于指定列数,则在其前补以空格。如该例中,在其前补以 3 个空格。

格式输出函数 printf 的一般形式是:

printf("格式控制字符串",输出项 1,输出项 2, … ,输出项 n)

printf 函数的作用是按照格式控制向终端显示器(系统隐含指定的输出设备)输出各输出项的值。其中,格式控制字符串中可以有格式符和普通字符,普通字符按原样输出,格式符与输出项在数量和类型上均须一一对应。格式符按其出现的顺序与某个输出项对应,即第 i 个格式符控制输出项 i 的输出格式。格式符与其对应的输出项在类型上必须匹配,如果输出项是浮点型的,而对应的格式符是整型的,那么将无法得到正确的输出结果。

从前面几个例子可以总结出以下 5 点:

(1) C 程序由函数构成。一个程序中必须有且只能有一个 main 函数(主函数)。

(2) 一个函数由函数的首部和函数体构成。函数体由声明部分和执行部分构成,执行部分由一条条的可执行语句组成,函数的声明部分虽然也由分号结束,但它不是语句。

C 程序的构成

(3) 分号是 C 语句和声明的结束标志。

(4) C 程序书写自由,一行内可以写多条语句,一条语句也可以连续写在多行上。

(5) 可以用/ * …… * /或//作为注释符。

1.3 算法

用计算机解决实际问题的主要工作之一是找出解决问题的算法并描述它。

1.3.1 算法概述

算法与结构
化程序设计

算法是为解决某一特定问题而采用的具体工作步骤或方法。由于讨论的算法最终要反映成计算机程序,所以这里所说的算法实际上是指计算机算法,即算法中的每一步都应能被计算机处理。

【例 1-5】 设计 $s = \sum_{i=1}^{3} a_i$ 的算法。

1) 算法 1

第 1 步:将存放累加和的变量 s 赋值为 0。

第 2 步:输入第 1 个数 a_1。

第 3 步:把 a_1 加到 s 中。

第 4 步:输入第 2 个数 a_2。

第 5 步:把 a_2 加到 s 中。

第 6 步:输入第 3 个数 a_3。

第 7 步：把 a_3 加到 s 中。

第 8 步：输出 s 的值。

该算法是正确的。3 个数相加需要 8 步完成,而每增加 1 个加数就要增加 2 步。当加数增多时,程序长度会不断膨胀,例如 100 个数相加需要 202 步。

2）算法 2

第 1 步：将存放累加和的变量 s 赋值为 0。

第 2 步：将计数用的变量 i 赋值为 0。

第 3 步：输入 1 个数 a。

第 4 步：把 a 加到 s 中。

第 5 步：i 的值增加 1,即 i+1=>i。

第 6 步：若 i<3 则转去执行第 3 步,否则继续执行第 7 步。

第 7 步：输出 s 的值。

算法 2 明显优于算法 1。假设要做 100 个数相加时,只需把第 6 步中的 i<3 改成 i<100,算法步骤并不增加,即 100 个数相加的算法步骤与 3 个数相加的算法步骤是相同的(但其执行次数并不相同)。

为了能编写程序,必须学会设计算法。一个有效算法应具有以下特点。

(1) 有穷性。一个算法应在有限步之内结束。假如把上述算法 2 中第 6 步改成:转去执行第 3 步。这样算法每到第 6 步就回到第 3 步,第 7 步无法执行到,算法将无法终止。这种算法是不符合要求的。

(2) 确定性。算法中的每一个步骤都必须是确定的,不可以是含糊的、模棱两可的,即算法的含义必须是唯一的,不可以产生歧义。

(3) 输出性。有一个或多个输出。没有输出的算法是无意义的。

(4) 有效性。算法中的每一个步骤都必须能有效地执行,并得到确定的结果。例如,若 b=0,则 a/b 是不能有效执行的。

利用计算机求解问题的过程是：

(1) 把实际的应用问题转换为数学问题,即建立相应的数学模型。

(2) 设计算法。

(3) 编程实现。

(4) 在计算机中运行求解。

按上述过程进行计算思维(又称构造思维)能力培养时,以往的程序设计书籍和教学实践中相对重视后两步,对前两步的训练较少,不利于计算思维能力的培养。本书采用强化编程前的分析和算法的描述等措施,提高读者的计算思维能力,从而达到进行计算思维训练的目标——使计算思维与实证思维(又称实验思维)和逻辑思维(又称理论思维)一样,成为一个现代公民必须掌握的基本思维模式。

1.3.2　算法图示表示法

以上介绍了用自然语言文字表示算法的方法,该方法比较适合人们的习惯,但容易出现歧义,算法表示(如程序流向)不直观。现在用得较多的是伪码表示法和图示表示法。伪码是介于自然语言和程序设计语言之间的伪码语言。在此仅介绍图示表示法。

图示表示法中用得较多的是程序流程图和 N-S 图(又称 N-S 结构化流程图或盒图)。

1. 程序流程图

程序流程图一般采用具有特定含义的流程线和图框(见图 1.1)来表示算法。为了使用方便,各基本符号均带有流程线。

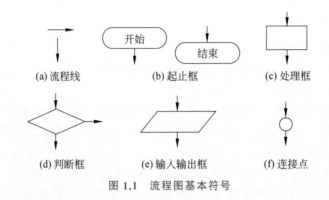

图 1.1　流程图基本符号

(a)流程线　(b)起止框　(c)处理框
(d)判断框　(e)输入输出框　(f)连接点

（1）流程线：表示流程路线。

（2）起止框：表示流程的起点或终点。

（3）处理框：表示一般的处理或运算。它有一个入口,一个出口。

（4）判断框：表示逻辑判断。它有一个入口,两个出口,根据逻辑判断选择其中一个出口。

（5）输入输出框：表示计算机输入或输出数据。只有一个入口,一个出口。

（6）连接点：表示将两个流程中各自的某一点连接起来。当一个流程图在一页纸内画不下时,可以用连接点表示从本页某一点(出口点)连接到下页某一点(入口点)。

例 1-5 算法 2 程序流程图如图 1.2 所示。

2. 结构化程序设计与 N-S 图

为了降低程序设计的复杂度,提高程序的易读性,以便得到一个结构良好、易于理解的程序,E.W.Dijkstra 等人提出了结构化程序设计思想。结构化程序设计是一种程序设计技术,它采用自顶向下、逐步求精的设计方法以及单入口、单出口的控制结构。

结构化程序设计主要有以下几个特点：

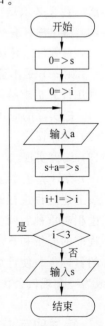

图 1.2　例 1-5 算法 2 程序流程图

（1）自顶向下、逐步求精的程序设计方法符合人类解决复杂问题的普遍规律。它采用先宏观后具体、先外层框架后内部细节的逐步求精过程，提高了软件开发的成功率。

（2）只使用单入口、单出口的控制结构（基本控制结构有三种），开发时比较容易保证程序的正确性，出错时也容易纠正。

（3）把程序的清晰性放在第一位，效率、存储空间等都在其后考虑。

3 种基本控制结构分别是：①顺序结构；②选择结构；③循环结构（又可细分为当型循环结构和直到型循环结构）。它们突出了单入单出性，即每种结构无论其内部构造如何，与外界的联系仅靠一个入口和一个出口。万一程序出现错误时，通过这种结构的划分比较容易找到错误所在。修改某一个结构内部时，其他结构不必做无谓的变动。把这 3 种基本结构复合之后，可以形成许多较复杂的结构化控制结构，如多分支选择结构等。

3 种基本控制结构既可以用程序流程图描述，也可以用 N-S 图描述（见图 1.3 至图 1.6）。用传统的程序流程图描述算法时，在算法比较复杂的情况下，若不小心就会绘出非结构化流程结构，使算法的编程实现出现困难甚至错误。Nassi 和 Shneiderman 提出的 N-S 图的结构化特性非常明显，在结构化程序设计中得天独厚。例 1-5 算法 2 的 N-S 图如图 1.7 所示。

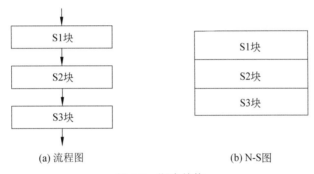

(a) 流程图　　　　　　　　　　(b) N-S图

图 1.3　顺序结构

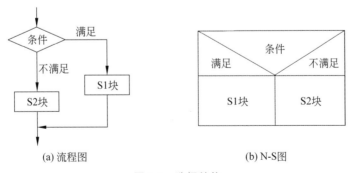

(a) 流程图　　　　　　　　　　(b) N-S图

图 1.4　选择结构

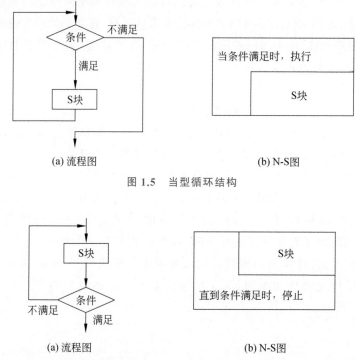

(a) 流程图　　　　　　　　　　(b) N-S图

图 1.5　当型循环结构

(a) 流程图　　　　　　　　　　(b) N-S图

图 1.6　直到型循环结构

图 1.7　例 1-5 算法 2 的 N-S 图

本章小结

　　本章介绍了 C 程序的构成、printf 函数、两种基本数据类型（整型和浮点型）及其对应的输入输出格式符，还介绍了加、减、乘、除运算符和算法的几种描述方法。

习题 1

1-1　一个 C 程序是由哪些部分组成的？

1-2　编程输出以下信息：

```
*****************************
        How are you!
*****************************
```

1-3 编程输出以下图形：

（1）

```
*******
*******
*******
*******
```

（2）

```
      *
    ***
  *****
*******
```

1-4 什么是算法？一个有效的算法应具有哪些特点？

1-5 结构化程序设计采用哪 3 种基本控制结构？

第 2 章 顺序结构程序设计

3 种基本控制结构中最简单的是顺序结构,就是将函数执行部分的语句从前向后依次执行。

2.1 常量、变量、标识符

常量

【例 2-1】 常量、变量示例。

```
#include "stdio.h"
main()
{   int i;
    i=3;
    i=-123;
    printf("%d\n",i);
}
```

【说明】 该程序中 3、-123 是常量,i 是变量。

(1) 常量:在程序运行过程中,其值不能被改变的量。在 C 语言中,所有数据都有自己的类型,常量也不例外。整型常量中只可以出现正负号和数字,如 3、-12。浮点型常量有两种形式:一种是小数形式,由正负号、数字和小数点组成,如 2.6、3.0;另一种是指数形式,如 -55.97e3、0.0726e-5,分别表示 -55.97×10^3、0.0726×10^{-5}。

变量

(2) 变量:在程序运行过程中,其值可以改变的量。但在某一时刻,变量的值是固定的。如在本例中执行 i=3;后变量 i 的值是 3,执行 i=-123;后变量 i 的值改为 -123,所以程序的运行结果是 -123。

变量必须先定义后使用,定义时指定变量的名字和类型。在计算机高级语言中,用来对变量、符号常量、函数、数组、类型等命名的有效字符序列统称为标识符。简单地说,标识符就是一个对象的名字。C 语言规定标识符只可以由英文字母、数字和下画线 3 种字符组成,且第一个字符必须是英文字母或下画线。如 _123,Wsd 和 a1 都是合法的标识符。

标识符

用户定义的标识符不可与关键字重名。关键字又称为保留字,包括类型标识符(如 int、float)、语句命令字(如 if、else、for)等共 32 个(详见附录 B)。

【注意】

(1) 在数学中,3、3.0、3×10^0 没有任何区别,表示的都是同一个数。在 C 语言中,3.0 和 3e0 都是浮点型常量,没有任何区别;但 3 是整型常量,与 3.0、3e0 的类型不同。

(2) 指数形式的浮点型常量要求 e 前必须有数字,e 后必须是整数。

(3) 同一字母的大小写是两个不同的字符,所以 A6 和 a6 是两个不同的标识符。

2.2 scanf 函数

【例 2-2】 求一个圆的周长和面积。

scanf 函数

```
#include "stdio.h"
main()
{   float r,c,s;              /*定义变量*/
    r=5;                      /*第 4 行,圆的半径赋值为 5*/
    c=2*3.14159*r;           /*计算圆的周长*/
    s=3.14159*r*r;           /*计算圆的面积*/
    printf("c=%f\n",c);      /*输出圆的周长*/
    printf("s=%f\n",s);      /*输出圆的面积*/
}
```

运行结果:

```
c=31.415899
s=78.539749
```

【说明】

(1) 本例求出的是半径为 5 的圆的周长和面积。若想求半径为 3.6 的圆的周长和面积,就需将第 4 行改为 r=3.6;,即每次半径有变化,都需要改动程序。

(2) 若将第 4 行改为

```
scanf("%f",&r);
```

则可以在运行程序时为变量 r 输入值。例如,运行时由键盘输入 5,则变量 r 的值就是 5,会得到与上面相同的结果:

```
5↙
c=31.415899
s=78.539749
```

本书用 ↙ 表示回车(Enter)键,↙ 及其前面的字符都是由键盘输入的。若再次运行该程序,并输入 3.6,则变量 r 的值就是 3.6,将会得到半径为 3.6 的圆的周长和面积:

```
3.6↙
c=22.619448
s=40.715004
```

使用格式输入函数 scanf,希望给变量输入不同数据时,无须修改程序,再次运行并输入新数据即可。

【注意】 在 scanf 函数中,变量的前面必须有取地址运算符 &。

【例 2-3】 求一个实数的 n 倍是多少。

```
#include "stdio.h"
main()
```

```
{  float a;
   int n;
   scanf("%f%d",&a,&n);      /* 第 5 行 */
   printf("%f\n",n*a);
}
```

运行结果:

1.5 2↙

3.000000

【说明】 给多个变量输入数值型数据时,各数据之间的分隔可以用:一个或多个空格、Enter 键或 Tab 键。

格式输入函数 scanf 的一般形式是:

scanf("格式控制字符串",地址 1,地址 2, … ,地址 n)

scanf 函数的作用是从终端键盘(系统隐含指定的输入设备)按照格式控制给各地址对应的量输入数据。其中,格式控制字符串中可以有格式符和普通字符。如果有普通字符,输入时必须在相应位置输入这些字符,否则就会出错。例如,将例 2-3 中第 5 行的输入语句改为

```
scanf("a=%f,n=%d",&a,&n);
```

格式控制中的 a=、逗号和 n=都是普通字符。如果希望 a 的值是 1.5,n 的值是 2,则运行时必须输入

a=1.5,n=2↙

如果输入 a=1.5　 n=2↙或 1.5, 2↙或 1.5　 2↙则都不对。因此,建议在 scanf 函数的格式控制字符串中不要出现普通字符。

各地址可以是变量的地址,也可以是数组元素的地址、数组名或指针变量名(详见第 5 章和第 7 章)。变量的地址的一般形式为 & 变量名。格式符与地址在数量上必须相同,与地址所对应的量在类型上必须一致。格式符按其出现的顺序与某个地址对应,即第 i 个格式符控制地址 i 所对应的量的输入格式。格式符与其对应的量在类型上必须匹配,如对应的量是浮点型的,而格式符是整型的,则该量无法得到正确的值。

在输入一个数据后输入了空格、Enter 或 Tab 键,该数据输入即结束。另外,输入数值型数据时,若在数据后输入了非法字符,该数据输入也结束。例如,输入一个十进制整数时,在输入若干数字后输入了一个字母,系统也认为该数据结束了。

2.3　数学函数

数学函数

【例 2-4】 输入一个三角形的三边长,求其面积。

```
#include "stdio.h"
#include "math.h"                        /* 程序中使用数学函数时必须有该命令 */
main()
```

```
{  float a,b,c,s,w;
   scanf("%f%f%f",&a,&b,&c);            /* 输入一个三角形的三边长 */
   w=(a+b+c)/2;
   s=sqrt(w*(w-a)*(w-b)*(w-c));        /* 第 7 行,利用海伦公式计算三角形的面积 */
   printf("%f\n",s);                    /* 输出三角形的面积 */
}
```

运行结果:

3 4 5↙

6.000000

【说明】 第 7 行中 sqrt 是求平方根的函数。当在程序中要用到数学函数库中的库函数时,必须在程序的开头使用文件包含命令 ♯include "math.h",将头文件 math.h 包含进来。

常用的数学函数见表 2.1,这些函数的详细信息和其他数学函数见附录 D。

表 2.1 常用的数学函数

函数名称	函数使用举例	功 能	说 明
sqrt	sqrt(x)	计算 $\sqrt{x}$ 的值	x 应大于或等于 0
fabs	fabs(x)	计算 |x| 的值	
exp	exp(x)	计算 e^x 的值	
log	log(x)	计算 lnx 的值	x 应大于 0
log10	log10(x)	计算 lgx 的值	x 应大于 0
pow	pow(x,y)	计算 x^y 的值	
sin	sin(x)	计算 sinx 的值	x 的单位为弧度
cos	cos(x)	计算 cosx 的值	x 的单位为弧度
tan	tan(x)	计算 tanx 的值	x 的单位为弧度

2.4 赋值、自增、自减运算符

【例 2-5】 赋值运算示例。

赋值运算

```
#include "stdio.h"
main()
{  int a,b;
   a=1;                       /* a 赋值为 1 */
   b=5;                       /* b 赋值为 5 */
   a=a+1;                     /* 第 6 行,把表达式 a+1 的值赋给 a */
   a=b;                       /* 第 7 行,把 b 的值赋给 a */
   printf("%d,%d\n",a,b);     /* 输出 a、b 的值 */
}
```

【说明】

（1）在 C 语言中，＝是赋值运算符，赋值表达式的一般形式是：

变量=表达式

赋值表达式的作用是将右侧表达式的值赋给左侧的变量，该赋值表达式的值就是左侧变量的值。例如，程序的第 6 行是将表达式 a+1 的值 2 赋给变量 a，于是 a 的值就是 2，赋值表达式 a＝a＋1 的值也是 2。接着执行下一语句，b 的值 5 赋给 a，a 的值又变成为 5。因此，该程序的运行结果是：

5,5

（2）将第 7 行改为

```
b=a;              /*把 a 的值赋给 b*/
```

则 a 的值赋给 b，b 的值是 2 了。于是程序的运行结果是：

2,2

（3）如果赋值表达式中左侧变量与右侧表达式的类型不同，就将右侧表达式的值转换成左侧变量的类型后再赋值。例如，x 是整型变量，y 是浮点型变量，则执行赋值语句 x＝2.95;后 x 的值是 2，执行赋值语句 y＝6;后 y 的值是 6.0。

（4）赋值运算符的优先级低于算术运算符，结合方向是自右至左。

（5）第 6 行 a＝a＋1;也可以写作 a++;或++a;，效果完全相同。类似地，a＝a－1;也可以写作 a－－;或－－a;。＋＋、－－分别是自增运算符和自减运算符，属于算术运算符，作用是使其左侧或右侧的变量增加 1 或减少 1。

自增、自减运算符都是单目运算符，即只需要一个运算对象;而基本算术运算符和赋值运算符都需要两个运算对象，是双目运算符。单目运算符的优先级很高，高于基本算术运算符和赋值运算符。所有单目运算符的结合方向都是自右至左，即具有右结合性。

自增和自减运算

自增运算符和自减运算符又分前置（运算符在变量之前）和后置（运算符在变量之后）两种。前置时先使变量增加 1 或减少 1，然后再引用变量的值;后置时先使用变量的值，然后再将变量的值增加 1 或减少 1。当不需要使用自增或自减表达式的值时，前置和后置没有任何区别，都是使变量的值增加 1 或减少 1;但若需要使用自增或自减表达式的值，则前置和后置是不同的。例如，设 i 的值是 1，则++i 是先使 i 的值自增为 2，再将 i 的值 2 作为表达式++i 的值;而 i++是先将 i 的值 1 作为表达式 i++的值，再使 i 的值自增为 2。

【例 2-6】　自增、自减运算示例。

```
#include "stdio.h"
main()
{   int i=1,j;
    printf("%d\n",i++);          /*输出表达式 i++的值*/
    printf("%d\n",i);
```

```
    j=++i;                          /*j 赋为表达式++i 的值*/
    printf("%d,%d\n",i,j);
    j=i--;                          /*j 赋为表达式 i--的值*/
    printf("%d,%d\n",i,j);
}
```

运行结果：

```
1
2
3,3
2,3
```

【注意】

（1）赋值运算符左侧只可以是一个变量。例如，3＝a 和 x＋y＝9 都是不合法的。

（2）自增运算符和自减运算符只能用于变量。例如，2＋＋或（a－b）＋＋都是不合法的。

本章小结

本章学习了常量、变量、标识符等基本概念和相关知识，了解了如何使用 scanf 函数和数学函数，还学习了赋值运算符和自增、自减运算符。其中变量和赋值运算符是重点。

目前所学的运算符中，按优先级由高到低分别为

（1）括号。

（2）自增、自减运算符。

（3）乘法、除法运算符。

（4）加法、减法运算符。

（5）赋值运算符。

习题 2

2-1　多项选择题：

（1）下面标识符中，不合法的用户标识符为（　　）。

    A. Pad　　　　　　　B. a_10　　　　　　　C. CHAR　　　　　　　D. a#b

（2）下面标识符中，合法的用户标识符为（　　）。

    A. day　　　　　　　B. E2　　　　　　　　C. 3AB　　　　　　　D. a

2-2　读程序，写出运行结果。

```
#include "stdio.h"
main()
{  int x,y;
   scanf("%d%d",&x,&y);
```

```
        printf("%d\n",x+y);
}
```

程序运行时输入：

12 3↙

2-3 从键盘输入一个圆柱的底面半径和高,然后求其体积和表面积。

2-4 根据以下公式将华氏温度转换为摄氏温度和绝对温度。(其中 C 表示摄氏温度,F 表示华氏温度,K 表示绝对温度)

$$C=\frac{5}{9}(F-32)$$

$$K=273.16+C$$

在程序中使用 scanf 函数输入 F 的值,然后输出 C 和 K 的值。程序运行两次,为 F 输入的值分别是 36.6 和 100(需注意程序中的数据类型和输入、输出语句的格式)。

第3章 选择结构程序设计

选择结构要根据某个条件的满足与否,决定执行不同的操作。实现选择结构有 if 和 switch 两种语句。

3.1 if 语句

if 语句有 3 种形式,即单分支 if 语句、双分支 if 语句和多分支 if 语句。

3.1.1 关系运算与单分支 if 语句

单分支 if 语句的一般形式是:

if(表达式) 内嵌语句

其中,表达式可以是值为数值型的任何表达式,当然也可以是表达式的特殊形式——常
量、变量或函数。表达式值非 0 即为真,值为 0 就是假。
括号后的语句是 if 语句的内嵌语句,注意只能内嵌一个
语句。其执行过程见图 3.1。

例如:

```
if(x>y) max=x;
```

表达式	
真	假
内嵌语句	

图 3.1 单分支 if 语句执行过程

执行时先判断 x 是否大于 y。若 x>y,则将 x 的值赋给 max,然后执行下一条语句;否则,
直接执行下一条语句。

语句中的 x>y 是一个关系表达式,即用关系运算符将两个运算对象连接起来的合法
的式子。关系运算符有 6 个:①<(小于);②<=(小于或等于);③>(大于);④>=
(大于或等于);⑤==(等于);⑥!=(不等于)。

关系运算符都是双目运算符,左结合,其优先级高于赋值运算符,低于算术运算符。
前 4 种关系运算符<、<=、>和>=的优先级相同,后两种==和!=的优先级相同,而
前 4 种的优先级高于后两种。

关系表达式的值只有两个。关系表达式成立时,表示真,其值为 1;关系表达式不成
立时,表示假,其值为 0。例如,若 a=3,b=2,c=1,则 a>b 的值为 1,a+b==c 的值
为 0,b<1 的值为 0。

特别地,a>b>c 的值是 0,这是由于两个>优先级相同,结合方向为自左至右,故先
做 a>b,其值为 1,然后做 1>c,值为 0。所以,要表达 a、b、c 满足严格递降关系,即数学
意义上的 a>b>c 时,在 C 程序中直接写成 a>b>c 是错误的,应该使用 3.1.3 节介绍的
逻辑表达式。

关系运算

单分支 if
语句

【例 3-1】 输入一个数,若为正数则输出该数。

```
#include "stdio.h"
main()
{  int a;
   scanf("%d",&a);
   if(a>0) printf("%d\n",a);                /*如果 a 是正数就输出 a 的值*/
}
```

运行结果:

```
6↙
6
```

再运行一次,其结果:

```
-3↙
```

【例 3-2】 对输入的两个实数按由小到大的顺序输出。

```
#include "stdio.h"
main()
{  float a,b;
   scanf("%f%f",&a,&b);
   if(a<=b) printf("%f,%f\n",a,b);        /*如果 a 比较小,就先输出 a,后输出 b*/
   if(a>b) printf("%f,%f\n",b,a);         /*如果 b 比较小,就先输出 b,后输出 a*/
}
```

运行两次的结果:

```
1 2↙
1.000000,2.000000
2 1↙
1.000000,2.000000
```

若希望输出时一定按 a、b 的顺序,则在输出之前必须保证 a 中存放两者中较小的数,b 中存放较大的数。如果输入的两数中 a 较大,则必须交换 a、b 的值。

如何实现呢? 可以这样想:a、b 是两盒磁带,a 中是歌曲,b 中是英语,若希望交换这两盒磁带的内容,必须再有一盒空白带 t。可以先将磁带 a 中的歌曲转录到空白带 t 中(t=a),然后将磁带 b 中的英语录到磁带 a 中(a=b),最后将磁带 t 中的歌曲录到磁带 b 中(b=t),a、b 的内容就互换了。也就是说,如果 a>b,就执行 3 个语句 t=a;a=b;b=t;。但是,if 语句只能内嵌一个语句,所以必须用{}把这 3 个语句括起来构成一个复合语句。该方法程序如下。

```
#include "stdio.h"
main()
{  float a,b,t;
   scanf("%f%f",&a,&b);
```

```
    if(a>b)              /* 如果 a>b,就交换 a 和 b 的值 */
      {  t=a;
         a=b;
         b=t;
      }
    printf("%f,%f\n",a,b);
}
```

可以看到,内嵌语句从 if(表达式)的下一行开始书写时,内嵌语句的各行都整齐地向后缩进了若干列。建议采用此种缩格方式书写程序,既便于读懂程序,也便于查找错误。

程序中的 if 语句也可以改为

```
if(a>b) t=a,a=b,b=t;
```

其中的逗号不是分隔符,而是逗号运算符,用来把两个或多个表达式连接起来,组成一个逗号表达式。

逗号表达式的一般形式是:

表达式 1,表达式 2,…,表达式 n

逗号运算符也称顺序求值运算符,是双目运算符,优先级最低,结合方向是自左至右。逗号表达式的运算过程是按从左到右的顺序逐个计算每一个表达式,即先计算表达式 1,再计算表达式 2,……,最后计算表达式 n。逗号表达式的值和类型是最后一个表达式的值和类型。

在修改后的 if 语句中,由于使用了逗号运算符,括号后是一条语句,就不需要用{}把它们括起来了。逗号运算符常用于此种情况,往往并不关心逗号表达式的值。

3.1.2 求余运算与双分支 if 语句

双分支
if 语句

双分支 if 语句的一般形式是:

if(表达式) 语句 1
else 语句 2

双分支 if 语句的执行过程见图 3.2。双分支 if 语句是一条语句,它先计算表达式的值,若表达式值为非 0(即为真),则执行语句 1;若表达式值为 0(即为假),则执行语句 2。执行语句 1 或语句 2 后,都直接执行 if 语句的下一条语句。

【例 3-3】 输入一个整数,若为偶数则输出 Yes,若为奇数则输出 No。

表达式	
真	假
语句1	语句2

图 3.2 双分支 if 语句执行过程

【分析】 判断一个整数的奇偶性,需使用求余运算符％。a％b 的结果是 a 除以 b 的余数。例如,5％2 的值是 1,8％2 的值是 0,2％5 的值是 2。求余运算符也是基本算术运算符,优先级与乘法、除法运算符相同,结合方向为自左至右。参与求余运算的两个量必须都是整型的。

对于一个整数 a,可以根据 a%2 的值是否为 0 来判断其奇偶性。

```
#include "stdio.h"
main()
{  int a;
   scanf("%d",&a);
   if(a%2==0) printf("Yes\n");          /* 如果 a 是偶数就输出 Yes */
   else       printf("No\n");           /* 否则(a 是奇数)输出 No */
}
```

运行两次的结果:

```
5↙
No
12↙
Yes
```

【说明】　程序中的 if 语句可以改为

```
if(a%2)  printf("No\n");               /* 如果 a 是奇数就输出 No */
else     printf("Yes\n");              /* 否则(a 是偶数)输出 Yes */
```

如果 a 是奇数,则 a%2 的值为 1,非 0,将输出 No;如果 a 是偶数,则 a%2 的值为 0,将输出 Yes。

【注意】　求余运算的两个操作数必须都是整型的。

例 3-2 也可以用双分支 if 语句实现。

```
#include "stdio.h"
main()
{  float a,b;
   scanf("%f%f",&a,&b);
   if(a<=b) printf("%f,%f\n",a,b);       /* 如果 a 比较小,就先输出 a,后输出 b */
   else     printf("%f,%f\n",b,a);       /* 否则(b 比较小)先输出 b,后输出 a */
}
```

多分支
if 语句

3.1.3　逻辑运算与多分支 if 语句

多分支 if 语句的一般形式是:

if(表达式 1**) 语句 1**
else if(表达式 2**) 语句 2**
　　…
else if(表达式 m**) 语句 m**
[**else 语句 m+1**]

其中的方括号表示其中内容可以缺省。

多分支 if 语句执行过程如图 3.3 所示。

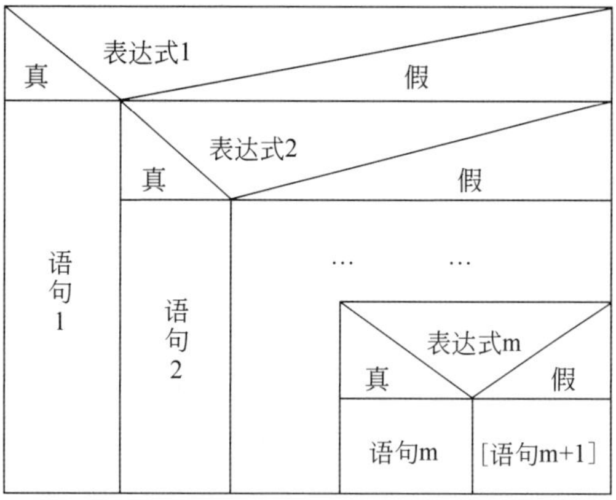

图 3.3　多分支 if 语句执行过程

多分支 if 语句是一条语句,它首先计算表达式 1 的值是否非 0,非 0 即为真,就执行语句 1,整个 if 语句结束;否则计算表达式 2 的值是否非 0,非 0 即为真,就执行语句 2,整个 if 语句结束;否则计算表达式 3 的值是否非 0,……,如果所有 m 个表达式的值都为 0,即都为假,有 else 就执行 else 后面的语句 m+1,整个 if 语句结束;没有 else 则整个 if 语句直接结束。

在有 else 的多分支 if 语句中,只有一个内嵌的语句会被执行到,即多个分支中只能执行一个。不管执行了哪一个分支后都会直接执行多分支 if 语句的下一条语句。在无 else 的多分支 if 语句中,多个分支可能执行一个,然后执行多分支 if 语句的下一条语句;也可能一个也不执行,直接执行多分支 if 语句的下一条语句。

【注意】　else 总是与它上面离它最近的尚未有 else 与之对应的 if 对应。else 不能单独使用,它只能出现在双分支或多分支 if 语句中,且必须有与之对应的 if。

【例 3-4】　函数 $y = \begin{cases} -1, & x<0 \\ 0, & x=0 \\ 1, & x>0 \end{cases}$,输入 x 的值后,请输出相应的 y 值。

【分析】　该分段函数的定义域覆盖了整个实数轴,故可用带有 else 的三分支 if 语句来实现。

```
#include "stdio.h"
main()
{   int x,y;
    scanf("%d",&x);
    if (x<0) y=-1;              /*如果 x<0,则 y 赋值为-1*/
    else if (x==0) y=0;        /*否则如果 x=0,则 y 赋值为 0*/
    else y=1;                   /*否则(x>0)y 赋值为 1*/
    printf("%d\n",y);
}
```

运行两次的结果：

3↙

1

0↙

0

【说明】　从分段函数的定义来看，x 用浮点型比较合适，但 y 还应该是整型。读者可以修改程序，把 x 用浮点型表示。

【注意】　判断两个数是否相等，必须使用关系运算符＝＝。

逻辑运算

【例 3-5】　函数 $z = \begin{cases} -1, & x<0 \text{ 且 } y<0 \\ 0, & x=0 \text{ 或 } y=0 \\ 1, & x>0 \text{ 且 } y>0 \end{cases}$，输入 x、y，输出相应的 z 值。

如何表达两者之间的"并且""或者"关系呢？这就要用到逻辑运算符。逻辑运算符有 3 个：＆＆(逻辑与)、||(逻辑或)和!(逻辑非)。

逻辑与(＆＆)表示"并且"，当 a 和 b 都非 0(为真)时，a＆＆b 的值为 1，否则值为 0。逻辑或(||)表示"或者"，a 和 b 中只要有一个非 0，a||b 的值就是 1；只有二者都是 0 时，a||b 的值才是 0。逻辑非(!)表示"非"，a 非 0 时，!a 的值是 0；a 为 0 时，!a 的值是 1。

!是单目运算符。单目运算符的优先级都相同，结合方向都是自右至左。!的优先级与自增、自减运算符相同，高于基本算术运算符。＆＆ 和||都是双目运算符，左结合，优先级低于关系运算符，高于赋值运算符。＆＆ 的优先级高于||。

用逻辑运算符连接的合法的式子称为逻辑表达式。逻辑表达式的值应该是一个逻辑量真或假。

【注意】　C 语言给出逻辑运算结果时，以数值 1 表示真，以 0 表示假；但判断一个量是否为真时，以 0 表示假，以非 0 表示真。

若 a＝3，b＝5，则!a 值为 0，a＆＆b 值为 1，a||b 值为 1，!a＆＆b 值为 0，a−b＆＆0||0 值为 0。

学习了逻辑运算符和逻辑表达式后，就能够表达 a、b、c 满足严格递降关系，即数学意义上的 a＞b＞c 了，例如，可以写作 a＞b＆＆b＞c。也能编写出例 3-5 的程序了。

```
#include "stdio.h"
main()
{ float x,y;int z;
    scanf("%f%f",&x,&y);
    if (x<0&&y<0) z=-1;         /* 如果 x<0 且 y<0，z 赋值为-1 */
    else if (x==0||y==0) z=0;   /* 否则如果 x=0 或 y=0，z 赋值为 0 */
    else if (x>0&&y>0) z=1;     /* 否则如果 x>0 且 y>0，z 赋值为 1 */
    printf("%d\n",z);           /* 第 8 行 */
}
```

运行 3 次的结果：

-1 -5↙

```
-1
0 0↙
0
1 -6↙
-858993460
```

【说明】　为什么最后一次的运行结果会是这样呢？这是由于 x 的值是 1、y 的值是 −6，不在该分段函数的定义域内。执行 if 语句时，3 个表达式的值都是 0，于是没有执行任何一个分支，就直接执行输出 z 的值了。由于在程序的执行过程中 z 没有被赋值，于是就输出了一个不确定的值。

为了避免产生这种错误，可以只对定义域内的 x、y 输出 z 值，而对定义域外的 x、y 输出数据错误的信息。例如，第 8 行语句可以改为

```
if (x * y>=0) printf("%d\n",z);   /* 如果 x、y 不异号(在定义域内)，就输出 z 的值 */
else printf("数据错误\n");          /* 否则输出"数据错误" */
```

【注意】　在一个变量没有得到确定的值之前，是不可以使用它的值的。

3.1.4　if 语句的嵌套

if 语句中内嵌了一个或多个 if 语句称为 if 语句的嵌套。例如：

```
if()
    if() 语句 1
    else 语句 2      内嵌 if 语句
else
    if() 语句 3       内嵌 if 语句
```

if 语句
的嵌套

也可以用 if 语句的嵌套编写出例 3-4 程序如下。

```
#include "stdio.h"
main()
{  int x,y;
   scanf("%d",&x);
   if(x<=0)                      /* 如果 x≤0 */
       if (x<0) y=-1;            /* 如果 x<0，y 赋值为-1 */
       else   y=0;              /* 否则(x=0)，y 赋值为 0 */
   else   y=1;                  /* 否则(x>0)y 赋值为 1 */
   printf("%d\n",y);
}
```

3.1.5　条件运算符与条件表达式

条件运算符由?和:两个符号组成，是 C 语言中唯一的一个三目运算符，右结合，优先

条件运算

级低于逻辑运算符,高于赋值运算符。

条件表达式的一般形式是:

表达式 1 ? 表达式 2 : 表达式 3

如果表达式 1 的值非 0,则条件表达式的值是表达式 2 的值,否则条件表达式的值是表达式 3 的值。

例如,max=(a>b)?a:b;相当于:

```
if (a>b) max=a;
else     max=b;
```

3.1.6 程序举例

程序举例

【例 3-6】 有如下的分段函数,输入 x 的值后,请输出相应的 y 值。

$$y=\begin{cases} \dfrac{5}{29}|x-7|, & x<-10 \\ \log_3 16+\cos 32°, & -10 \leqslant x<12.6 \\ \dfrac{\sqrt{2x}-\pi\sin x}{e^{x^2}}, & x \geqslant 12.6 \end{cases}$$

【分析】 该分段函数的定义域覆盖了整个实数轴,故可用带有 else 的三分支 if 语句来实现。由分段函数的定义可知,x、y 用浮点型比较恰当。由于程序中用到了数学函数,故需要使用文件包含命令 #include "math.h"。

```
#include "stdio.h"
#include "math.h"
main()
{  float x,y;
   scanf("%f",&x);
   if(x<-10) y=5.0/29*fabs(x-7);                      /*第6行*/
   else if(x<12.6) y=log(16)/log(3)+cos(32*3.14159/180);  /*第7行*/
   else y=(sqrt(2*x)-3.14159*sin(x))/(exp(1)*x*x);    /*第8行*/
   printf("%f\n",y);
}
```

运行 3 次的结果:

```
-15.6↙
3.896552
9↙
3.371767
68.7↙
0.001012
```

【说明】 该程序中函数的定义域是 $(-\infty, +\infty)$，而且各分支是按照 x 从小到大的顺序，所以程序若能执行到计算第二个表达式 x<12.6 的值，一定是第一个表达式 x<-10 的值为假，即 x≥-10，所以在第二个表达式中没有判断 x 是否大于或等于-10；同理，若能执行到 else 子句，一定是前两个表达式的值均为假，即 x≥12.6，所以就不用再进行判断了。当然，在每个分支都进行所有判断也是可以的，即程序中的 if 语句（第 6～8 行）也可以改为

```
if(x<-10) y=5.0/29 * fabs(x-7);
else if(x>=-10&&x<12.6) y=log(16)/log(3)+cos(32 * 3.14159/180);
else if(x>=12.6) y=(sqrt(2 * x)-3.14159 * sin(x))/(exp(1) * x * x);
```

如果函数的定义域不是 $(-\infty, +\infty)$，或者各分支没有按照自变量从小到大或者从大到小的顺序排，则必须在每个分支都进行所有判断。

该程序中涉及多个算术表达式。

【注意】 在书写算术表达式时，

（1）乘号不能省。例如，2x 必须写成 2 * x。

（2）分子、分母若是表达式，一般应将其用括号括起来，避免出错。例如，$\dfrac{x+y}{2a}$ 应写作 (x+y)/(2*a)。

（3）两个整型量相除结果仍为整型，所以至少要将其中的一个转换为浮点型量。例如，$\dfrac{5}{29}$ 可以写作 5.0/29，系统会自动将 29 转换成浮点型 29.0，然后再进行运算。

（4）函数的自变量必须用括号括起来。例如，sinx 必须写作 sin(x)。

（5）表达式中只可使用圆括号。可以多层嵌套使用，但左、右括号必须匹配。

（6）三角函数自变量的单位是弧度，若为角度必须转换为弧度。例如，cos32° 可以写作 cos(32 * 3.14159/180)。

（7）若所用对数函数既不是自然对数也不是常用对数，则利用换底公式将其用自然对数或常用对数来表示。例如，$\log_3 16$ 可以写作 log(16)/log(3) 或 log10(16)/log10(3)。

（8）使用自然对数的底数 e 时必须写作 exp(1)，因为直接写作 e 系统会认为是一个变量；π 只能用它的某个近似值来表示，例如可以写作 3.14159。

【例 3-7】 有如下的分段函数，输入 x 的值后，请输出相应的 y 值。

$$y=\begin{cases} x, & 15\leqslant x<30 \\ 50, & 30\leqslant x<100 \\ 2x-3, & 100\leqslant x<200 \\ 无意义, & 其他 \end{cases}$$

【分析】 该函数在定义域 [15,200) 内可以根据其所在位置得到相应的 y 值，但在定义域外只能输出无意义。因此，应首先使用一个双分支 if 语句，区分开 x 是在定义域内还是在定义域外。若 x 在定义域外，则直接输出"无意义"；若 x 在定义域内，则再使用一个多分支 if 语句，根据 x 所在位置得到相应的 y 值，然后再输出该值。

```
#include "stdio.h"
main()
{  float x,y;
   scanf("%f",&x);
   if(x>=15&&x<200)              /* 如果 x 在定义域内 */
       {  if(x<30)   y=x;        /* 计算 y 的值 */
          else if(x<100)   y=50;
          else   y=2*x-3;
          printf("y=%.2f\n",y);  /* 输出 y 的值 */
       }
   else                          /* 否则(x 不在定义域内) */
       printf("无意义\n");        /* 输出"无意义" */
}
```

运行两次的结果：

62.5✓
y=50.00
3✓
无意义

【说明】 当 x 在定义域内时，要执行两个语句，所以必须使用复合语句，即用{}将这两个语句括起来。

3.2 switch 语句

switch 语句

实现多分支也可以使用 switch 语句。

switch 语句的一般形式是：

switch(表达式)
   {
      case 常量 **1:** 若干语句
      case 常量 **2:** 若干语句
        …
      case 常量 **m:** 若干语句
      default: 若干语句
   }

其中，表达式的值必须是整型或字符型。执行 switch 语句时首先计算 switch 后面括号中表达式的值。若表达式的值与某个 case 后面常量的值相等，就从该 case 后面的语句开始执行，直到 switch 语句的结束；如果表达式的值与所有 case 后面常量的值都不相等，就执行 default 后面的语句。

default 子句可以缺省。若表达式的值与所有 case 后面常量的值都不相等，而且没有 default 子句，则 switch 语句就直接结束。

【**例 3-8**】　输入学生的成绩(分数),输出其对应的等级。优(90~100)、良(80~89)、中(70~79)、及格(60~69)和不及格(0~59)分别用 A、B、C、D、E 表示。

【**分析**】　考虑从成绩的十位数容易得出其对应的等级,于是可以先做 x/10,然后取它的整数部分,9、10 为优,8 为良,7 为中,6 为及格,其余为不及格。

取一个实数的整数部分可以使用强制类型转换运算符实现。

强制类型转换的一般形式是:

(类型标识符) (表达式)

其中(类型标识符)是强制类型转换运算符,作用是将其后面表达式的值转换为括号中指定的类型。例如,浮点型变量 a 的值是 3.6,则(int)a 的值是 3,(int)(a-1) 的值是 2,(float)(2 * 3) 的值是 6.0。强制类型转换运算符也是算术运算符,它是单目运算符,所以优先级高于基本算术运算符,结合方向是右结合。

【**注意**】　强制类型转换只是转换表达式值的类型,对所涉及变量的类型和值没有影响。

例如,浮点型变量 a 的值是 3.6,则表达式(int)a 的值是 3,但运算后 a 的类型仍是浮点型,值仍为 3.6,就像做运算 2 * a 后 a 的类型和值都不变一样。

利用强制类型转换运算符编写例 3-8 程序如下。

```
#include "stdio.h"
main()
{   float x;
    int y;
    scanf("%f",&x);
    y=(int)(x/10);
    switch(y)
        {   case 10:
            case 9: printf("A\n");
            case 8: printf("B\n");
            case 7: printf("C\n");
            case 6: printf("D\n");
            default: printf("E\n");
        }
}
```

运行结果:

```
86↙
B
C
D
E
```

【**说明**】　为什么没有得到正确的结果呢? 这是由于 switch 后面括号中表达式 y 的值

是 8,于是从 case 8 后面的语句开始执行,直到 switch 语句结束,即从语句 printf("B\n");
开始执行,直到 printf("E\n");结束。那么,如何在执行一个 case 分支后,终止 switch 语
句的执行呢? 可以使用 break 语句来达到此目的。修改后的正确程序如下:

```c
#include "stdio.h"
main()
{   float x;
    int y;
    scanf("%f",&x);
    y=(int)(x/10);
    switch(y)
        {   case 10:
            case 9:   printf("A\n"); break;
            case 8:   printf("B\n"); break;
            case 7:   printf("C\n"); break;
            case 6:   printf("D\n"); break;
            default:  printf("E\n");
        }
}
```

运行结果:

86↙

B

【注意】

(1) case 后面冒号之前的部分必须是常量或常量表达式,不能出现变量或函数。

(2) 各 case 后面常量的值必须互不相同。

(3) 多个 case 可以共用一组语句。如例 3-8 中的

```c
case 10:
case 9:   printf("A\n");break;
```

本章小结

本章介绍了实现选择结构的 if 语句和 switch 语句,重点是 if 语句。if 语句有 3 种形
式,分别是单分支 if 语句、双分支 if 语句和多分支 if 语句。

本章还介绍了多种运算符及其对应的表达式,并在 3.1.6 节中重点介绍了书写算术
表达式时的注意事项。

目前所介绍的运算符中,按优先级由高到低分别为:

(1) 括号()。

(2) 单目运算符++、--、!、(类型标识符)。

(3) 基本算术运算符 * 、/、%、+、-,其中 * 、/和%的优先级高于+、-。

（4）关系运算符＞、＞＝、＜、＜＝、＝＝、!＝，其中＞、＞＝、＜和＜＝的优先级高于＝＝、!＝。

（5）逻辑与＆＆。

（6）逻辑或||。

（7）条件运算符? :。

（8）赋值运算符＝。

（9）逗号运算符。

单目运算符和唯一的三目运算符? :的结合方向都是自右至左,双目运算符中只有赋值运算符的结合方向是自右至左,其余双目运算符的结合方向都是自左至右。

习题 3

3-1 输入一个学生的成绩 score,如果 score≥60,则输出 pass,否则输出 fail。

3-2 输入两个数,输出其中较大的数。

3-3 输入 3 个数,对其按照由小到大的顺序输出。

3-4 输入 3 条边长 a、b、c,如果它们能构成一个三角形就计算该三角形的面积,否则输出不是三角形的信息。

3-5 有如下的分段函数,输入 x 的值后,请输出相应的 y 值。
$$y=\begin{cases}\log_2 3 + x\sin 66°, & x<3 \\ e, & x\geq 3\end{cases}$$

3-6 有如下的分段函数,输入 x 的值后,请输出相应的 y 值。
$$y=\begin{cases}\dfrac{1}{6}e^x + \sin x, & x>1 \\ \sqrt{2x+5}, & -1<x\leq 1 \\ \dfrac{|x+3|}{x^3-7}, & x\leq -1\end{cases}$$

3-7 有如下的分段函数,输入 x 的值后,请输出相应的 y 值。
$$y=\begin{cases}\cos x, & 1<x\leq 6 \\ 3x, & 12<x\leq 27 \\ 无意义, & 其他\end{cases}$$

3-8 输入 1~7 中的任意一个数字,输出对应的星期几的英文单词。

第 4 章　循环结构程序设计

【例 4-1】　输入 3 个数，求其和。

```c
#include "stdio.h"
main()
{   int a,b,c,s;
    scanf("%d%d%d",&a,&b,&c);
    s=a+b+c;
    printf("%d\n",s);
}
```

如果是 100 个数、1000 个数，那么应如何求和呢？当然不可能定义 100 个、1000 个不同的变量，因此必须改变思路，用循环结构来实现。

实现循环结构的语句有 3 种：while 语句、do-while 语句和 for 语句。

4.1　while 语句

while 语句

while 语句的一般形式是：

while(表达式)
　　内嵌语句

其中，表达式可以是值为数值型的任何表达式，而内嵌语句只能有一个。

while 语句的执行过程如图 4.1 所示。先计算表达式的值，非 0 就执行内嵌的一个语句，然后再计算表达式的值，非 0 就继续执行内嵌语句，然后再计算表达式的值……直到表达式的值为 0，while 语句执行完毕。

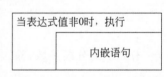

图 4.1　while 语句的执行过程

例 4-1

在 while 循环中，不断被重复执行的内嵌语句称为循环体，表达式是循环条件。表达式非 0，即循环条件成立，就执行循环体语句；否则循环结束。while 循环是当型循环，即先判断循环条件，循环条件成立才执行循环体，所以其循环次数有可能为 0。

【分析】　现在考虑如何用循环结构来解决例 4-1 的问题。循环就是重复执行某个操作，该题中哪部分是不断重复执行的呢？加法！于是可以用一个变量 a 来存放加数、变量 s 来存放和，s 的初值为 0。循环什么时候停止呢？加了 3 个数之后。那么如何知道加了几个数呢？可以用一个变量 i 来计数，其初值为 0。其算法 N-S 图见图 4.2。

```
#include "stdio.h"
main()
{ int a,s,i;
    s=0;                        /*累加和 s 初值赋为 0 */
    i=0;                        /*计数变量 i 初值赋为 0 */
    while (i<3)                 /*当 i<3 时,执行循环体语句 */
        { scanf("%d",&a);       /*循环一次输入一个数据 */
          s=s+a;                /*将 a 的值累加到 s 中 */
          i++;                  /* i 自增 1 */
        }                       /*循环体语句结束 */
    printf("%d\n",s);           /*输出累加和 */
}
```

运行结果:

7 -5 9↙

11

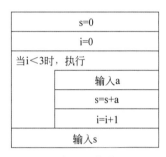

图 4.2　例 4-1 算法 N-S 图

【说明】

(1) 程序中控制循环执行次数的变量 i 称为循环变量。循环变量的第一个值称为循环变量的初值,i 的初值是 0。当它的值是 0、1、2 时,循环体都被执行了一次,每次输入一个数,并将其累加到 s 中,共输入了 3 个数,最后 s 中存放的就是这 3 个数的和。最后一次执行循环体后,i 的值自增为 3,返回判断循环条件 i<3 不成立,while 语句执行完毕。满足循环条件的循环变量的最后一个值称为循环变量的终值,i 的终值是 2。每做一次循环,循环变量都会发生有规律的变化,它每次固定增加或减少的量称为循环变量的步长。该程序中 i 每次增加 1,即步长为 1。

(2) 若求 100 个数、1000 个数的和,只要将程序中的 i<3 改成 i<100 或 i<1000 即可。

(3) 若求 n 个数之和,则将定义变量的声明改为 int a,s,i,n;,在声明之后、while 语句之前加上语句 scanf("%d",&n);,并将 i<3 改为 i<n 即可。完整程序如下。

```
#include "stdio.h"
main()
{ int a,s,i,n;
    s=0;
    i=0;
    scanf("%d",&n);             /*输入累加数据的个数 */
    while(i<n)
        { scanf("%d",&a);
          s=s+a;
          i++;
        }
    printf("%d\n",s);
}
```

(4) 若求 n 个数之积,那么应如何修改以上的程序? 首先,将累加改为累乘,即将 s= s+a;改为 s=s*a;;累乘积 s 的初值不可为 0,应是 1,于是将 s=0;改为 s=1;。考虑到多个数的乘积有可能超过整型数的范围,可将变量 s 定义为双精度浮点型,其类型标识符是 **double**。被定义为双精度浮点型的变量可以存放 $-1.7\times10^{308}\sim1.7\times10^{308}$ 的实数。双精度浮点型对应的输入输出格式符是%lf,所以最后一个语句应改为 printf("%lf\n",s);。由于整数的乘积实质上仍为整数,所以可使用%.0lf 格式输出累乘积,输出时不仅小数点后的 0 不输出,而且也不输出小数点。完整程序如下。

```
#include "stdio.h"
main()
{ int a,i,n;
    double s;                    /*定义一个双精度浮点型变量 s 来存放累乘积*/
    s=1;                         /*累乘积 s 初值赋为 1*/
    i=0;
    scanf("%d",&n);
    while (i<n)
        { scanf("%d",&a);
          s=s*a;                 /*将 a 的值累乘到 s 中*/
          i++;
        }
    printf("%.0lf\n",s);         /*第 13 行,输出累乘积*/
}
```

运行结果:

```
5↙
356 1279 8663 209 162↙
133551926610696
```

输入的第一个数是 n 的值,然后输入 n 个数,最后输出的是这 n 个数的乘积。

(5) 输出的这个乘积到底有多大呢? 必须一位一位地去数才能弄清楚。为了能容易地看出输出结果的大小,可以使用另一种浮点型输入输出格式符%e,以指数形式输出浮点型量。如将第 13 行语句改为

```
printf("%e\n",s);
```

输入不变,则输出结果是 1.335519e+014,一看就知道是 10^{14} 这个量级。

【例 4-2】 求 $1+2+3+\cdots+100$ 的值。

【分析】 该题与例 4-1 类似,也是累加问题,故可以用一个变量 s 来存放和,s 的初值为 0。不同的是加数已知,从 1 到 100,每次递增 1,于是可设循环变量 i,其初值是 1、终值是 100、步长为 1,其算法 N-S 图见图 4.3。

例 4-2

s=0
i=1
当 i≤100 时,执行
s=s+i
i=i+1
输出 s

图 4.3　例 4-2 算法 N-S 图

```
#include "stdio.h"
main()
{   int i=1,s=0;              /* 对变量 i、s 进行初始化 */
    while(i<=100)
        {   s=s+i;
            i++;
        }
    printf("%d\n",s);
}
```

运行结果：

5050

【说明】

(1) 在定义变量时对变量赋以初值,称为变量的初始化,又称赋初值。该程序的声明部分对变量 i、s 进行了初始化。初始化也可以只对一部分变量进行,例如,int a,b=6,c;。若多个变量的初值相同,也必须对各变量一一进行初始化,例如,int a=1,b=1;是正确的,而 int a=b=1;是错误的。

(2) 循环体中语句的顺序是否可以调整? 如果程序中循环体语句改为{i++;s=s+i;},则求的是 2+3+4+…+101。所以必须同时将 i 的初值改为 0,循环条件改为 i<100。也就是说,循环初值、循环条件和循环体中语句顺序这三者之间联系紧密,改动了其中一个,另外两个都很可能需要进行相应的修改。

(3) while 语句结束后,i 的值是 101,即是在循环变量的变化方向上第一个使循环条件不成立的值。

(4) 若求 2+4+6+…+100 的值应如何修改程序? 不同的只是初值和步长,于是将 i=1 改为 i=2,将 i++;改为 i=i+2;即可。

(5) s=s+i;也可以写作 s+=i;,其中+=是复合赋值运算符。在赋值运算符之前加上一个基本算术运算符就是一个复合赋值运算符,具体有+=、-=、*=、/=和%=。复合赋值运算符与赋值运算符的优先级、结合方向均相同。

复合赋值表达式的一般形式是:

变量 复合赋值运算符 表达式

等价于

变量=变量 复合赋值运算符中的基本算术运算符 (表达式)

其中,复合赋值运算符和复合赋值运算符中的基本算术运算符两侧不需要有空格,在以上一般形式中留出了空格是为了避免这些运算符与变量、表达式相混淆,在实用中是不留空格的。例如,x*=y+8 等价于 x=x*(y+8)。

例 4-3

【例 4-3】 求 n!。

【分析】 n!=1×2×3×…×n,这是一个累乘问题,其算法 N-S 图见图 4.4。

```
#include "stdio.h"
main()
{   int n,i;
    double t;            /* 由于 n!有可能很大,故将存放累乘积
                            的变量 t 定义为 double 类型 */
    scanf("%d",&n);
    t=1;                 /* 累乘积 t 初值赋为 1 */
    i=1;                 /* i 初值赋为 1 */
    while(i<=n)          /* 当 i≤n 时,执行循环体语句 */
      {  t*=i;           /* 将 i 的值累乘到 t 中 */
         i++;            /* i 自增 1 */
      }                  /* 循环体语句结束 */
    printf("%e\n",t);    /* 输出累乘积 */
}
```

输入n
t=1
i=1
当i≤n时，执行
t=t×i
i=i+1
输出t

图 4.4 例 4-3 算法 N-S 图

运行两次的结果：

5↙
1.200000e+002
36↙
3.719933e+041

【说明】 考虑到 n!＝1×2×3×…×n 中的 1 乘不乘都可以,所以 i 的初值也可为 2,即将 i＝1;改为 i＝2;。再运行 3 次的结果：

36↙
3.719933e+041
1↙
1.000000e+000
0↙
1.000000e+000

可以看出,当 n 是 0 或 1 时,结果也是正确的。这是由于循环条件不成立,就直接执行 while 的下一条语句输出 t 的初值 1 了。循环体语句一次也没执行,即循环执行次数为 0。

4.2 do-while 语句

do-while 语句

do-while 语句的一般形式是：

do
    内嵌语句
while(表达式);

其中,表达式可以是值为数值型的任何表达式,而内嵌语句只能有一个。

do-while 语句的执行过程见图 4.5。先执行内嵌的一个语句,然后计算表达式的值,
非 0 就返回执行内嵌语句,再计算表达式的值……直
到表达式的值为 0,do-while 语句执行完毕。

do-while 循环是直到型循环,即先执行循环体,后
判断循环条件,所以其循环体语句至少会执行一次,
即循环执行次数至少为 1。

图 4.5 do-while 语句的执行过程

例 4-2 也可以用如下 do-while 语句实现。

```
#include "stdio.h"
main()
{  int i=1,s=0;
   do
      {  s=s+i;
         i++;
      }
   while(i<=100);
   printf("%d\n",s);
}
```

运行结果:

```
5050
```

可以看出,与用 while 语句实现的程序相比,唯一的改变就是 while 换成了 do-while,
其他都没有任何变化。do-while 语句结束后,i 的值是 101,即是在循环变量的变化方向
上第一个使循环条件不成立的值。

例 4-3 用 do-while 语句实现的程序如下。

```
#include "stdio.h"
main()
{  int n,i;
   double t;
   scanf("%d",&n);
   t=1;
   i=1;
   do
     {  t*=i;
        i++;
     }
   while(i<=n);
   printf("%e\n",t);
}
```

运行 3 次的结果:

```
3.719933e+041
1 ↙
1.000000e+000
0 ↙
1.000000e+000
```

【说明】 将程序中的 i＝1;改为 i＝2;,再运行 3 次的结果:

```
36 ↙
3.719933e+041
1 ↙
2.000000e+000
0 ↙
2.000000e+000
```

可以看出,36!的值是对的,但 1!和 0!的值都不对。这是由于 do-while 循环的执行次数至少为 1,于是 t 的值被改变为 2 了。因此,当使用 do-while 循环来实现例 4-3 时,i 的初值必须为 1。

4.3 for 语句

for 语句

for 语句的一般形式是:

for(表达式 1;表达式 2;表达式 3)
　　内嵌语句

其中,表达式 2 可以是值为数值型的任何表达式,而内嵌语句只能有一个。

for 语句的执行过程见图 4.6。先计算表达式 1,然后计算表达式 2。若表达式 2 的值非 0,就执行内嵌的一个语句、计算表达式 3,然后返回计算表达式 2。若表达式 2 的值仍非 0,就继续执行内嵌语句、计算表达式 3,然后返回计算表达式 2……直到表达式 2 的值为 0,for 语句执行完毕。

计算表达式1
当表达式2的值非0时，执行
内嵌语句
计算表达式3

图 4.6 for 语句的执行过程

可以看出,for 循环是当型循环,先判断循环条件,循环条件成立才执行循环体,所以其循环次数有可能为 0。

例 4-2 也可以用 for 语句实现如下。

```
#include "stdio.h"
main()
{  int i,s;
   s=0;                          /＊第 4 行＊/
   for(i=1;i<=100;i++)           /＊第 5 行＊/
      s=s+i;                     /＊第 6 行＊/
```

```
    printf("%d\n",s);
}
```

运行结果：

5050

该程序的第 4~6 行可以改为

```
for(s=0,i=1;i<=100;i++)              /* 方法二 */
    s=s+i;
```

或

```
s=0;                                 /* 方法三 */
i=1;
for(;i<=100;)
    {  s=s+i;
       i++;
    }
```

或

```
for(s=0,i=1;i<=100; s=s+i,i++);      /* 方法四 */
```

方法四中的内嵌语句是一个空语句，就是只有一个分号的语句。执行空语句时不做什么操作，但有没有这个空语句效果可能是完全不同的。例如，采用方法四时，完整程序如下。

```
#include "stdio.h"
main()
{  int i,s;
    for(s=0,i=1;i<=100; s=s+i,i++);
    printf("%d\n",s);
}
```

运行结果：

5050

若将内嵌的空语句去掉，程序改为

```
#include "stdio.h"
main()
{  int i,s;
    for(s=0,i=1;i<=100; s=s+i,i++)
    printf("%d\n",s);
}
```

则输出语句 printf("%d\n",s);成为 for 语句的内嵌语句，于是将输出 100 个数，一个数一行，与有空语句的效果完全不同。

for 语句的表达方式很灵活，除以上 4 种外还可以有其他表达方式，但建议使用第一种：表达式 1 给循环变量赋初值，表达式 2 判断循环变量是否在变化方向上尚未超过终值，表达式 3 给循环变量加上一个步长。

for 语句结束后，i 的值是 101，即是在循环变量的变化方向上第一个使循环条件不成立的值。

例 4-3 用 for 语句实现的程序如下。

```
#include "stdio.h"
main()
{   int n,i;
    double t;
    scanf("%d",&n);
    t=1;
    for(i=1;i<=n;i++)
        t*=i;
    printf("%e\n",t);
}
```

【注意】

(1) for 语句中的 3 个表达式皆可省略，但分号缺一不可、多一也不可。

(2) 若表达式 2 缺省，则意为"永真"，即循环条件永远成立。

3 种循环语句的简单比较：

(1) while 循环和 for 循环都是当型循环，而 do-while 循环是直到型循环。如果循环次数大于或等于 1，则 3 种循环语句都可以使用；当循环次数有可能为 0 时，只能使用 for 语句或 while 语句。

(2) 循环次数确定时一般使用 for 语句，不确定时通常使用 while 语句或 do-while 语句。

4.4 break 语句

break 语句

判断素数
的出口法

break 语句可以用于循环语句中，其作用是从循环体内跳出循环，即提前结束循环，接着执行循环语句下面的语句。

如果循环条件不成立，循环语句就执行完毕，这是循环的正常出口。而执行 break 语句，循环也会结束，于是将其称为循环的 break 出口。

如果循环是从正常出口结束的，循环变量的值是在其变化方向上第一个使循环条件不成立的值；而从 break 出口结束的循环，循环变量的值是执行 break 语句时循环变量的当前值，即其值一定满足循环执行的条件。

【注意】 break 语句只能用于循环语句和 switch 语句中。

【例 4-4】 判断整数 a 是否为素数。

素数又称质数,是指只有 1 和它自身两个因数的自然数。最小的素数是 2。

【分析一】 根据素数的概念可知,判断 a 是否素数,可以查看从 2 到 a-1 之中有没有一个整数能整除 a。如果有,a 就不是素数;反之,也就是从 2 到 a-1 中所有的整数都不能整除 a,则说明 a 是素数。

具体用 for 语句实现时,可以让循环变量 i 从 2 递增到 a-1。在循环体中用 if 语句判断 a 是否能被 i 整除。如果 a 能被 i 整除,则说明 a 不是素数,就用 break 语句结束循环;否则 i 自增为下一个值(用 for 语句的表达式 3 实现),并转去判断循环条件(for 语句的表达式 2)是否满足。若不满足循环条件(一定是 i 已经大于 a-1),则循环结束;否则再次进入循环体,再用 if 语句判断 a 是否能被当前的 i 整除。

如果 a 不是素数,一定存在从 2 到 a-1 中能整除 a 的最小整数,假设它为 w,则当循环变量 i 取值为 w 时,循环就会从 break 出口结束,此时 i 的值一定是小于或等于 a-1 的w。如果 a 是素数,则 i 取值为 2 到 a-1 中的任一整数时,a 都不能被 i 整除,于是 i 最终会自增为 a,这时不再满足循环条件,循环从正常出口结束。

由以上分析可知,如果循环是从 break 出口结束的,则 a 不是素数;如果循环是从正常出口结束的,则 a 是素数。这时(也就是 for 语句的下一个语句处),可以通过循环变量 i 的值与其终值 a-1 的关系来判断是从哪个出口结束循环的。如果退出循环后 i 的值大于 a-1,则循环是从正常出口结束的,说明 a 是素数;如果循环结束后 i 的值小于或等于 a-1,则循环是从 break 出口结束的,说明 a 不是素数。

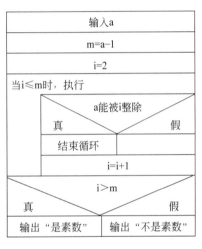

图 4.7 使用出口法判断素数的 N-S 图

这种判断素数的方法称为出口法,其 N-S 图见图 4.7。

```c
#include "stdio.h"
main()
{ int a,i,m;
    scanf("%d",&a);
    m=a-1;                    /* m 赋值为 a-1 */
    for(i=2;i<=m;i++)         /* i 从 2 循环到 m,每次递增 1 */
        if(a%i==0)break;      /* 如果 a 能被 i 整除就结束循环 */
    if(i>m)                   /* 循环由正常出口结束,即从 2 到 m 的所有数都不能整除 a */
        printf("是素数\n");   /* 输出"是素数" */
    else                      /* 循环由 break 出口结束,即从 2 到 m 中某个数能整除 a */
        printf("不是素数\n"); /* 输出"不是素数" */
}
```

运行两次的结果:

99↙
不是素数
7↙
是素数

判断素数
的标记法

【分析二】 也可以使用标记法来判断素数。定义一个标记变量 k，规定其值为 1 则表示 a 是素数，其值为 0 则表示 a 不是素数。首先假设 a 是素数，给标记变量 k 赋初值为 1，然后开始循环。在循环变量 i 从 2 递增到 a−1 的过程中，如果 a 能被其中的某个 i 整除，说明 a 不是素数，这时就将 k 赋值为 0。在 2～a−1 中有可能有多个数可以整除 a，所以在循环过程中，k 有可能多次被赋值为 0。循环结束后，如果标记变量 k 的值为 0，说明 2～a−1 中至少有一个数可以整除 a，即 a 不是素数；如果标记变量 k 的值仍为 1，说明 2～a−1 中任何一个数都不能整除 a，即 a 是素数。

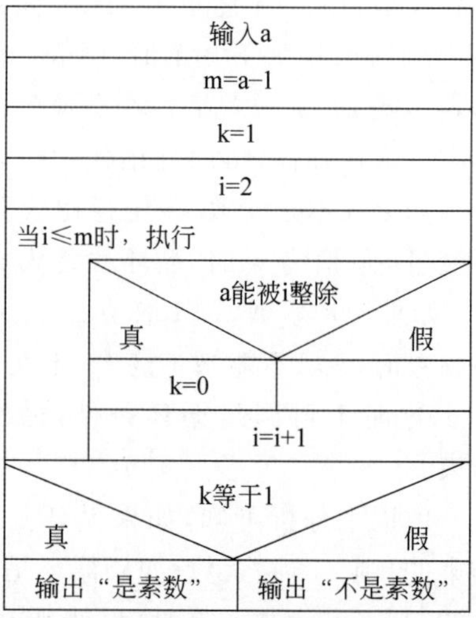

用标记法判断素数的 N-S 图见图 4.8。

```
#include "stdio.h"
main()
{   int a,i,m,k;
    scanf("%d",&a);
    m=a-1;
    k=1;                   /*标记变量初值赋为 1*/
    for(i=2;i<=m;i++)
        if(a%i==0)k=0; /*若 a 能被 i 整除，标记变量的值赋为 0*/
    if(k==1) printf("是素数\n");
    else      printf("不是素数\n");
}
```

输入 a	
m=a−1	
k=1	
i=2	

当 i≤m 时，执行

a 能被 i 整除	
真	假
k=0	
i=i+1	

k 等于 1	
真	假
输出"是素数"	输出"不是素数"

图 4.8　使用标记法判断素数的 N-S 图

运行两次的结果：

99↙
不是素数
7↙
是素数

【说明】

（1）为了减少循环次数，循环体语句可以改为 if(a%i==0) {k=0;break;}。

（2）从数学知识可知，判断素数时也可以从 2 判断到 $\dfrac{a}{2}$ 或 $\sqrt{a}$，于是可将程序中的 a−1 改为 a/2 或 sqrt(a)。如果改为 sqrt(a)，则必须在 main() 之前加上 #include "math.h"。

（3）判断素数用 for 语句实现时易读性较好，但也可以改用 while 语句实现：只需把 for 语句的表达式 2 作为 while 语句循环条件的表达式，把表达式 1 提到 while 语句前边

(加分号形成语句),把表达式 3 挪到循环体的尾部(也要加分号)。用 do-while 语句判断素数的情况较少。

【注意】　在做用标记法判断素数的练习时,往往会把循环体中的单分支 if 语句错用双分支 if 语句实现,例如:

```
if(a%i==0)k=0;
else k=1;
```

产生错误的原因,是该双分支 if 语句会导致前面已经执行过 k＝0;之后又可能将 k 赋值为 1。而根据素数的判断原则,只要执行过一次 k＝0;的操作就说明 a 不是素数,绝不允许再把 k 的值改成 1。

4.5　循环的嵌套

循环体中内嵌了一个或多个循环语句称为循环的嵌套。

【例 4-5】　循环的嵌套示例。

循环的嵌套

```
#include "stdio.h"
main()
{  int i,j;
   for(i=1;i<=2;i++)
     for(j=1;j<=3;j++)
       printf("%d,%d\n", i,j);
}
```

运行结果:

```
1,1
1,2
1,3
2,1
2,2
2,3
```

可以看出,外层循环变量 i 为第一个值 1 时,内层循环变量 j 将遍历所有值,即从 1 变化到 3;然后外层循环变量 i 变化为第二个值 2 时,内层循环变量 j 又将遍历所有的值,即再从 1 变化到 3。通俗地讲,就是外层循环变化一次,内层循环变化一圈。

【例 4-6】　输出所有的水仙花数。所谓水仙花数是一个 3 位数,其各位数字的立方和等于这个数本身。例如,$153＝1^3＋5^3＋3^3$,所以 153 是一个水仙花数。

【分析一】　该题可使用穷举法,即将所有可能都试一遍。穷举法是程序设计中常用的一种方法。

水仙花数
（数字组合）

3 位数的范围是 100～999,应用穷举法就是对这个范围内的每一个数都要判断它是不是水仙花数。具体实现时可以有两种思路,一种是构成法,即由百位、十位和个位数字构成一个数。

```
#include "stdio.h"
main()
{  int x,y,z,n,m;
   for(x=1;x<=9;x++)                        /*百位数字可为 1~9,不可为 0*/
     for(y=0;y<=9;y++)                      /*十位数字可为 0~9*/
       for(z=0;z<=9;z++)                    /*个位数字可为 0~9*/
             {  n=x*100+y*10+z;
                m=x*x*x+y*y*y+z*z*z;        /*m 是 n 的各位数字的立方和*/
                if(n==m)printf("%5d",n);
             }
   printf("\n");
}
```

运行结果：

```
   153   370   371   407
```

水仙花数
（数字分离）

【分析二】 另一种思路是数字分离,即将一个数的各位数字分离出来。利用一个整数除以 10 的余数是其个位数字,商是其缩小 10 倍后的整数部分,即可实现数字分离。

```
#include "stdio.h"
main()
{  int n,n1,n2,n3,m;
   for(n=100;n<=999;n++)
     {  n3=n%10;                            /*个位数字*/
        n2=n/10%10;                         /*十位数字*/
        n1=n/100;                           /*百位数字*/
        m=n1*n1*n1+n2*n2*n2+n3*n3*n3;
        if(n==m)printf("%5d",n);
     }
   printf("\n");
}
```

【说明】 其中求十位数字的语句也可以改为

```
n2=n%100/10;         /*十位数字*/
```

例 4-7

【例 4-7】 求 1!+2!+…+20!。

【分析一】 设计算法时,应采用自顶向下、逐步求精的方法,即先宏观后具体,先外层框架后内部细节。本题先设计出粗略算法（见图 4.9）,然后将计算 n!细化为相应的算法（见图 4.10）,最后将这两部分合在一起就得到了一个完整的算法 1（见图 4.11）。以后各题的算法也是这样设计出来的,就不再细讲设计过程了。

图 4.9 例 4-7 粗略算法的 N-S 图

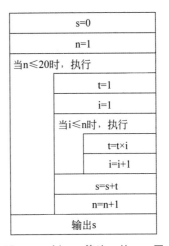

图 4.11 例 4-7 算法 1 的 N-S 图

图 4.10 计算 n!算法的 N-S 图

```c
#include "stdio.h"
main()
{ double s,t; int i,n;
    s=0;
    for(n=1;n<=20;n++)
      { t=1;              /*变量 t 赋为初值 1*/
        for(i=1;i<=n;i++)
          t*=i;
        s+=t;
      }
    printf("%e\n",s);
}
```

运行结果:

2.561327e+018

【分析二】 考虑到 n!=n×(n−1)!,可以得到算法 2(见图 4.12)。

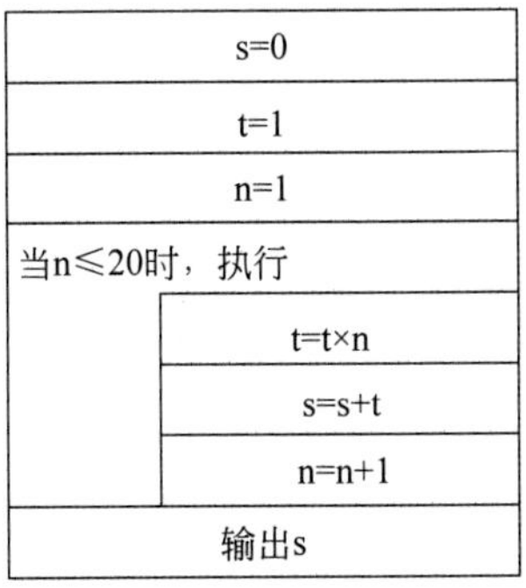

图 4.12 例 4-7 算法 2 的 N-S 图

```
#include "stdio.h"
main()
{   double s,t; int n;
    s=0;
    t=1;            /* 注意变量 t 赋初值的位置 */
    for(n=1;n<=20;n++)
      {   t*=n;
          s+=t;
      }
    printf("%e\n",s);
}
```

【注意】　有嵌套关系的两个循环的循环变量不可以相同，而没有嵌套关系的两个循环的循环变量可以相同。

4.6　常用算法举例

求 10 个数
的最大值

【例 4-8】　输入 10 个数，求其中的最大值。

【分析】　求最大值类似于打擂台。首先，输入第 1 个数 x 将其作为擂主，即当前的最大值 max；然后输入第 2 个数给 x，与擂主 max 比较，如果 x 大，就将擂主 max 改为 x 的值；然后输入第 3 个数给 x……直到第 10 个数输入、比较完毕，最后的擂主 max 就是这 10 个数中的最大值。其算法 N-S 图见图 4.13。

```
#include "stdio.h"
main()
{   int x,max,i;
    scanf("%d",&x);
    max=x;           /* 输入的第一个数作为最大值 max 的初值 */
    for(i=2;i<=10;i++)
      {   scanf("%d",&x);
          if(x>max) max=x;
      }
    printf("max=%d\n",max);
}
```

运行结果：

```
3 20 56 6 -7 78 65 -29 31 2↙
max=78
```

求一批数
的最大值
（终止标记）

【例 4-9】　从键盘输入若干个学生的成绩，以 −1 为终止标记，然后求这些学生的平均成绩。

【分析】　求平均成绩需先求出学生人数及成绩总和。如果输入的数据不等于 −1，就进行计数、求和；等于 −1 就结束循环，然后求平均成绩。其算法 N-S 图见图 4.14。

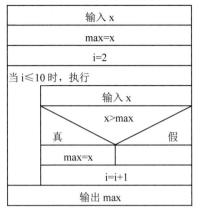

图 4.13 例 4-8 算法的 N-S 图

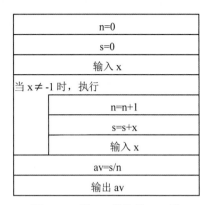

图 4.14 例 4-9 算法的 N-S 图

```
#include "stdio.h"
main()
{ int x,n,s;
    float av;                      /*定义存放平均成绩的变量 av 为浮点型*/
    n=0;                           /*存放学生人数的变量 n 初值赋为 0*/
    s=0;                           /*存放成绩总和的变量 s 初值赋为 0*/
    scanf("%d",&x);                /*输入第一个数据给变量 x*/
    while(x!=-1)                   /*当 x 的值不是终止标记时,执行循环体语句*/
        {  n++;                    /*学生人数加 1*/
           s=s+x;                  /*累加学生成绩*/
           scanf("%d",&x);         /*循环一次,输入一个新数据给变量 x*/
        }
    av=1.0*s/n;                    /*求平均成绩*/
    printf("%.2f\n",av);           /*输出平均成绩*/
}
```

运行两次的结果：

80 81 -1↙
80.50
93 77 65 82 71 88 -1↙
79.33

【说明】 将求平均成绩的语句改为

av=s/n;

再运行一次的结果：

80 81 -1↙
80.00

为什么结果不正确呢？这是由于执行语句 av＝s/n;时,先计算右侧表达式 s/n,而 s

和 n 都是整型变量，于是计算结果也是整型，值为 80；然后将 80 转换为左侧变量 av 的类型，值为 80.0，最后将 80.0 赋给 av。因此这样修改是不可以的。

【注意】

（1）有终止标记的循环必须采用当型循环，即先判断是不是终止标记，不是终止标记才执行循环体，因此应使用 while 语句或 for 语句。由于循环次数未知，所以通常使用 while 语句来实现。

（2）终止标记不可以参与实际运算。例如在本题中，不能把终止标记－1 作为一个合法的学生成绩参与平均成绩的运算。

（3）输入所有参与运算的数据后，必须输入终止标记，否则循环无法正常结束。

【例 4-10】 输出图形(1)、(2)、(3)。

输出图形

（1）

```
******
******
******
******
******
```

【分析】 首先考虑输出 5 行******，而每行******可通过输出 6 个 * 后换行实现。

```
#include "stdio.h"
main()
{ int i,j;
   for(i=1;i<=5;i++)
      {  for(j=1;j<=6;j++)
            printf("*");
         printf("\n");
      }
}
```

【说明】 如果希望图形输出在屏幕中间，可以在输出 * 之前先输出若干空格。

```
#include "stdio.h"
main()
{ int i,j;
   for(i=1;i<=5;i++)              /*控制行数*/
      {  for(j=1;j<=30;j++)      /*第 5 行,控制第 i 行图形符号前的空格数*/
            printf(" ");
         for(j=1;j<=6;j++)        /*第 7 行,控制第 i 行图形符号个数*/
            printf("*");
         printf("\n");            /*换行*/
      }
}
```

（2）

```
******
 ******
  ******
   ******
    ******
```

【分析】 图表(2)与图形(1)相比,不同的只是每行前的空格数。如果最后一行 * 前有 30 个空格,则图形(2)规律见表 4.1。因此,只要将第 5 行和第 6 行输出空格的 for 语句改为如下语句即可。

```
for(j=1;j<=35-i;j++)
    printf(" ");
```

表 4.1 图形(2)规律

第 i 行	空格数	第 i 行	空格数
1	34	4	31
2	33	5	30
3	32	i	35-i

(3)

```
        *
       ***
      *****
     *******
    *********
```

【分析】 图形(3)与图形(2)相比,不同的只是每行 * 的个数。图形(3)规律见表 4.2。因此,只要在(2)的基础上,将第 7 行和第 8 行输出 * 的 for 语句改为如下语句即可。

```
for(j=1;j<=2*i-1;j++)
    printf("*");
```

表 4.2 图形(3)规律

第 i 行	* 个数	第 i 行	* 个数
1	1	4	7
2	3	5	9
3	5	i	2i-1

输出图形小结:

(1) 外层循环控制行数。

(2) 外层循环体内:

① 第一个循环控制本行图形符号前空格数。

② 第二个循环控制本行图形符号个数。

③ 换行,即 printf("\n");。

【例 4-11】 求两个整数的最大公约数和最小公倍数。

【分析】 求两个整数的最大公约数通常采用辗转相除法。首先两数相除,如果所得余数不等于 0,就用原来的除数做被除数,余数做除数,再次求余……直到余数等于 0 为止,此时的除数就是所求最大公约数。

例 4-11

由于不断地使用辗转更换的被除数和除数来求余数是有规律的重复操作,自然应该由循环实现。当余数等于0时循环结束,所以循环条件是"余数不等于0"。由于循环次数未知,选用 while 语句或 do-while 语句实现较好。

假设求两个整数 m 和 n 的最大公约数。如果选用 while 语句来实现循环,在循环开始前就要求一次余数 r(r=m%n),循环条件为 r!=0。在循环体中先更换被除数(m=n)和除数(n=r),然后求出新的余数 r,再去判断循环条件是否还成立……直到循环条件不成立,即余数 r=0 为止。此时的除数 n 就是要求的最大公约数。

两个整数的最小公倍数等于这两个整数之积除以它们的最大公约数。由于在循环过程中 m 和 n 的值已被多次辗转更换,不再是原来的两个数,所以为了在循环结束后使用原来两个数的乘积来计算最小公倍数,就需要在循环之前用两个变量将 m 和 n 的原值保留下来,或者用一个变量保留原来两个数的乘积。以下程序采用后一种保留乘积的方法。

用 while 语句实现的程序如下。

```c
#include "stdio.h"
main()
{  int m,n,r,p,gcd,lcm;
   scanf("%d%d",&m,&n);
   p=m*n;                 /* 保存两数之积 */
   r=m%n;                 /* 求 m 除以 n 的余数 r */
   while(r!=0)            /* 当余数 r≠0 时,执行循环体语句 */
      {  m=n;             /* m 赋值为原来的除数 n */
         n=r;             /* n 赋值为原来的余数 r */
         r=m%n;           /* 求 m 除以 n 的余数 r */
      }
   gcd=n;                 /* 最大公约数 gcd 赋值为使余数 r=0 的除数 n */
   lcm=p/gcd;             /* 最小公倍数 lcm 赋值为两数之积除以它们的最大公约数 */
   printf("gcd=%d,lcm=%d\n",gcd,lcm);        /* 输出最大公约数、最小公倍数 */
}
```

运行结果:

```
28 90↙
gcd=2,lcm=1260
```

【注意】 由于在循环过程中,存放两个数的变量的值在不断变化,所以必须在执行循环语句之前将原来的两个数或两数之积保存在其他变量中,才能正确地求得这两个数的最小公倍数。

用 do-while 语句实现的程序如下。

```c
#include "stdio.h"
main()
{  int m,n,r,p,gcd,lcm;
   scanf("%d%d",&m,&n);
```

```
    p=m * n;               /* 保存两数之积 */
    do
      { r=m%n;             /* 求 m 除以 n 的余数 r */
        m=n;               /* m 赋值为原来的除数 n */
        n=r;               /* n 赋值为原来的余数 r */
      }
    while(r!=0);           /* 当余数 r≠0 时,继续执行循环体语句 */
    gcd=m;                 /* 最大公约数 gcd 赋值为使余数 r 为 0 的除数,其值现在 m 中 */
    lcm=p/gcd;             /* 最小公倍数 lcm 赋值为两数之积除以它们的最大公约数 */
    printf("gcd=%d,lcm=%d\n",gcd,lcm);          /* 输出最大公约数、最小公倍数 */
}
```

【注意】 循环结束后,n 的值是 0。使余数 r 为 0 的除数的值已赋给 m,所以此时 m 的值是所求的最大公约数,不要错记成 n。

【例 4-12】 用牛顿迭代法求方程 $x^3+9.2x^2+16.7x+4=0$ 在 0 附近的根,直到 $|x_{k+1}-x_k|<10^{-5}$ 为止。牛顿迭代公式为 $x_{k+1}=x_k-\dfrac{f(x_k)}{f'(x_k)}$,$k=0,1,2,\cdots$。

【分析】 用迭代法求方程的根的过程是,先将初值 x_0 代入迭代公式,求得 x_1;然后将 x_1 代入迭代公式,求得 x_2;再将 x_2 代入迭代公式,求得 x_3……直到 $|x_{k+1}-x_k|$ 达到所给精度要求为止。此时的 x_{k+1} 即为所求。

```
#include "stdio.h"
#include "math.h"
main()
{ float x,x1;
  x1=0;                            /* 迭代初值为 0(求在 0 附近的根) */
  do
    { x=x1;                        /* 旧值保存在 x 中 */
      x1=x-(x * x * x+9.2 * x * x+16.7 * x+4)/(3 * x * x+18.4 * x+16.7);
                                   /* 迭代求新值 */
    }
  while(fabs(x1-x)>=1e-5);         /* 当未满足精度要求时,继续执行循环体语句 */
  printf("%f\n",x1);               /* 输出满足精度要求的根 */
}
```

运行结果:

```
-0.281983
```

【说明】

(1) 迭代就是一个不断用新值取代旧值的过程。为了能与上一次的值进行比较,必须在求新值之前将旧值保存在另一个变量中。该程序中用 x 存放旧值,x1 存放新值。

(2) 如果不是求方程在 x=0 附近的根,而是求某一点附近的根,需要把 x1 赋初值的语句 x1=0;换成 scanf("%f",&x1);,通过输入实现。

（3）循环的终止条件是"直到 $|x_{k+1}-x_k|<10^{-5}$ 为止"，也就是迭代求出的近似根的序列中后一项值减去前一项值的绝对值小于 10^{-5} 时为止，这个 10^{-5} 就是迭代的精度要求。具体迭代（循环）时，没有达到精度要求就继续循环；反之，也就是 $|x_{k+1}-x_k|<10^{-5}$ 条件成立时则停止循环，这时要取新求出来的那项作为满足精度要求的结果（程序中是 x1）。

【注意】 根据精度要求求值，即循环终止条件是直到……为止的情况，使用 do-while 循环比较方便。

【例 4-13】 输出 Fibonacci 数列：1,1,2,3,5,8,…的前 20 个数。

【分析】 可以看出，Fibonacci 数列的规律是：第 1 项和第 2 项都是 1，从第 3 项开始，每项都是前两项之和。其算法如图 4.15 所示。

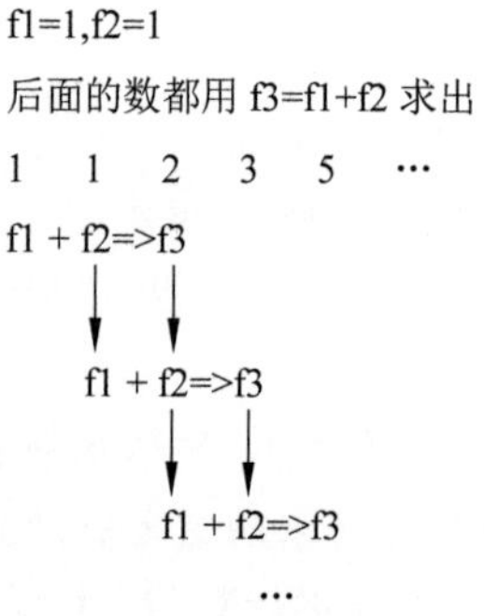

图 4.15 Fibonacci 数列算法示意图

```c
#include "stdio.h"
main()
{  int f1,f2,f3,i;
   f1=1; f2=1;                      /* 第 1 项和第 2 项都是 1 */
   printf("%-12d%-12d",f1,f2);      /* 输出第 1、2 项 */
   for( i=3;i<=20;i++)
      { f3=f1+f2;                    /* 第 i 项为其前两项之和 */
        printf("%-12d",f3);          /* 输出第 i 项 */
        f1=f2;
        f2=f3;                       /* 更新前两项，为求下一项做准备 */
        if(i%5==0) printf("\n");     /* 每输出 5 个数后换行一次 */
      }
}
```

运行结果：

1	1	2	3	5
8	13	21	34	55
89	144	233	377	610
987	1597	2584	4181	6765

【说明】 输出语句中的%-12d 表示输出数据占 12 列，当数据的位数小于给定的列数时，先输出该数据，然后在其后补足空格。例如先输出 1，然后在其后补以 11 个空格，于是该数据的输出共占 12 列。

【注意】 程序中有多个数据需更新时，需要注意更新顺序。例如，本程序中 f1＝f2；必须位于 f2＝f3；之前。

【例 4-14】 求 $1+\dfrac{1}{2}+\dfrac{1}{3}+\cdots$，精度要求为 0.056。

例 4-14

【分析】 本例题与例 4-12 类似，都是迭代的过程。假设迭代出来的数值序列是 s_1，$s_2,\cdots,s_{i-1},s_i,\cdots$，精度是 ε，则循环的终止条件就是 $|s_i-s_{i-1}|<\varepsilon$。

根据精度要求求本例的无穷级数和时，迭代求出的数值序列 $s_1,s_2,\cdots,s_{i-1},s_i,\cdots$ 是一个个的累加和(其中 s_i 是前 i 项之和)，循环的终止条件是 $|s_i-s_{i-1}|<0.056$，即前 i 项之和减去前 $i-1$ 项之和的绝对值小于 0.056 时停止循环。由于该级数是累加的，$|s_i-s_{i-1}|$ 实际上等于第 i 项 $\dfrac{1}{i}$。

```c
#include "stdio.h"
main()
{ float s,t;
  int i;
  s=0;                      /* 累加和 s 初值为 0 */
  i=0;                      /* i 既是通项的分母,也是累加的项数,其初值为 0 */
  do
    {
        i++;                /* 分母自增 1 */
        t=1.0/i;            /* 第 10 行,求当前项的值 */
        s=s+t;              /* 累加 */
    }
  while(t>=0.056);          /* 当不满足精度要求时,执行循环体语句 */
  printf("%f\n",s);         /* 输出满足精度要求的累加和 */
  printf("%d\n",i);         /* 输出累加的项数 */
}
```

运行结果：

```
3.495108
18
```

【注意】

(1) 该程序在 Visual C++中编译时会出现提示：

```
E:\VCLIST\4-14.C(10) : warning C4244: '=' : conversion from 'double' to 'float',
possible loss of data
```

以前个别例子编译时也出现过类似的信息。这是因为程序的第 10 行做赋值运算 $t=1.0/i$ 时，分子 1.0 是浮点型，分母 i 是 int 型，根据 C 语言数据类型间混合运算的规则 (见本章小结)，表达式 $1.0/i$ 的值是 double 型。当把一个 double 型数据赋值到 float 型的变量 t 中时需要进行存储格式的转换，而这种转换可能会由于数值超过 float 型能表示的值域、有效数字的位数而丢失数据，系统的这段文字就是对此种可能的提示。这种提示并不会影响以后的连接，同时依据题意，$1.0/i$ 的运算结果既不会超过 float 型的值域，也不会存在有效数字位数不够的问题，所以这种提示也不会影响程序的运行结果。

（2）本书只是从程序设计的角度考虑解决方案，并不探讨迭代中的收敛性等问题。所以，有些例题（如本例）的程序距离实际应用还有许多改善的空间。

【例 4-15】 根据公式 $\frac{\pi}{4}=1-\frac{1}{3}+\frac{1}{5}-\frac{1}{7}+\cdots$，求 π 的近似值。求公式等号右侧表达式的近似值时，精度要求为 10^{-6}。

【分析】 本例题与例 4-14 类似，其不同点是：①累加项的符号在正负之间有规律地变化，可以定义一个变量 k 专门记载累加项的符号；②用于精度判断的通项要取绝对值；③最后输出的 π 的近似值应为累加和乘以 4。

```c
#include "stdio.h"
#include "math.h"
main()
{ int k; double s,t,i;
    i=1;                          /* 分母 i 初值为 1 */
    k=1;                          /* 符号变量 k 初值为 1 */
    t=1;                          /* 累加项 t 初值为 1 */
    s=0;                          /* 累加和 s 初值为 0 */
    while(fabs(t)>=1e-6)          /* 当不满足精度要求时,执行循环体中的语句 */
       { s+=t;                    /* 累加,用 s=s+t;更易读 */
         i+=2;                    /* 分母自增 2,用 i=i+2;更易读 */
         k=-k;                    /* 符号变量 k 变号 */
         t=k/i;                   /* 求出下一个累加项 */
       }
    printf("%lf\n",4*s);          /* 输出满足精度要求的近似值 */
}
```

运行结果：

3.141591

【说明】

（1）由于精度要求到小数点后第 6 位，π 值小数点前还有一位，用 float 型存储时有效数字位数不够（见本章小结中表 4.5），故本例中用 double 型变量存储。

（2）虽然根据精度要求求值时采用 do-while 循环比较方便，但也可以像本例这样用 while 循环实现，只是需要在循环之前先求出一项并把它作为初值赋值到迭代变量中。

【例 4-16】 根据公式 $\pi=2\times\dfrac{2}{\sqrt{2}}\times\dfrac{2}{\sqrt{2+\sqrt{2}}}\times\dfrac{2}{\sqrt{2+\sqrt{2+\sqrt{2}}}}\times\cdots$，求 π 的近似值，精度要求为 10^{-5}。

【分析】 记前 n 项之积为 t_n。求一无穷级数之积时，不断进行累乘，直到 $|t_n-t_{n-1}|$ 小于精度要求为止。此时累乘积 t_n 的值即为所求。

该题中各项的分子均是 2，分母是前一项的分母与 2 的和的算术平方根。

```
#include "stdio.h"
#include "math.h"
main()
{ float m,t,t1;
    t=2;                          /* 累乘积 t 初值为 2 */
    m=0;                          /* m 初值为 0 */
    do
      { t1=t;                     /* 保存累乘积的旧值 */
        m=sqrt(2+m);             /* 求得下一项的分母 */
        t=t*2/m;                  /* 累乘 */
      }
    while(fabs(t-t1)>=1e-5);     /* 当不满足精度要求时,继续执行循环体语句 */
    printf("%f\n",t);             /* 输出满足精度要求的累乘积 */
}
```

运行结果:

3.141592

本章小结

循环结构是程序设计中非常重要的一种基本结构,实现循环结构的语句主要有 3 种: for 语句、while 语句和 do-while 语句。while 循环和 for 循环都是当型循环,而 do-while 循环是直到型循环。如果循环次数大于或等于 1,则 3 种循环语句都可以使用;当循环次数有可能为 0 时,只能使用 for 语句或 while 语句。循环次数确定时一般使用 for 语句,不确定时通常使用 while 语句或 do-while 语句。

本章涉及的常用算法有很多,包括求累加和、累乘积、最大(小)值、最大公约数,判断素数,数字分离,迭代和输出图形等。

1. 数据类型

程序处理的对象是数据,而数据都要存放在内存中。不同类型的数据存储格式不同、占用的内存字节数不同、可以进行的运算也不同。C 语言的数据类型如图 4.16 所示。

C 语言中数据有两种基本形式,即常量和变量。常量由其形式即可知其类型,而变量的类型是在定义时声明的。

目前已介绍的数据类型有整型和浮点型。整型变量是用来存放整数的。根据在内存中占用字节数的多少,整型变量又分为基本整型(int)、短整型(short int 或 short)和长整型(long int 或 long)3 类。C 标准没有具体规定各类型在内存中占用的字节数,所以各编译系统稍有不同。

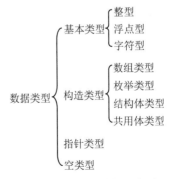

图 4.16　C 语言的数据类型

如在 Visual C++中,基本整型和长整型都占 4 字节（32 位）,短整型占 2 字节（16 位）;而在 Turbo C 中,基本整型和短整型都占 2 字节（16 位）,长整型占 4 字节（32 位）。

整型变量又分为有符号（signed）和无符号（unsigned）两种,未指定则隐含为有符号,于是整型变量共有 6 种：①有符号基本整型［signed］int；②无符号基本整型 unsigned ［int］；③有符号短整型［signed］short［int］；④无符号短整型 unsigned short［int］；⑤有符号长整型［signed］long［int］；⑥无符号长整型 unsigned long［int］。

Visual C++和 Turbo C 中各类整型变量值的范围及所占字节数见表 4.3 和表 4.4。

表 4.3 Visual C++整型变量值的范围及所占字节数

类型标识符	值 的 范 围	所占字节数/B
int	$-2147483648 \sim 2147483647$	4
unsigned	$0 \sim 4294967295$	4
short	$-32768 \sim 32767$	2
unsigned short	$0 \sim 65535$	2
long	$-2147483648 \sim 2147483647$	4
unsigned long	$0 \sim 4294967295$	4

表 4.4 Turbo C 整型变量值的范围及所占字节数

类型标识符	值 的 范 围	所占字节数/B
int	$-32768 \sim 32767$	2
unsigned	$0 \sim 65535$	2
short	$-32768 \sim 32767$	2
unsigned short	$0 \sim 65535$	2
long	$-2147483648 \sim 2147483647$	4
unsigned long	$0 \sim 4294967295$	4

浮点型变量是用来存放实数的。浮点型变量分为单精度浮点型（float）、双精度浮点型（double）和长双精度浮点型（long double）,在 Visual C++和 Turbo C 中值的范围、有效数字位数及所占字节数见表 4.5 和表 4.6。

表 4.5 Visual C++浮点型变量值的范围、有效数字位数及所占字节数

类型标识符	值 的 范 围	有效数字位数	所占字节数/B
float	$-3.4 \times 10^{38} \sim 3.4 \times 10^{38}$	6	4
double	$-1.7 \times 10^{308} \sim 1.7 \times 10^{308}$	15	8
long double	$-1.7 \times 10^{308} \sim 1.7 \times 10^{308}$	15	8

表 4.6　Turbo C 浮点型变量值的范围、有效数字位数及所占字节数

类型标识符	值 的 范 围	有效数字位数	所占字节数/B
float	$-3.4\times10^{38}\sim3.4\times10^{38}$	6	4
double	$-1.7\times10^{308}\sim1.7\times10^{308}$	15	8
long double	$-1.1\times10^{4932}\sim1.1\times10^{4932}$	19	16

2. 数据类型间混合运算

值为数值的各数据类型间都可以进行混合运算。两个不同类型的数据进行运算时，系统自动将其转换成同一类型后再进行运算。数据转换规则见图 4.17。横向箭头表示必定的转换。例如，float 型数据必定转换为 double 型再进行运算。纵向箭头表示当运算对象为不同类型时的转换方向。例如 int 型和 float 型数据进行运算时，首先 float 型必定转换为 double 型，int 型直接转换为 double 型，然后两个 double 型数据进行运算，结果为 double 型。

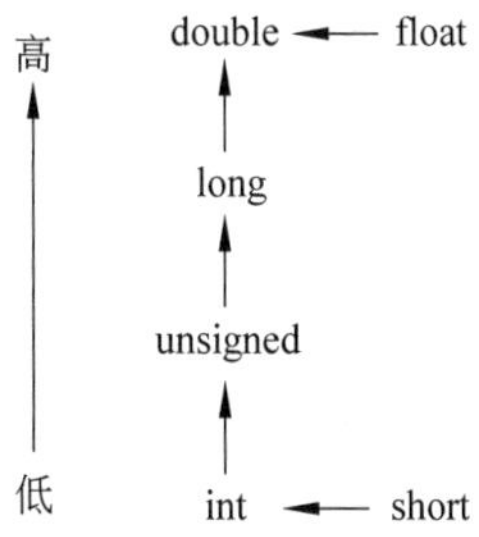

图 4.17　数据转换规则

3. 格式输入输出

1) 格式输出函数 printf

printf("格式控制字符串",输出项 1,输出项 2, … ,输出项 n)

作用是按照格式控制向终端显示器输出各输出项的值。

（1）按不同的输出格式符总结如下。

① %d：以十进制输出有符号整型数据。

【例 4-17】　%d 格式符示例。

```
#include "stdio.h"
main()
{   int x=-1;unsigned y=65535;
    printf("%d,%d\n",x,y);
}
```

在 Turbo C 中运行结果：

```
-1,-1
```

在 Visual C++中运行结果：

```
-1,65535
```

② %u：以十进制输出无符号整型数据。

【例 4-18】　%u 格式符示例。

```
#include "stdio.h"
```

```
main()
{   int x=-1;unsigned y=65535;
    printf("%u,%u\n",x,y);
}
```

在 Turbo C 中运行结果：

```
65535,65535
```

在 Visual C++中运行结果：

```
4294967295,65535
```

③ %o：以八进制输出无符号整型数据。

④ %x 或%X：以十六进制输出无符号整型数据。

【例 4-19】 %o 和%x 格式符示例。

```
#include "stdio.h"
main()
{   int x=-1;unsigned y=65535;
    printf("%o,%x\n",x,x);
    printf("%o,%x\n",y,y);
}
```

在 Turbo C 中运行结果：

```
177777,ffff
177777,ffff
```

在 Visual C++中运行结果：

```
37777777777,ffffffff
177777,ffff
```

⑤ %f：以小数形式输出单、双精度浮点型数据。整数部分全部输出,小数部分输出 6 位,第 7 位四舍五入。

⑥ %lf：以小数形式输出双精度浮点型数据。整数部分全部输出,小数部分输出 6 位,第 7 位四舍五入。

⑦ %e 或%E：按规范化指数形式输出单、双精度浮点型数据,即小数点前必须有而且只有 1 位非零数字。

【例 4-20】 %f、%lf 和%e 格式符示例。

```
#include "stdio.h"
main()
{   float x;double y;
    x=123456789.123456789;
    y=123456789.123456789;
    printf("%f,%e\n",x,x);
```

```
    printf("%f,%lf,%e\n",y,y,y);
}
```

运行结果：

```
123456792.000000,1.234568e+008
123456789.123457,123456789.123457,1.234568e+008
```

从以上运行结果可以看出单、双精度浮点型数据有效数字位数的差异,也可以看出输出双精度浮点型数据时用%f还是%lf无任何区别,效果完全相同。

⑧ %g 或%G:自动选择%f和%e中输出所占列数较少的一种来输出单、双精度浮点型数据。

(2) 按不同的附加输出格式符总结如下。

① 字母 l:用于长整型数据,可加在格式符 d、u、o、x 之前。

② 字母 h:用于短整型数据,可加在格式符 d、u、o、x 之前。

③ 正整数 m:可加在各格式符之前,m 为输出数据所占最小列宽。若数据的位数 k<m,则在其前补以 m-k 个空格,然后输出数据,于是该数据的输出共占 m 列。若数据的实际位数大于 m,则按实际位数输出。

④ 负整数-m:可加在各格式符之前,m 为输出数据所占最小列宽,负号"-"表示左对齐,即若数据的位数 k<m,则先输出数据,然后输出 m-k 个空格,于是该数据的输出共占 m 列。若数据的实际位数大于 m,则按实际位数输出。

⑤ 小数点后跟正整数 n(即.n):可加在浮点型格式符之前,表示输出 n 位小数,第 n+1 位四舍五入。

【例 4-21】 附加输出格式符示例。

```
#include "stdio.h"
main()
{ int a=1,b=-256;
  long c=65535;
  float x=123.123456789;
  double y=123.123456789;
  printf("a=%-3d,%3d\n",a,a);
  printf("b=%-3d,%3d\n",b,b);
  printf("c=%ld,%10ld\n",c,c);
  printf("x=%f,%.2f,%9.2f,%-9.2f,%.3e,%-12.3e,%12.3e\n",x,x,x,x,x,x,x);
  printf("y=%f,%.2f,%9.2f,%-9.2f,%.3e,%-12.3e,%12.3e\n",y,y,y,y,y,y,y);
}
```

运行结果：

```
a=1,  1
b=-256,-256
c=65535,    65535
x=123.123459,  123.12,  123.12,  123.12,  1.231e+002,  1.231e+002,  1.231e+002
y=123.123457,  123.12,  123.12,  123.12,  1.231e+002,  1.231e+002,  1.231e+002
```

2) 格式输入函数 scanf

scanf("格式控制字符串",地址 1,地址 2, … ,地址 n)

作用是从终端键盘按照格式控制给各地址对应的量输入数据。

(1) 按不同的输入格式符总结如下。

① %d：以十进制输入有符号整型数据。

② %u：以十进制输入无符号整型数据。

③ %o：以八进制输入无符号整型数据。

④ %x 或 %X：以十六进制输入无符号整型数据。

⑤ %f：以小数或指数形式输入单精度浮点型数据。

⑥ %e 或 %E：以小数或指数形式输入单精度浮点型数据。

⑦ %g 或 %G：以小数或指数形式输入单精度浮点型数据。

⑧ %lf：以小数或指数形式输入双精度浮点型数据。

(2) 按不同的附加输入格式符总结如下。

① 字母 l：用于长整型数据，可加在格式符 d、u、o、x 之前。

② 字母 h：用于短整型数据，可加在格式符 d、u、o、x 之前。

③ 正整数 m：可加在各格式符之前，指定输入数据所占列数。

④ 符号 *：表示对应的输入数据不赋给任何量，即跳过该数据。

【例 4-22】 附加输入格式符示例。

```
#include "stdio.h"
main()
{ int a,b;float x,y;
  scanf("%3d%3d",&a,&b);
  printf("a=%d,b=%d\n",a,b);
  scanf("%3f%*3f%3f",&x,&y);
  printf("x=%f,y=%f\n",x,y);
}
```

运行结果：

```
123456↙
a=123,b=456
1.23456789↙
x=1.200000,y=678.000000
```

【注意】 输入浮点型数据时不能规定精度。例如下面的输入语句是错误的。

```
float x;
scanf("%6.2f",&x);
```

4. C 语句

C 语句的作用是向计算机系统发出操作指令，要求执行相应的操作。C 语句组成了函数体的执行部分。C 语句分为以下 5 类。

(1) 控制语句。用于完成一定的控制功能。已介绍过的控制语句有 if 语句、for 语句、while 语句、do-while 语句、switch 语句和 break 语句。

(2) 表达式语句。一个表达式加一个分号就是一个表达式语句。

(3) 函数调用语句。一个函数调用加一个分号就是一个函数调用语句。

(4) 复合语句。用{}把若干语句括起来就是一个复合语句。

(5) 空语句。就是只有一个分号(;)的语句。执行空语句时不做什么操作,但有没有这个空语句效果可能是完全不同的,甚至可能没有它就会出错。

习题 4

4-1 若变量已正确定义,以下不能正确计算 1+2+3+4+5 的程序段是( )。

    A. i=1;s=1; do {s=s+i;i++;} while (i<5);

    B. i=0;s=0; do {i++;s=s+i;} while(i<5);

    C. i=1;s=0; do {s=s+i;i++;} while(i<6);

    D. i=1;s=0; do {s=s+i;i++;} while(i<=5);

4-2 读程序,写出运行结果。

```
#include "stdio.h"
main()
{  int i,s=0;
   for(i=1;i<=100;i++)
      {  s=s+i;
         if(i==10)break;
      }
   printf("i=%d,s=%d\n",i,s);
}
```

4-3 求 1~100 的奇数之和、偶数之积。

4-4 求 100~200 中素数之和以及素数的个数。

4-5 求一批数中的最小值,用 999 作为终止标记。

4-6 键盘输入 10 个数,求其中最大的偶数。

4-7 任意输入 10 个整数,求其中奇数之积。

4-8 求出一批非零整数中的偶数、奇数的平均值,用 0 作为终止标记。

4-9 输入一个整数,求其位数。

4-10 从键盘输入 11 个正整数,求这批数中各位数字之和大于 8 的所有数的平均值。

4-11 输入一批正整数,用−1 作为终止标记,求其中能被 5 或 6 整除的数之和。

4-12 求 2−4+6−8+⋯−100+102 的值。

4-13 求出 3 位数中满足条件的所有数:3 个数字之积为 60,并且 3 个数字之和为 13。

4-14 算式?2×6?=3276 中缺少一个十位数和一个个位数。编程求出使算式成立的这两个数字,并输出正确的算式。

4-15 输出形状为如图 4.18 所示矩形的九九乘法表。

```
1   2   3   4   5   6   7   8   9
2   4   6   8  10  12  14  16  18
3   6   9  12  15  18  21  24  27
4   8  12  16  20  24  28  32  36
5  10  15  20  25  30  35  40  45
6  12  18  24  30  36  42  48  54
7  14  21  28  35  42  49  56  63
8  16  24  32  40  48  56  64  72
9  18  27  36  45  54  63  72  81
```

图 4.18 矩形九九乘法表

4-16 输出以下各图形。

```
(1)                    (2)                        (3)
  ******              *********                      *
  ******              *******                       **
  ******              *****                        ***
  ******              ***                         ****
  ******              *                          *****
```

第5章 数　　组

数组通常用来存放成批的具有相同类型的数据。在实际问题中,如果涉及批量数据的顺序或位置关系,或者要多次使用同一批量数据等情况时,就要使用数组。例如,在统计学生成绩时经常要统计高于平均成绩的人数或者按成绩排名次时,就需要使用数组处理。

数组引例

数组是指一批具有相同类型数据的有序集合,用一个名字(称为数组名)来表示,数组属于构造数据类型。数组中的元素用位置号(称为下标)表示它的顺序。有一个下标的数组称为一维数组,有两个下标的数组称为二维数组,多个下标的数组称为"多维数组"。

应用本章的知识可以完成学生成绩管理的程序,根据输入的学生成绩统计每个人、每门课程的最高分、最低分、平均成绩、超过平均成绩的人数以及按每个人的平均成绩排序,查找不及格的学生的成绩等。

5.1　一维数组

一维数组通常用来表示具有相同数据类型的一组数,可以对这组数进行排序和查询等。一维数组的常用算法包括顺序排序法、选择排序法和冒泡排序法等排序的算法,以及数组逆序存放和二分查找法等。

5.1.1　一维数组的定义和引用

一组数组的
定义和引用

1. 一维数组的定义

数组必须先定义后使用。定义一维数组的一般形式是:

类型标识符 数组名[数组长度]

【说明】　方括号[ ]内的数组长度表示数组中元素的个数,必须是整数或整型常量表达式,不能包含变量。

例如,int cj[30],a[10];float b[20];,都是合法的数组定义。而 int n＝10; int a[n];,这个数组 a 的定义是不合法的。

数组在内存中占据一片连续的存储单元。若有定义 int a[10];,则表示数组 a 中包括 10 个元素,分别为 a[0]～a[9]。这10个元素在内存中是连续存放的,如图5.1所示。只要知道数组 a 的起始元素 a[0]的地址,后面元素的相应地址就可以计算出来。由于 C 语言中用数组名代表数组的起始地址,所以此处的数组名 a 也代表数组 a 的起始地址,与 a[0]的地址相同。

数组的下标从 0 开始。若有数组定义 int a[10];,则数组 a 的最小下标为 0,最大可

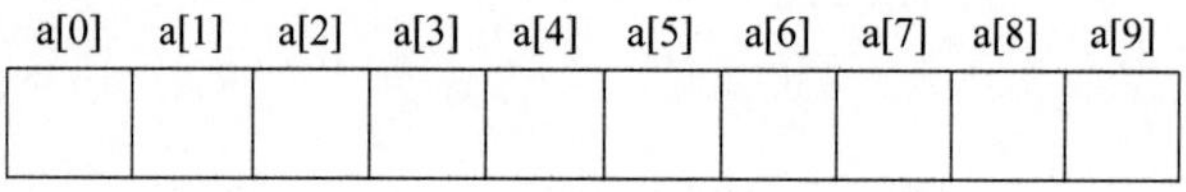

a[0]	a[1]	a[2]	a[3]	a[4]	a[5]	a[6]	a[7]	a[8]	a[9]

图 5.1　数组中 10 个元素在内存中连续存放

用下标为 9，C 的编译器不对下标越界进行检查，因此编程者必须保证程序中所用数组的下标是不越界的。

2. 一维数组的引用

引用一维数组元素的一般形式是：

数组名[下标]

【说明】　[ ]内的下标必须是整型表达式，可以只是一个常量、变量，也可以是表达式。

例如，a[1]，a[i]，a[9−i]（i 是整型）等都是合法的数组元素的引用，数组元素也称为下标变量。

数组元素的处理往往与循环分不开，输入和输出都要结合循环进行。假设 int 型数组 cj 有 30 个元素，输入所有元素时可以使用下面的循环语句对 cj 的所有元素进行遍历。

```
for(i=0;i<30;i++)
    scanf("%d",&cj[i]);
```

如果数组中的数组元素的值是有某种计算规律的，有时也可以使用循环直接给数组元素赋值，不必一个一个地输入。

【例 5-1】　数组元素的引用。

```
#include "stdio.h"
main()
{  int i,b[10];
   for(i=0;i<10;i++)            /* 通过循环遍历数组元素 */
       b[i]=i+1;                /* 赋值后，数组 b 中各元素的值依次为 1,2,3,…,10 */
   for(i=0;i<10;i++)            /* 再次遍历数组元素 */
       printf("%5d",b[i]);      /* 格式%5d 的作用是控制每个数据占 5 列 */
                               /* 如果使用格式%d,输出的数将连在一起 */
   printf("\n");
}
```

运行结果：

```
    1    2    3    4    5    6    7    8    9   10
```

5.1.2　一维数组的初始化

定义数组时直接给数组的一些元素赋值，称为对数组的初始化，也可称为对数组赋初值。

对数组的初始化可以用以下 3 种方法实现。

（1）定义数组时，对全部数组元素赋以初值。例如：

一组数组
的初始化

```
int a[10]={1,2,3,4,5,6,7,8,9,10};
```

（2）定义数组时，只给一部分元素赋初值。例如：

```
int a[10]={1,2,3,4,5};
```

表示只给数组 a 的前 5 个元素赋初值，后边元素自动被赋值为 0。

（3）在对全部数组元素赋初值时，可以不指定数组长度。例如：

```
int a[]={1,2,3,4,5,6,7,8,9,10};
```

与下面的写法等价：

```
int a[10]={1,2,3,4,5,6,7,8,9,10};
```

【注意】 许多情况下，赋初值是针对循环变量、累加（累乘）变量、数列的初始项等而言的，所以对数组、变量赋初值的方法不是唯一的，既可以通过定义时的初始化实现，也可以通过其他方法（如赋值语句、for 语句中的表达式 1 等）实现。

【例 5-2】 用数组求 Fibonacci 数列的前 20 项。

【分析】 例 4-13 求 Fibonacci 数列时，在循环中求出一项输出一项，不能同时保存 20 项的数据；而用数组表示 Fibonacci 数列时，则可以同时保存求出的所有的数。

```
#include "stdio.h"
main()
{ int i;
  long int f[20]={1,1};                /*前两项都赋初值 1*/
  for(i=2;i<20;i++)                    /*循环 18 次,循环变量 i 从 2 到 19*/
      f[i]=f[i-2]+f[i-1];              /*后一项等于前两项的和*/
  for(i=0;i<20;i++)                    /*对数组中的 20 个元素遍历*/
      { printf("%12ld",f[i]);         /*输出元素 f[i]*/
        if((i+1)%5==0)printf("\n");    /*控制每行输出 5 个数*/
      }
}
```

运行结果：

1	1	2	3	5
8	13	21	34	55
89	144	233	377	610
987	1597	2584	4181	6765

【说明】 程序中采用每输出 5 个数换一次行的方法，也可以用以下程序段先换行后再输出 5 个数（输出第一个数前先换一次行）的方法。

```
for(i=0;i<20;i++)
  { if(i%5==0)printf("\n");
    printf("%12ld",f[i]);
  }
```

编程时，一般采用先输出若干个数再换行的方法并且列对齐输出。

5.1.3 随机函数 rand 和 random

随机函数

可以用随机函数产生一组随机整数赋值给数组中的各个元素，C 中用 rand()函数实现。

1. rand 函数

rand 函数的一般形式是：rand()。它产生 0 到整型最大值之间的一个随机整数，如要产生[a,b]的随机整数可以使用 rand()%(b−a+1)+a 实现。

rand 函数位于标准库 stdlib.h 中，使用该函数时要先用文件包含命令♯include "stdlib.h"（或♯include ＜stdlib.h＞）。

2. random 函数

在 Turbo C 中，random 是包含在头文件 stdlib.h 中的宏定义：

```
#define random(num) (rand()%(num))
```

宏定义（详见 6.7.1 节）的参数用一对括号括起来，使用时和函数类似，所以也可把 random 当作函数使用。使用 random 函数时也需要文件包含命令♯include "stdlib.h"，调用的一般形式是：random(n)。它产生[0,n−1]的随机整数，如要产生[a,b]的随机整数可以使用 random(b−a+1)+a 实现。

在 Turbo C 中可以用 random 函数代替 rand 函数，但在 Visual C++中只能使用 rand 函数，不能使用 random 函数。

3. srand 函数和 randomize 函数

srand 函数的一般形式是：srand(unsigned seed)。它产生随机整数的种子，能使程序中每次运行 srand 函数时得到不同的随机整数序列。通常的使用方法是：srand(time(0))，用当前的时间作为随机数的初始种子。time 函数在时间库 time.h 中，srand 函数在标准库 stdlib.h 中。

在 Turbo C 中，randomize 是包含在头文件 stdlib.h 中带参数的宏定义：

```
#define randomize() srand((unsigned)time (NULL))
```

调用形式是：randomize()，类似于一个无参函数。在 Turbo C 中可以用 randomize 函数代替 srand 函数，但在 Visual C++中只能使用 srand 函数，不能使用 randomize 函数。

产生随机整数的具体方法参见例 5-6 和例 5-7。由于 random 和 randomize 函数不是 C 中真正意义的库函数,为了通用,建议使用 rand 和 srand 函数。

5.1.4　一维数组的简单应用

考虑设计一个学生成绩管理系统,可以完成成绩统计、查询、排序等功能。例如,成绩统计包括求平均成绩、最高分、最低分等。

当要解决一个实际问题时,首先要研究采用什么样的解决方案,使用什么样的算法,以及是否使用过类似的算法等,要把实际问题变成计算机能够解决的问题。

1) 选择或者创造一个抽象

例如,通过抽象,可以将学生的成绩用一组数据表示,然后选择合适的数据结构来处理它。显然,学生成绩的数据用数组来表示比较恰当。

2) 采用逐步求精的方法设计解决问题的方案

解决问题需要遵循一定的过程或规则,培养解决问题的能力是伴随着整个程序设计的过程逐步实现的。简单地说,解决问题的方法就是采用逐步求精、各个击破的思想。当面对比较复杂的问题时,要设法将其分解为若干个比较简单的问题,并逐步分解,使这些比较简单的问题最终分解成为简单的、最好是与已经解决的问题类似的基本问题。把这些基本问题逐一解决之后,再拼接在一起去解决原来的复杂问题。

以此成绩管理系统为例,可将它分解为成绩统计、成绩排序、成绩查询等若干个较小的问题。当较小的问题还不够简单时就继续简化,例如成绩统计这个问题可以再细分为求平均成绩、求最高分、求最低分等更小的问题,由此形成各种基本问题。当这些基本问题解决之后,可以逐步拼接成较大的程序去解决原来的复杂问题。本章将逐步介绍这些基本问题的程序设计方法,最后组成解决综合性问题的例 5-30。

3) 按照算法编写程序代码实现

同样的问题可以采用不同的程序设计语言编程实现,采用的算法也会有细微差别,但应尽量使用通用的算法。

4) 运行测试结果

采取各种测试方法对程序输入各类数据进行测试性运行,以保证程序的正确性。

下面给出一些基本问题的解决方法,从这些例子中体会用数组解决问题的大致思路。

【例 5-3】　求 10 个学生成绩的平均成绩。

【分析】　在例 4-9 中编程求解过若干个学生的平均成绩。本例中已知学生个数为 10,这样就可以定义一个包含 10 个元素的一维数组,同时也不必使用终止标记法输入数据了。

例 5-3

编程解决具体问题时,为了保证程序的易读性,一般将程序划分为 3 个部分。

(1) 输入数据,或用其他方式给数组、变量等赋值。

(2) 处理数据,也就是计算过程,例如求和、比较大小等。

(3) 输出数据,即输出计算结果。

```
#include "stdio.h"
main( )
{ int i,a[10];
  float average,sum;
  for(i=0;i<=9;i++)                          /* 循环变量 i 从 0 到 9,遍历 10 个元素 */
      scanf("%d",&a[i]);                      /* 输入第 i 个成绩放到 a[i]中 */
  sum=0;                                       /* sum 存放成绩和,赋初值为 0 */
  for(i=0;i<10;i++)                           /* for 循环用于累加 10 个元素 */
      sum+=a[i];                              /* 将 a[i]累加到 sum 中 */
  average=sum/10;                             /* for 循环结束之后再求平均值 */
  printf("平均成绩=%7.2f\n",average);         /* 输出平均成绩 */
}
```

运行结果：

63 88 89 90 66 73 61 92 72 78✔
平均成绩= 77.20

【说明】 如果 sum 是整型的变量,求平均成绩的语句要改为

average=sum/10.0;

例 5-4

【例 5-4】 求 10 个数的最小值和最大值。

【分析】 求最大值的算法和例 4-8 类似,只是把 10 个数都保存在数组中。

```
#include "stdio.h"
main( )
{ int i,a[10],min,max;     /* 用数组 a 存放 10 个数,min、max 分别存放最小值和最大值 */
  for(i=0;i<=9;i++)         /* 循环变量 i 从 0~9,遍历 10 个元素 */
      scanf("%d",&a[i]);
  max=min=a[0];                         /* a[0]为最大值和最小值的初值 */
  for(i=1;i<10;i++)                     /* 遍历 a[1]到 a[9],求最大值和最小值 */
    { if(a[i]<min) min=a[i];            /* 若 a[i]比 min 还小,到目前为止 a[i]是最小值 */
      if(a[i]>max) max=a[i];            /* 若 a[i]比 max 还大,到目前为止 a[i]是最大值 */
    }
  printf("最大值=%d,最小值=%d\n", max,min);
}
```

运行结果：

63 88 89 90 66 73 61 92 72 78✔
最大值=92,最小值=61

【说明】 例 5-3 和例 5-4 程序的功能不用数组也可以实现,但是下面例 5-5 的问题如果不用数组仅用变量是不好实现的,因为它不但涉及要记住一个数在一组数中的位置,而且求出该位置后还要再次使用这批数。

【例 5-5】 求 10 个数的最小值,并将该最小值与最前面的元素互换。

【分析】 因为要将最前面的数换到原来最小值所在的位置,所以求最小值时要记住最小值的位置,数组中的位置通常指的就是其下标。

此问题的核心部分可以分解为两个问题:

(1) 求最小值 min,并记下最小值在原数组中的位置 k。

(2) 将最小值 a[k] 和 a[0] 交换。

第(1)个问题只是比例 5-3 中的程序多一步,所以在例 5-3 中的程序中将求最小值部分改为 if(a[i]<min){ min=a[i];k=i;},同时在循环之前给 k 赋初值为 0。

注意到程序中 min 和 a[k] 都是表示最小值,而且一直相等,所以只要记住一个 k 就够用了。例 5-5 算法的 N-S 图如图 5.2 所示。

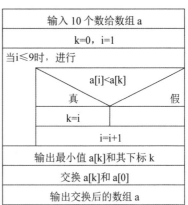

图 5.2　例 5-5 算法的 N-S 图

```c
#include "stdio.h"
main()
{ int i,t,a[10],k;
   for(i=0;i<=9;i++)
      scanf("%d",&a[i]);
   k=0;                     /*设 a[0]最小,k 为最小值的下标,所以 k 赋初值为 0*/
   for(i=1;i<10;i++)        /*a[0]已设为最小,所以循环从下标 1 开始*/
      if(a[i]<a[k])k=i;     /*如果 a[i]比当前最小值 a[k]还小,就将 i 赋值给 k*/
   printf("最小值是:%d\n",a[k]);   /*第 9 行*/
   printf("最小值的下标为:%d\n",k);
   if(k!=0)                 /*如果 k=0,最小值就是 a[0],不必交换*/
      {t=a[0]; a[0]=a[k]; a[k]=t;} /*将 a[0]和 a[k]交换,即将最小值换到最前面*/
   for(i=0;i<=9;i++)        /*用 for 循环输出变化后的数组*/
      printf("%3d",a[i]);
   printf("\n");
}
```

运行结果:

67 98 76 64 89 58 52 69 91 87↙
最小值是:52
最小值的下标为:6
 52 98 76 64 89 58 67 69 91 87

【说明】 程序的一般步骤是输入数据、处理数据和输出数据,但三者也常常交叉。例如,本例中输出数据和处理数据(a[0]和 a[k]交换)就交叉了。把程序中从第 9 行开始的 4 行用以下程序段替换:

    if(k!=0)

```
{t=a[0]; a[0]=a[k]; a[k]=t; }
printf("最小值是:%d\n",a[0]);
printf("最小值的下标为:%d\n",k);
```

就可以避免输出数据和处理数据部分的交叉,但输出的最小值应是交换后的 a[0],其易读性弱了。可见,程序总体上分成 3 步就可以,没有必要一定划分为严格的 3 步,还需要具体问题具体对待。

【问题扩展】 这个程序完成了将 10 个数的最小值交换放到 a[0] 中的功能。按照同样的做法,可以找出从 a[1] 到 a[9] 中的最小值交换放到 a[1] 的位置,再找出从 a[2] 到 a[9] 中的最小值交换放到 a[2] 的位置,以此类推,最后从 a[8] 到 a[9] 中找出最小值交换放到 a[8] 中,剩下的 a[9] 就是 10 个数中的最大值。这样,就完成了将 10 个数按照由小到大的次序排序的任务,这种排序的方法称为选择排序法。简单地说,对 10 个数的选择排序法,就是重复 9 轮次求最小值的位置,并将该位置的最小值交换放到相应位置的过程。

对 n 个数选择排序的算法描述:

（1）给数组 a 中元素输入数据。

（2）对 i=0,1,…,n−2 做

① k=i;

② 对 j=i+1,…,n−1 做

　　如果 a[j]<a[k],则 k=j;

③ 交换 a[k] 和 a[i]。

（3）输出数组 a。

【例 5-6】 产生 10 个 [40,100] 的随机整数,并用选择排序法按由小到大的顺序排序后输出。

【分析】 使用例 5-5 问题扩展中讨论的方法排序。

例 5-6

```
#include "stdio.h"
#include "stdlib.h"              /* 函数 rand、srand 包含在 stdlib.h 中 */
#include "time.h"                /* 函数 time 包含在 time.h 中 */
main()
{ int i,j,t,a[10],k;
  srand(time(0));   /* 用时间作为随机数的种子,每次运行得到不同的随机数序列 */
  for(i=0;i<10;i++)
    { a[i]=rand()%61+40;         /* 产生[40,100]的随机整数赋给数组元素 a[i] */
      printf("%5d",a[i]);        /* 输出随机产生的数据(排序前的) */
    }
  printf("\n");
  for(i=0;i<9;i++)               /* 循环变量 i 从 0~8,共 9 轮 */
    { k=i;          /* 求 a[i]~a[9]中最小值的位置 k,先假定 a[i]最小,将 k 赋初值 i */
      for(j=i+1;j<10;j++)        /* 遍历 a[i+1]~a[9],求最小值下标赋值给 k */
        if(a[j]<a[k]) k=j;
      if(k!=i)                   /* 如果 k=i,最小值就是 a[i],不必交换 */
        {t=a[i]; a[i]=a[k]; a[k]=t;}
```

```
                                    /* 将 a[i] 与此轮求出的最小值 a[k] 交换位置 */
        }
    for(i=0;i<10;i++)               /* 输出排序后的 10 个随机整数 */
        printf("%5d",a[i]);
    printf("\n");
}
```

某一次运行结果：

```
67   82   63   45   100   58   99   71   84   51
45   51   58   63   67    71   82   84   99   100
```

【说明】 此程序在 Visual C++和 Turbo C 环境下都可正常运行，在 Turbo C 环境下还可以使用 random 函数和 randomize 函数组合，具体用法参考例 5-7。

对一组数排序的方法有很多种，除了选择排序法外，还有顺序排序、冒泡排序、插入排序和快速排序等方法。

【例 5-7】 用顺序排序法实现例 5-6 的排序功能。

例 5-7

【分析】 顺序排序法的循环变量的变化过程与选择排序相同。按升序进行顺序排序时，也是先安排好第一个数，即设法将最小的数交换到第一个数的位置（元素的下标为 0），方法是将后面的每一个数都和第一个数比较，如果后面的数比第一个数还小就立即交换相比较的两个数，一轮循环完成后就将最小的数放在了最前边。第二轮循环按照同样的方法将剩下的 9 个数（第一个数不再参与比较）中的最小数交换放在第二个数的位置（元素的下标为 1）。以此类推，直到将最后两个数中较小的数交换到倒数第二个数的位置（元素的下标为 8），整个顺序就排好了。

```
#include "stdio.h"
#include "stdlib.h"
#include "time.h"
main()
{ int i,j,t,a[10];
    randomize();                    /* 随机数种子,保证每次运行得到不同的随机数序列 */
    for(i=0;i<10;i++)
        { a[i]=random(61)+40;       /* 随机产生[40,100]的随机整数 */
          printf("%5d",a[i]);       /* 排序前输出一次 */
        }
    printf("\n");
    for(i=0;i<9;i++)                /* 通过 9 轮比较排序 */
        for(j=i+1;j<10;j++)         /* 遍历 a[i]~a[9]找最小值,交换到 a[i]中 */
            if(a[j]<a[i])           /* 如果 a[j]比 a[i]小 */
                {t=a[i]; a[i]=a[j]; a[j]=t; }    /* 将 a[j]和 a[i]交换 */
    for(i=0;i<10;i++)              /* 输出排好序的数组 */
        printf("%5d",a[i]);
    printf("\n");
}
```

某一次运行结果：

```
78   69   100   99   74   89   41   95   86   64
41   64   69   74   78   86   89   95   99   100
```

【说明】　本例程序在 Turbo C 上运行。

例 5-8

【例 5-8】　将一维数组中的 n（n≤50）个数按逆序存放。

【分析】　当处理的数据个数 n 不确定时，可以先定义一个足够大的数组，再输入 n，通过 n 来控制输入 n 个数。数组逆序存放的方法可以采用前后对应元素对换的方法，例如，当 n＝8 时，a[0]和 a[7]交换，a[1]和 a[6]交换，a[2]和 a[5]交换，a[3]和 a[4]交换。为了防止同一对数据交换两次（等于没交换），只需要遍历其中一半元素，即循环变量 i 从 0 到(n－1)/2 变化时，a[i]和 a[n－1－i]交换。

```c
#include "stdio.h"
main()
{ int a[50],t,n,i;              /* 最多有 50 个数,所以定义用 int a[50] */
  scanf("%d",&n);              /* 输入元素个数 n */
  for(i=0;i<n;i++)             /* 循环 n 次,遍历 a[0]~a[n-1] */
      { scanf("%d",&a[i]);     /* 输入第 i 个数,放到 a[i]中 */
        printf("%5d",a[i]);    /* 输出逆序前的每一个数 */
      }
  printf("\n");
  for(i=0;i<=(n-1)/2;i++)      /* 遍历数组 a 的前一半元素,让前一半和后一半交换 */
      { t=a[i];                /* 这 3 行完成 a[i]和 a[n-1-i]交换 */
        a[i]=a[n-1-i];
        a[n-1-i]=t;
      }
   for(i=0;i<n;i++)            /* 输出逆序后的数 */
      printf("%5d",a[i]);
   printf("\n");
}
```

运行结果：

```
8↙
1 2 3 4 5 6 7 8↙
    1    2    3    4    5    6    7    8
    8    7    6    5    4    3    2    1
```

【说明】

（1）第一个 for 语句既用于输入 n 个数，也做了逆序前的数据输出。如果 n 比较大时有些不方便，也容易使输入和输出数据交叉在一起，所以最好将这个 for 语句分成两个：一个用于输入 n 个数，另一个用于输出逆序前的 n 个数。

（2）n 是偶数时，数据正好成对地交换。n 是奇数时，本程序遍历的最后一对数是自己和自己交换。例如，n＝7 时，a[0]和 a[6]交换，a[1]和 a[5]交换，a[2]和 a[4]交换，最后 a[3]和 a[3]自己交换。可以修改程序,使得 n 无论是偶数还是奇数时,都不会出现数组元素自己和自己交换的情况。

5.1.5 符号常量

符号常量
及例 5-9

C 语言中数组的大小是固定的,即定义数组时只能使用常量来定义数组的大小。当程序中处理的数据个数是一个变量时,通常要定义一个足够大的数组,然后按照需要来使用(详见例 5-8),这显然有些浪费存储空间。如果不想浪费存储空间,可以使用动态分配内存的方法解决(详见 8.5 节)。

如果数据的个数是固定的,如 5.1.4 节的几个例子中数组有 10 个数,若想把这些问题修改为处理 20 个或 100 个等其他数量的数据时,必须修改程序中原来用 10 表达的地方,这往往会有很多处。这种修改方法既不方便,也可能由于修改上的遗漏使修改后的程序出现错误。解决此问题的方法之一就是使用符号常量。

符号常量是指在程序中所指定的以符号名代表的常量,从字面上并不能看出其值和类型。程序中多处使用同一个常量时,可以将其定义为符号常量,既便于修改,也能减少出错,同时又提高了程序的易读性。

定义符号常量需要使用编译预处理命令的宏定义实现,一般形式是:

#define 符号常量名 常量

例如:

#define N 10

♯define 是预编译命令,称为宏定义(见 6.7.1 节)。在编译时,系统先处理预编译命令,例如对♯define N 10 而言,系统将程序中所有的 N 用 10 替换之后再做编译。所以当处理的数据个数发生变化时,只要修改宏定义一处即可,不必修改函数体中的内容。

【例 5-9】 查找一个数是否在一个数组中,如查找一组考试成绩中有没有 100 分。如果找到这个数,输出它在这一组数中第一次出现的位置;如果这个数不在数组中,则输出没有找到的相关信息。

【分析】 首先,要选择存储数据的数据结构,由于涉及一组数的顺序问题,故使用一维数组表示这组数最为合适。其次,确定查找的方法(算法)。此处采用最简单的顺序查找的方法即遍历方法,遍历数组中所有的元素,将待查找的数和数组中的每一个元素进行比较。如果找到就输出其下标,并退出循环;如果没找到,则输出没有找到的信息。

```
#include<stdio.h>
#include<stdlib.h>
#include<time.h>
#define N 10                        /*定义符号常量 N*/
main()
{
    int i,key,a[N];
```

```
    srand(time(0));                     /*第8行*/
    for(i=0;i<N;i++)
        {  a[i]=rand()%61+40;           /*实际应用中应该使用scanf函数输入*/
           printf("%5d",a[i]);
        }
    printf("\n输入要查找的数:");
    scanf("%d",&key);                    /*输入要查找的数给key*/
    for(i=0;i<N;i++)                     /*遍历数组a的所有元素*/
        if(key==a[i]) break;            /*若key在数组中则退出循环,即找到第一个就不再
                                           找了*/
    if(i<N)                              /*若i<N,则表明for循环是从break出口中断的*/
        printf("%5d在数组中的位置为%d\n",key,i);
    else                                 /*否则i=N,则表明循环正常结束,key不在数组中*/
        printf("%5d不在数组中\n",key);      /*第20行*/
}
```

某一次运行结果:

```
55   44   54   81   46   61   58   43   69   42
```

输入要查找的数:

```
58↙
58 在数组中的位置为 6
```

再一次运行结果:

```
88   82   51   74   72   70   77   96   72   62
```

输入要查找的数:

```
100↙
100 不在数组中
```

【说明】 在 Visual C++中,还可以使用 const 定义符号常量,其一般形式是:

const 数据类型 符号常量名=常量

例如:

```
const int N=10;
```

以下程序是在 Visual C++环境下使用 const 定义符号常量 N 的例子。

```
#include<stdio.h>
#include<stdlib.h>
#include<time.h>
main()
{
    const int N=10;     /*Visual C++中定义符号常量的另一种方法*/
    int i,key,a[N];
```

```
...                    /* 此处程序段与例 5-9 程序中第 8~20 行相同 */
}
```

【说明】 顺序查找法,对于有 n 个元素的数组在最坏的情况下需要比较 n 次,即程序的执行次数和问题的规模之间是一种线性关系,通常表述为算法的时间复杂度为 O(n),当 n 很大时这个运算量也是很大的。其中的 O 读作"大欧",用于表示算法的时间复杂度,O(n)表示算法的运算时间与 n 的数量级相等。同理,$O(n^2)$表示算法的运算时间与 n^2 的数量级相等。

如果这组数据已经按照递增(或递减)的顺序排好序了,就可以使用二分查找法来提高查找的效率。

【例 5-10】 用二分查找法查找一个数是否在一个有序的数组中。

【分析】 二分查找法也称折半查找法,用于查找某个已知的数是否存在于一组数中,其前提条件是这组数必须是有序的。设数组 a 中的 n 个数是按升序排好的,要查找 key 是否在数组 a 中。算法的主要步骤与分析如下。

例 5-10

(1) 设开始查找的范围为整个数组,则下标从 0 到 n−1,用 left 和 right 表示查找范围的左、右端点,则 left=0,right=n−1。

(2) 当 left≤right 成立时,执行第(3)步到第(4)步的循环部分,在[left,right]内继续查找;否则循环结束,转第(5)步。

(3) 取查找范围的中点 m＝(left＋right)/2。

(4) 将待查的数 key 和中间的数 a[m]比较。如果 key＝a[m],则表示找到了该数,输出 key 在数组中的位置 m,然后转第(5)步;否则,如果 key＜a[m],表示 key 只能出现在前半部分,应把查找范围缩小一半,将查找范围的右端点变为中间元素的前面一个元素的位置,即 right＝m−1,然后转第(2)步继续循环;否则,一定满足 key＞a[m],表示 key 只能出现在后半部分,让 left＝m+1,然后转第(2)步继续循环。

(5) 如果 left＞right,表示待查的数不在数组中,则输出没有找到的信息。

```
#include "stdio.h"
main()
{ int n=8, key,m,left,right;
  int a[]={1,3,5,7,9,15,19,24};       /* 原始数据需要按递增顺序排好序 */
  printf("输入待查数据:\n");
  scanf("%d",&key);                   /* 输入待查找的数据给 key */
  left=0,right=n-1;                   /* 查找的范围为[left,right],开始为[0,n-1] */
  while(left<=right)                  /* 当 left 不超过 right 时执行循环体 */
  { m=(left+right)/2;                 /* 取当前查找区间的中点赋值给 m */
    if(key==a[m])                     /* 如果 key 和 a[m]相等就表示找到了 */
      { printf("此数在数组中出现的位置为%d\n",m);
        break;                        /* 输出所在位置后退出循环 */
      }
    else if(key<a[m])                 /* 若 key 小于中间的数 a[m] */
      right=m-1;                      /* 则 key 在查找范围的前半部分,所以 right 取 m-1 */
```

```
        else left=m+1;                    /*否则查找范围在后半部分,将 left 取 m+1 */
    }
    if(left>right) printf("此数不在数组中\n");
                                          /* left>right 表示 key 不在数组中 */
}
```

两次运行结果：

输入待查数据：

17↙

此数不在数组中

输入待查数据：

9↙

此数在数组中出现的位置为 4

【算法分析】 二分查找的效率很高,折半一次就可以减少一半的查找次数,其时间复杂度为 O(log₂n)。假设有 1024 个数,用二分查找法最坏的情况下也只需比较 10 次,而用顺序查找法最坏的情况需要比较 1024 次。对于有 2^{30} 个元素的数组,顺序查找最坏要做 2^{30}（约 10 亿次）次比较,而二分查找最多只需比较 30 次。

虽然二分查找法的效率很高,但它要求数组中的数是有序的。如果原来的数据无序,需要先将其排序后再使用二分法查找,而一般的排序算法的时间复杂度是 $O(n^2)$,也比较耗费时间。

很多实际问题都需要用一维数组来处理。例如,在成绩统计中,求一个班学生高于平均成绩的人数,查找是否存在某分数及某个人,以及插入学生成绩、删除一个学生的成绩等。

【注意】 本例中利用初始化方法对数组 a 和变量 n 赋了初值,并且 n 的值必须与数组 a 中数据的个数相等。如果要换一组数据时必须修改程序,重新编译和连接以后才能再次运行,所以在实际应用中这种赋初值方法是不可取的。在本书中之所以常用这种赋初值方法,主要是为了突出程序核心部分的实现过程。否则,输入部分的程序段占一大块,既增加了编程的难度,运行时还有可能因输入数据时操作上的失误导致数组或变量中的数据不正确,从而产生错误的运行结果。所以,虽然很多程序中定义数组或变量时使用了赋初值功能,并不意味着这是良好的程序设计习惯,读者编程时应尽量不使用这种方法。

例 5-10 虽然没有使用符号常量,但作为例 5-9 顺序查找法的一种改进和扩展,也与例 5-9 排在同一节来介绍。读者也可以修改程序,将变量 n 改用符号常量来实现。

5.2 二维数组

如果要统计多名学生多门课程的成绩,仅使用一维数组处理起来会很不方便,需要用到二维数组。例如,处理一个学生的 4 门课的成绩,可定义一个包含有 4 个元素的一维数组,而要表示一个班 30 个学生的 4 门课成绩就需要使用二维数组。

5.2.1 二维数组的定义和引用

1. 二维数组的定义

二维数组定义的一般形式是：

类型标识符 数组名[第一维的长度][第二维的长度]

【说明】 []内的第一(或第二)维的长度表示数组第一(或第二)维的大小，或称为第一(或第二)维的元素个数，必须是整数或整型常量表达式。二维数组的第一维称为行，第二维称为列。

例如，定义 int a[3][4];，表示定义数组 a 包括 3 行 4 列，共 12 个元素。这 12 个元素在内存中占据一片连续的存储单元，在内存中按行存放，即先放第 0 行，再放第 1 行，最后放第 2 行，其存储顺序如图 5.3 所示。

a[0][0]	a[0][1]	a[0][2]	a[0][3]	a[1][0]	a[1][1]	a[1][2]	a[1][3]	a[2][0]	a[2][1]	a[2][2]	a[2][3]

图 5.3 二维数组存储顺序示意

二维数组的每一行都可以看作一个一维数组，3 个一维数组的名字分别为 a[0]、a[1] 和 a[2]，每个一维数组中包括 4 个元素，即二维数组可以看作特殊的一维数组，特殊在每个数组元素又都是一个一维数组。

按照上述定义，a[i] 是一个包括 4 个元素的一维数组，存放第 i 个学生的 4 门课程的成绩，分别用 a[i][0]、a[i][1]、a[i][2] 和 a[i][3] 表示。

多维数组定义方式与二维数组类似。以下定义两个三维数组。

```
int x[3][4][2];
float y[4][5][3];
```

2. 二维数组的引用

二维数组引用的一般形式是：

数组名[行下标][列下标]

【说明】 行(列)下标可以是整型表达式，但是应在已定义的数组大小的范围内。

3. 二维数组的初始化

二维数组的初始化和一维数组的初始化类似，只是允许把每行元素括起来。例如：

```
int a[3][4]={{1,2,3,4},{5,6,7,8},{9,10,11,12}};    /* 分行给二维数组赋初值 */
int a[3][4]={1,2,3,4,5,6,7,8,9,10,11,12};    /* 按元素在内存中的顺序依次赋初值 */
```

可以对数组的部分元素初始化，其他没有给出值的数组元素系统会自动赋初值为 0。

如果对全部元素都赋初值，则定义数组时对第一维（行）的长度可以不指定，但第二维（列）的长度不能省略。例如，以下 3 种初始化的效果是一样的。

```
int a[3][3]={1,0,3,4,0,0,0,0,9};
int a[ ][3]={1,0,3,4,0,0,0,0,9};
int a[ ][3]={{1,0,3},{4},{0,0,9}};
```

5.2.2 二维数组的输入与输出

二维数组的
输入与输出

由于二维数组的元素有行、列两个下标，遍历它的所有元素时需要使用二重循环完成，输入与输出操作都是如此。

【例 5-11】 求一个 5 行 5 列的矩阵的左下三角（包括主对角线）区域元素的和。

【分析】 处理二维数组时，通常程序也分为输入数据、处理数据和输出数据 3 部分，二维数组的输入和输出要使用二重循环。主对角线是指一个方阵中由行、列下标相同的那些元素构成的对角线。

例 5-11

```
#include "stdio.h"
main()
{ int a[5][5],i,j,s=0;          /* 累加和 s 赋初值为 0 */
    for(i=0;i<5;i++)            /* 按行遍历二维数组的所有元素,需要二重循环 */
        for(j=0;j<5;j++)        /* 外层循环的 i 控制行,内层循环的 j 控制列 */
            scanf("%d",&a[i][j]); /* 输入数据到 a[i][j]中 */
    for(i=0;i<5;i++)            /* 外层循环变量 i 控制行 */
        for(j=0;j<=i;j++)       /* 内层循环变量 j 控制列,j≤i 保证遍历左下三角区域 */
            s=s+a[i][j];        /* 求累加和 */
    printf("左下三角区域元素之和=%d\n",s);
}
```

运行结果：

```
 1  2  3  4  5↙
 6  7  8  9 10↙
11 12 13 14 15↙
16 17 18 19 20↙
21 22 23 24 25↙
左下三角区域元素之和=235
```

在按行输出二维数组元素时，每输出数组的一行之后都要强制换行，同时输出的每个数据都占用相同的宽度，使得输出的数据能列对齐，明显地看出二维数组的行列关系。

【例 5-12】 将一个 5 行 5 列的矩阵转置后输出。

【分析】 矩阵转置是指矩阵原来的第 i 行变成第 i 列。具体实现时，以主对角线为轴，遍历矩阵的左下三角元素（或右上三角的元素），使之与相对称位置的元素（即 a[i][j] 与 a[j][i]）进行交换。

例 5-12

```
#include "stdio.h"
main()
{  int a[5][5],i,j,t,k=1;
   for(i=0;i<5;i++)
      for(j=0;j<5;j++)
         a[i][j]=k++;              /*给数组按行依次自动赋值为 1~25 的整数*/
   printf("原矩阵为:\n");
   for(i=0;i<5;i++)               /*输出转置前的二维数组*/
      {  for(j=0;j<5;j++)
            printf("%4d",a[i][j]); /*采用相同的宽度%4d 输出 a[i][j],保证列对齐*/
         printf("\n");            /*第 i 行输出结束之后换行*/
      }
   for(i=0;i<5;i++)               /*外层循环变量 i 从 0 到 4 变化*/
      for(j=0;j<i;j++)            /*j<i 保证遍历左下三角区域(不含主对角线)元素*/
         { t=a[i][j];a[i][j]=a[j][i];a[j][i]=t; }      /*交换对应元素的值*/
   printf("转置后的矩阵为:\n");
   for(i=0;i<5;i++)               /*输出转置后的二维数组*/
      {  for(j=0;j<5;j++)
            printf("%4d",a[i][j]);
         printf("\n");
      }
}
```

运行结果:

原矩阵为:
```
 1   2   3   4   5
 6   7   8   9  10
11  12  13  14  15
16  17  18  19  20
21  22  23  24  25
```
转置后的矩阵为:
```
 1   6  11  16  21
 2   7  12  17  22
 3   8  13  18  23
 4   9  14  19  24
 5  10  15  20  25
```

【说明】

(1) 只能遍历矩阵的一半进行交换。如果遍历矩阵的全部元素进行交换,同一对数组元素就会交换两次,则得到的还是原矩阵。

(2) 程序中有 4 个二重循环,第三个是用于转置的(核心部分),其外层的 for(i=0; i<5;i++)也可改写为 for(i=1;i<5;i++),因为 i 的值取 0 时内层循环的表达式 2(j<i) 的值是假。

(3) 用于转置的二重循环也可以用以下方法通过遍历右上三角区域实现:

```
for(i=0;i<5;i++)        /*其中 i<5 也可改为 i<4 */
   for(j=i+1;j<5;j++)   /*j 从 i+1 开始,保证遍历右上三角区域(不含主对角线)元素 */
      { t=a[i][j];a[i][j]=a[j][i];a[j][i]=t; }
```

例 5-13

【例 5-13】 输出如图 5.4 所示的杨辉三角形。杨辉三角形,又称帕斯卡三角形,是二项式系数用三角形形式的一种排列。

【分析】 杨辉三角形的规律是:若用二维数组存放,主对角线上和第 0 列的元素都是 1,中间的每一项都是由上一行前一列的元素和上一行同一列的元素相加而得。程序可先将第 0 列和主对角线上元素赋为 1,再求中间的元素,最后输出二维数组的左下三角区域(含主对角线)的元素。

```
                1
            1   1
        1   2   1
    1   3   3   1
  1   4   6   4   1
1   5  10  10   5   1
1   6  15  20  15   6   1
```
图 5.4 杨辉三角形

```
#include "stdio.h"
main()
{ int a[7][7],i,j;
  for (i=0;i<7;i++)
     { a[i][0]=1;                         /*将第 0 列元素赋值为 1 */
       a[i][i]=1;                         /*将主对角线元素赋值为 1 */
     }
  for(i=2;i<7;i++)                        /*前两行已赋值为 1,所以从第 2 行开始 */
     for(j=1;j<i;j++)                     /*第 0 列和主对角线第 i 列已赋值为 1 */
        a[i][j]=a[i-1][j-1]+a[i-1][j];    /*计算中间元素的值 */
  for(i=0;i<7;i++)
     { for(j=0;j<=i;j++)                  /*只输出左下三角区域(含主对角线)元素 */
          printf("%4d",a[i][j]);
       printf("\n");
     }
}
```

【说明】 第二个二重循环中,外层的 for 语句使用 for(i=2;i<7;i++),内层的 for 语句使用 for(j=1;j<i;j++),正好是遍历杨辉三角形的中间需要计算的元素。也可以把前两个二重循环设法合并成为一个二重循环产生杨辉三角,读者可以自己试一试。

【例 5-14】 求一个 5 行 3 列的二维数组的每行的平均值。

例 5-14

【分析】 定义一个 5 行 3 列的二维数组,分别固定每行不变对列元素求和,求出每行的总和,再除以 3 就得到每行的平均值。

```
#include "stdio.h"
#define N 5
#define M 3
main()
{ int a[N][M]={{88,76,69},{85,78,91},{84,76,61},{90,86,95},{67,51,70}};
  int i,j;
```

```
    float s,ave;
    for(i=0;i<N;i++)              /*遍历行,i 从 0 到 N-1*/
       {   s=0;                   /*s 存放第 i 行的和,赋初值的 s=0 必须介于两重循环之间*/
           for(j=0;j<M;j++) /*遍历第 i 行的 M 个元素*/
             s=s+a[i][j];
           ave=s/M;
           printf("第%d 行的平均值为%.2f\n",i,ave);
       }
}
```

运行结果：

第 0 行的平均值为 77.67
第 1 行的平均值为 84.67
第 2 行的平均值为 73.67
第 3 行的平均值为 90.33
第 4 行的平均值为 62.67

【例 5-15】 求一个 5 行 4 列的二维数组的每列的最大值。

【分析】 定义一个 5 行 4 列的二维数组并赋初值,分别固定每列不变,对此列中的行元素求最大值。

例 5-15

```
#include "stdio.h"
#define N 5
#define M 4
main()
{   int a[N][M],i,j,lmax;
    for(i=0;i<N;i++)              /*用二重循环按行遍历所有数组元素,输入数据*/
       for(j=0;j<M;j++)
          scanf("%d",&a[i][j]);
    for(j=0;j<M;j++)              /*M 次循环表示要处理 M 列,j 表示列下标*/
       {   lmax=a[0][j];         /*把第 j 列第 0 行的元素作为最大值的初值*/
           for(i=1;i<N;i++)       /*行下标 i 从 1 变到 N-1*/
              if(lmax<a[i][j]) lmax=a[i][j];               /*比较求列中最大值*/
           printf("第 %d 列的最大值是 %d\n",j,lmax);        /*输出第 j 列的最大值*/
       }
}
```

运行结果：

66 78 89 75 ↙
88 81 85 93 ↙
68 61 84 97 ↙
83 59 77 82 ↙
75 96 67 79 ↙
第 0 列的最大值是 88

第 1 列的最大值是 96
第 2 列的最大值是 89
第 3 列的最大值是 97

【问题扩展】 根据类似的思路,可以分别求出每行或每列的和、最小值等,这些和、最小值也可以存放到另外的一维数组中。另外,还可以按行或列排序,二维数组按区域求和、求最大值等。

5.3 字符型数据

字符型数据

实际应用中除了数值型数据之外,也经常涉及字符型的数据。例如,处理一个班的学生成绩时,如果需要按总成绩进行降序排序,假如只存储了成绩,而没有存储各个成绩所对应的学生姓名时,这个排序后的成绩表的利用就会受到很大限制。要表示一个学生的姓名就要用到一维字符型数组,若要表示 30 个学生的姓名就要使用二维字符型数组。

字符型数组简称字符数组,其数组中的每个元素都是字符型的。若想掌握字符数组,必须先了解字符常量、字符串常量和字符型变量等概念。

5.3.1 字符常量

字符常量就是字符型常量,是用一对单引号"'"(称单撇号)括起来的一个字符。例如,'a'、'A'、'?'和'2'等都是字符常量。另外,还有一些特殊形式的字符常量,即转义字符,也就是以\开头的字符序列。例如,'\n'表示换行符,'\\'表示反斜杠字符\;常用的以\开头的转义字符及其含义见表 5.1。

表 5.1 常用的转义字符及其含义

转义字符	含　　义	ASCII 码值
\n	换行,将光标移到下一行开头	10
\t	横向跳到下一制表位置	9
\f	换页	12
\b	退格	8
\r	回车,将光标移到本行开头	13
\\	反斜杠字符	92
\'	单撇号字符	39
\"	双撇号字符	34
\ddd	1～3 位八进制数所代表的字符	
\xhh	以 x 开头的 1～2 位十六进制数所代表的字符	

转义字符意思就是将反斜杠"\"后面的字符转换成另外的意义。例如,'\n'中的 n 不

代表字符 n,与反斜杠一起代表换行符,'\101'表示 ASCII 码为八进制数 101(十进制数 65)的字符'A',同样,'\x41'表示 ASCII 码为十六进制数 41(十进制数 65)的字符'A',即 '\101'、'\x41'和'A'都表示同一个字符。

5.3.2　字符串常量

字符串常量是用一对双引号""　""(又称双撇号)括起来的若干字符序列。例如, "HI!"、"a1b2c3＝"、"♯♯"都是字符串常量。字符串中有效字符的个数称为字符串长度,长度为 0 的字符串(即一个有效字符都没有的字符串)称为空串,表示为""。例如, "How are you!"是字符串常量,其长度为 12(空格也是一个字符)。字符串常量在内存中存储时,系统自动地为其加一个字符串的结束标志'\0'。

'\0'是一个转义字符,表示 ASCII 码值为 0 的字符,意思是空操作,即不产生任何动作,把它放在字符串中作为字符串的结束标志,即字符串到此结束了。

如果反斜杠"\"和双撇号"""作为字符串中的有效字符,一般必须使用转义字符。例如,在程序中表示文件夹"E:\VCLIST\Debug",要写成字符串常量"E:\\VCLIST\\ Debug"。

5.3.3　字符型变量

字符型变量用来存放一个字符数据。定义字符型变量的类型标识符为 char。例如:

```
char c1,c2;              /＊定义 c1 和 c2 为字符型变量＊/
```

一个字符型变量在内存中占一字节的存储空间。一个字符型数据在内存中存放时,实际上存放的是这个字符的 ASCII 码值(字符的 ASCII 码值详见附录 A),而且是以二进制形式存储的,与整数的存储方式相同。因此,字符型数据可以当作整型数据来处理。这样,当需要把一个字符常量赋给一个字符型变量时,也可把这个字符常量的 ASCII 码值赋给它。

标准 ASCII 码字符共有 128 个,其编码为 0～127;扩展的 ASCII 码字符共有 256 个,其编码为 0～255。字符型数据在内存中存储的是其对应的 ASCII 码值,所以在 0～255 范围内字符型数据和整型数据可以通用。

5.3.4　getchar 和 putchar 函数

单个字符的输入与输出可以分别使用 getchar 和 putchar 函数,这两个函数包含在头文件 stdio.h 中。

1. getchar 函数

getchar 为输入函数,从终端(系统隐含指定的输入设备)输入一个字符。其一般形

getchar 和 putchar 函数

式是：

```
getchar()
```

【说明】 getchar 是一个无参数函数,函数的返回值就是从终端输入的一个字符,通常把输入的字符赋值给一个字符型变量或整型变量。例如:

```
c=getchar();
```

2. putchar 函数

putchar 为输出函数,向终端(系统隐含指定的输出设备)输出一个字符。其一般形式是:

```
putchar(c)
```

【说明】 c 可以是字符型(或整型)变量、常量或表达式,该函数也可以输出转义字符、字符常量及表达式。例如:

```
putchar('\n');
putchar('a');
```

【例 5-16】 从键盘输入一个字符,然后再输出到终端显示器。

```
#include "stdio.h"
main()
{   char c;
    c=getchar();
    putchar(c);
}
```

运行结果:

```
h↙
h
```

本例的程序也可以写得很简洁,把输入的字符直接输出(不使用中间变量)。

```
#include<stdio.h>
main()
{
    putchar(getchar());
}
```

5.3.5 字符数组

1. 字符数组及其初始化

字符数组就是字符型数组,其数组元素的类型都是字符型的,使用数据类型标识符

字符数组
的定义和
初始化

char 对其定义。一维字符数组的定义和初始化方法与数值型一维数组的处理方法相同,例如:

```
char s1[4]={'L','i','f','e'};
char s2[]={'a','b','1','2','+'};
```

2. 字符串及其初始化

在 C 语言中使用字符数组存放字符串,但并不是所有的字符数组都是字符串。例如,上面定义的 s1 和 s2 就不是字符串,因为两个字符数组的长度分别是 4 和 5,都不含有字符串的结束标志'\0'。只有当字符数组中包含有'\0'时,数组中存放的才是字符串。

除了一个字符一个字符地给字符数组初始化之外,还可以使用字符串常量给字符数组初始化。例如:

```
char name[7]="design";
```

表示数组 name 有 7 个元素,其最后一个元素自动赋值 0,也就是'\0'。如果该数组的长度小于 7,则导致初始化时提供常量字符的个数多于数组元素的个数,在逻辑上是错误的。

用字符串给字符数组初始化时也可以将字符串用{}括起来,例如:

```
char name[7]={"design"};
```

下面几种进行初始化的定义形式是等价的:

```
char name[7]="design";
char name[]="design";
char name[7]={"design"};
char name[]={"design"};
char name[7]={'d','e','s','i','g','n'};     /*没赋初值的字符元素自动置'\0'*/
char name[7]={'d','e','s','i','g','n','\0'};
char name[]={'d','e','s','i','g','n','\0'};
```

3. 字符数组的输入与输出

1) 字符型格式符

(1) %c 格式符:用于在 printf 和 scanf 函数中按字符格式输出与输入数据。一个字符在内存中存储的是其 ASCII 码值,并且占用一字节,ASCII 码与相应的整数存放方式相同。因此,对于一个整数,只要它的值为 0~255,就可以用%c 的格式使这个整数按字符形式输出,输出前系统会将该整数作为 ASCII 码转换为相应的字符;反之,一个字符表达式也可以用整数格式输出。

(2) %s 格式符:用来输出(或输入)一个字符串,该格式对应的是一个字符串常量(仅在输出时)、字符数组名、字符指针(详见 7.3.5 节)等以字符型数据地址形式出现的对象。

① %s 按字符串的原长度输出。例如:

字符型
格式符

```
printf("%s","Daqing");
```

输出结果：

```
Daqing
```

② %ms 输出的字符串占 m 列,若字符串长度小于 m,则右端对齐,左边补空格;若 m 小于或等于字符串的长度,则输出全部字符。

③ %-ms 输出的字符串占 m 列,若字符串长度小于 m,则左端对齐,右边补空格;若 m 小于或等于字符串的长度,则输出全部字符。

④ %m.ns 输出的字符串占 m 列,但只输出左端 n 个字符,右对齐。

⑤ %-m.ns 输出的字符串占 m 列,但只输出左端 n 个字符,左对齐。

2）字符数组输入与输出的 3 种形式

（1）使用格式输入和输出函数 scanf 和 printf,按照 %c 格式逐个字符输入或输出。

（2）使用格式输入和输出函数 scanf 和 printf,按照字符串格式 %s 整体输入或输出。

（3）使用字符串处理函数 gets 和 puts 进行整体输入或输出。

字符数组的
输入与输出

上面的 puts、gets 和 %s 是针对字符串整体的操作,输入时使用字符数组名,不加地址符,因为数组名代表的就是数组的起始地址。输出时,可以使用字符数组名,也可使用字符串常量。使用 puts 输出字符串之后会自动换行,而使用 %s 输出的字符串不能自动换行;使用 %s 输入字符串时,不能接收空格,即遇到空格就认为字符串输入结束,所以当字符串中包含空格时,必须使用 gets 函数输入。

仔细研究下面的例子,比较各种输入与输出方式的区别。

【例 5-17】 分析下面程序的运行结果。

```
#include "stdio.h"
main()
{ char str[10];
  int i;
  for(i=0;i<8;i++)
      scanf("%c",&str[i]);          /* 按 %c 格式逐个输入字符,只给前 8 个元素输入数据 */
  for(i=0;i<10;i++)                 /* 输出数组中的 10 个元素 */
      printf("%c",str[i]);
  printf("\n");
  printf("%s\n",str);               /* 从起始地址 str 开始逐个输出字符,遇到'\0'为止 */
  puts(str);                        /* 输出的字符数可能比数组元素的个数多,取决于何处出现'\0' */
}
```

运行结果：

```
1234abcd↙
1234abcd烫
1234abcd烫烫?
1234abcd烫烫?
```

【说明】

(1) 用％c 格式输入字符时,不需要分隔符,连续输入之后按回车键。

(2) 没有输入数据的元素的值是不确定的,程序中只给前 8 个数组元素输入了数据, str[8] 和 str[9] 中的值是不确定的。而程序中最后两个语句都是要输出到'\0'前一个字符为止的字符串,而'\0'在哪里出现是无法确定的,所以每次运行可能会出现不同的输出结果,特别是使用不同的 C 系统时。

(3) ％s 输出之后不换行,puts 函数输出时自动换行。本例中 printf("％s\n",str); 产生了换行是因为格式控制字符串中的\n引起的。

【例 5-18】 分析下面程序的运行结果,体会字符串输出的方法。

```c
#include "stdio.h"
main()
{ char str2[10],str3[10];
  int i;
  scanf("%s%s",str2,str3);    /* 使用 scanf 输入数据时,空格表示一个输入数据结束 */
  printf("%s,%s\n",str2,str3);
  puts(str2);
  puts(str3);
  for(i=0;str2[i]!='\0';i++)/* 使用字符串的结束标志'\0'控制循环, */
    printf("%c",str2[i]);    /* 逐个输出字符串中的字符 */
  printf("\n");
  for(i=0;i<10;i++)          /* 逐个输出 str3 中的 10 个元素,实际中用得较少 */
    printf("%c",str3[i]);
  printf("\n");
}
```

在 Turbo C 环境运行的结果:

```
Happy life↙
Happy,life
Happy
life
Happy
life  @  9♀
```

【说明】

(1) 观察程序中最后一个循环的运行结果,由于 str3 数组只给前 4 个元素输入了 "life",第 5 个字符(str[4])是终止标记,而后 5 个元素的值是不确定的,因此才有最后一行的输出结果(在 Visual C++中后 5 个字符的输出结果会有所不同),编程时不要这样输出字符数组。

(2) 表达式 str2[i]!='\0'也可写成 i<strlen(str2)(但不可写成 i<10),这时需要使用文件包含命令♯include "string.h"(见例 5-19 和 5.3.6 节)。

【例 5-19】 用 gets 函数和 puts 函数输入输出字符串。

```
#include "stdio.h"
#include "string.h"              /*程序中使用了 strlen 函数*/
main()
{ char s1[80],s2[80];
  int i;
  gets(s1); gets(s2);
  puts(s1); puts(s2);
  for(i=0;i<strlen(s2);i++)    /*除用'\0'控制循环外,也可用字符串长度控制*/
      printf("%c",s2[i]);
  printf("\n");
}
```

运行结果：

abc xyz ↙
xyz ↙
abc xyz
xyz
xyz

【说明】 逐个字符输出时,也可以用 i<strlen(s2)控制循环,其中 strlen 是求字符串有效长度的函数,字符串常用的处理函数还有字符串的复制、连接和比较等。

5.3.6 字符串处理函数

字符串处理函数

不能对字符串直接赋值和比较大小,必须使用相应的字符串处理函数完成。使用这些函数时,需要将头文件 string.h 包含进来。常用的字符串处理函数见表 5.2,此处的写法仅从应用的角度考虑,函数原型等具体信息请查阅附录 D。

表 5.2 常用的字符串处理函数

函数的一般形式	功　能	返　回　值
strlen(字符串)	求字符串的长度	第一个'\0'之前的有效字符个数
strcpy(字符数组 1,字符串 2)	将字符串 2 复制到字符数组 1 中	字符数组 1 的起始地址
strcat(字符数组 1,字符串 2)	将字符串 2 连接到字符数组 1 的有效字符后面	字符数组 1 的起始地址
strcmp(字符串 1,字符串 2)	比较两个字符串的大小	若字符串 1=字符串 2,则返回 0 若字符串 1>字符串 2,则返回正数 若字符串 1<字符串 2,则返回负数

【说明】

(1) 字符数组 1 必须是字符数组名,字符串 1 或字符串 2 可以是字符数组名,也可以是字符串常量等。

（2）字符串比较大小时采用"字典序"，对两个字符串从左至右逐个字符相比较，直到出现不同的字符或遇到'\0'为止。如果全部字符都相同，则认为相等；若出现不相同的字符，则以第一次不相同的字符间的比较结果为准（后边的字符不再比较），比较的结果由函数值带回。

【例 5-20】 使用库函数 strcpy 和 strcat 完成字符串的复制和连接。

字符串复制、
连接与比较

```
#include "stdio.h"
#include "string.h"
main()
{ char a[80],b[80];        /*定义两个字符数组,用来存放两个字符串*/
  gets(a);                 /*输入字符串给数组 a*/
  strcpy(b,a);             /*将数组 a 中的字符串复制到数组 b 中*/
  puts(a);  puts(b);       /*输出两个数组中的字符串*/
  strcat(a,b);             /*将数组 b 中的字符串连接到数组 a 中的字符串之后*/
  puts(a);                 /*输出连接之后的字符串*/
}
```

运行结果：

```
abc123↙
abc123
abc123
abc123abc123
```

【例 5-21】 不使用库函数 strcpy,完成字符串的复制。

【分析】 定义两个字符数组 a 和 b,可以分别存放字符串。字符串复制的过程就是将一个数组中字符串的字符逐个赋值到另一个数组中,赋值结束后再给这另一个数组的有效字符之后增加一个字符串结束标志'\0'。

```
#include "stdio.h"
main()
{ char a[80],b[80];
  int i;
  gets(a);
  for(i=0;a[i]!='\0';i++)  /*遍历 a 中的字符*/
    b[i]=a[i];             /*将 a 中的字符赋值到 b 中的对应元素*/
  b[i]='\0';               /*b 中添加字符串结束标志*/
  puts(a);
  puts(b);
}
```

运行结果：

```
hao123↙
hao123
hao123
```

【例 5-22】 不使用库函数 strcat,实现两个字符串的连接。

【分析】 字符串的连接就是将第二个串连接到第一个串的后面,构成一个新的字符串。例如,第一个串为"abcd",第二个串为"1234",则连接之后第一个串为"abcd1234"。

首先找到第一个串结束的位置,即'\0'的位置,其下标就是字符串的长度,然后从这个位置开始将第二个字符串中的字符一个一个地接到后面,最后要添加字符串结束标志。

```c
#include "stdio.h"
main()
{ char s1[80],s2[40];
  int i,j;
  gets(s1); gets(s2);
  i=0;
  while(s1[i]!='\0')
     i++;
  j=0;              /* while 循环结束后,i 就是第一个字符串的长度 */
  while(s2[j]!='\0')
  {  s1[i]=s2[j];   /* 将第二个字符串连接到第一个字符串的后面 */
     i++; j++;      /* 保持 i 和 j 同步增长,才能保证依次赋值 */
  }
  s1[i]='\0';       /* 添加字符串结束标志 */
  puts(s1);
}
```

运行结果:

```
www.nepu.↙
edu.cn↙
www.nepu.edu.cn
```

【例 5-23】 不使用库函数 strcmp 完成字符串的比较。

【分析】 两个字符串比较的规则:逐个字符进行比较,直到出现字符不等或者有一个字符串结束为止,比较的结果是此时对应字符的 ASCII 码值的差。

```c
#include "stdio.h"
main()
{ char s1[80],s2[80];
  int i;
  gets(s1);  gets(s2);
  i=0;
  while(s1[i]==s2[i]&&s1[i]!='\0'&&s2[i]!='\0')
     i++;
  printf("%d\n",s1[i]-s2[i]);
}
```

运行结果:

```
The ↙
That ↙
4
```

【说明】 程序中的 while 循环可以理解为：当出现两个字符不相等或者有一个字符串结束时，终止循环。

【例 5-24】 有 3 个字符串(长度不超过 20)，求出其中最大者。

【分析】 求 3 个字符串的最大串和求 3 个数的最大值的算法是一样的，不同的是：字符串不能直接比较大小，需要使用 strcmp 函数；字符串也不能直接赋值，需要使用strcpy 函数。

例 5-24

```c
#include "stdio.h"
#include "string.h"
main()
{ char string[21],str[3][21];    /* str 用来表示 3 个字符串 */
  int i;
  for(i=0;i<3;i++)
     gets(str[i]);               /* 输入第 i 个字符串,存放到 str[i]中 */
  if(strcmp(str[0],str[1])>0)    /* 判断字符串 str[0]是否大于字符串 str[1] */
     strcpy(string,str[0]);      /* 相当于将字符串 str[0]赋值到 string */
  else
     strcpy(string,str[1]);      /* 相当于将字符串 str[1]赋值到 string */
  if(strcmp(str[2],string)>0)    /* 判断字符串 str[2]是否大于字符串 string */
     strcpy(string,str[2]);      /* 相当于将字符串 str[2]赋值到 string */
  printf("最大的字符串是:\n%s\n",string);
}
```

运行结果：

```
Chengdu ↙
Chongqing ↙
Changchun ↙
最大的字符串是:
Chongqing
```

【例 5-25】 将 5 个姓名按照从小到大的顺序排序。

【分析】 一个姓名需要使用一个一维数组存放，5 个姓名就需要 5 个一维数组，因此定义一个二维字符数组，每行存放一个姓名，输入数据后的存储情况如图 5.5 所示，其中每行'\0'后边的数组元素的值不确定。字符串的排序和数值排序的算法相同，只是字符串不可直接赋值和比较大小，需要使用相应的字符串处理函数来完成。

例 5-25

```c
#include "stdio.h"
#include "string.h"
main()
{ char str[5][10],tmpstr[10];      /* 二维字符数组 str 用来存放 5 个姓名 */
  int i,j;
```

str[0]	S	h	e	n		y	i	\0	
str[1]	H	u		w	e	n	\0	
str[2]	M	a		l	i	n	\0	
str[3]	S	h	e	n		y	a	n	g	\0
str[4]	M	a		l	i	a	n	g	\0

图 5.5　用二维数组存放 5 个字符串

```
for(i=0;i<5;i++)
    gets(str[i]);                      /* str[i]是个一维数组名,代表第 i 个姓名 */
for(i=0;i<4;i++)                       /* 采用顺序排序法 */
    for(j=i+1;j<5;j++)
        if(strcmp(str[i],str[j])>0)    /* 条件成立表示字符串 str[i]大于字符串
                                           str[j] */
            {  strcpy(tmpstr,str[i]);   /* 这 3 行实现 str[i]与 str[j]的交换 */
               strcpy(str[i],str[j]);
               strcpy(str[j],tmpstr);
            }
printf("排序后的姓名字符串为:\n");
for(i=0;i<5;i++)
    printf("%s\n",str[i]);
}
```

运行结果：

Shen yi ↙
Hu wen ↙
Ma lin ↙
Shen yang ↙
Ma liang ↙
排序后的姓名字符串为:
Hu wen
Ma liang
Ma lin
Shen yang
Shen yi

【例 5-26】　在给定的字符串中删除所有的数字字符。

【分析】　在数组中删除一个指定的元素,直接的想法是先找到这个元素,然后将后面的元素依次向前移动。但是,这种做法会将相邻的两个待删除的字符剩下一个,或者增加编程的难度。本例中采用将不需要删除的元素重新放回到数组中相应位置的方法。

例 5-26

```
#include "stdio.h"
main()
```

```
{ char s[80];
  int i,k=0;
  gets(s);
  for(i=0;s[i]!='\0';i++)                /* 遍历字符串中所有的有效字符 */
      if(s[i]>'9'||s[i]<'0')            /* 若 s[i]不是数字字符 */
          { s[k]=s[i]; k++; }           /* 把保留的元素重新放回数组中 */
  s[k]='\0';                            /* 添加字符串结束标志 */
  puts(s);
}
```

运行结果：

7bc8bc9bc↙
bcbcbc

执行过程如图 5.6 所示。

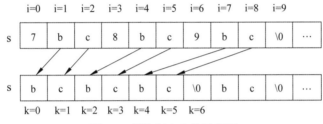

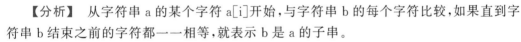

图 5.6　删除指定字符示意图

【说明】　删除操作结束后，虽然 s[7]和 s[8]中也有值，但进行字符串操作时遇到 s[6]（值是'\0'）就结束了。

【例 5-27】　判断一个字符串是否是另外一个字符串的子串，如果是则输出其第一次出现的位置，如果不是则输出相应的信息。

【分析】　从字符串 a 的某个字符 a[i]开始，与字符串 b 的每个字符比较，如果直到字符串 b 结束之前的字符都一一相等，就表示 b 是 a 的子串。

例 5-27

```
#include "stdio.h"
main()
{ int i,j,k,flag=0;
  char a[80],b[10];
  gets(a);
  gets(b);
  for(i=0;a[i]!='\0';i++)              /* 遍历 a 中的每个有效字符 a[i] */
  {   for(j=i,k=0;b[k]!='\0';k++,j++)        /* 从 a[i]开始和 b[0]比较 */
          if(b[k]!=a[j]) break;     /* 如果 b[k]≠a[j]，则 b 不是子串，退出循环 */
      if(b[k]=='\0')                /* 表示从 a[i]开始出现字符串 b */
          { printf("Yes %d\n",i); flag=1; break;}
                                        /* 输出是子串及子串出现的起始位置 */
  }
```

```
        if(flag==0) printf("No\n");   /*flag=0,表示 b 不是 a 的子串*/
}
```

两次运行结果：

```
I love C programming↙
gram↙
Yes 12
fjksdfajkasfd↙
abc↙
No
```

【例 5-28】 已知一个班 5 个学生 4 门课程的成绩,请按照平均成绩排出各人的名次(假设没有并列名次)。

【分析】 按成绩排名需要先求出平均成绩,再将平均成绩进行降序排序,没有并列名次时排序后的下标次序就是名次。另外,在按平均成绩排序过程中,要保证人名和成绩的对应关系。

```
#include "stdio.h"
#include "string.h"
#define N 5
#define M 4
main()
{  int a[N][M],i,j,k,t;
   float s,dh[N];                  /*数组 dh 存放平均成绩*/
   char name[N][20],temp[20];
   for(i=0;i<N;i++)
      gets(name[i]);               /*输入姓名,一行一个姓名*/
   for(i=0;i<N;i++)                 /*遍历 a 的所有元素,每行表示一个学生 M 门课程的
                                      成绩*/
      for(j=0;j<M;j++)
         scanf("%d",&a[i][j]);      /*a[i][j]表示第 i 个人第 j 门课程的成绩*/
   for(i=0;i<N;i++)
      { s=0;                        /*这 4 行是求第 i 个人的平均成绩*/
        for(j=0;j<M;j++)
           s=s+a[i][j];             /*对第 i 个人 M 门课程成绩累加求和*/
        dh[i]=s/M;
      }
   for(i=0;i<N-1;i++)               /*采用选择排序法按每人平均成绩排序*/
      { k=i;
        for(j=i+1;j<N;j++)
           if(dh[k]<dh[j]) k=j;
        if(k!=i)                    /*不仅交换平均成绩,也要交换姓名和 M 门课程成绩*/
           { s=dh[i];dh[i]=dh[k];dh[k]=s;
             strcpy(temp,name[i]);strcpy(name[i],name[k]);strcpy(name[k],
```

```
                temp);
            for(j=0;j<M;j++)
                {t=a[k][j];a[k][j]=a[i][j];a[i][j]=t;}
        }
    }
    printf("排序结果:\n");
    printf("%10s%12s%10s\n","姓名","平均成绩","名次");
    for(i=0;i<N;i++)
        printf("%10s%12.2f%10d\n",name[i],dh[i],i+1);
}
```

运行结果:

Zhaoyi ↙
Qianer ↙
Sunsan ↙
Lisi ↙
Zhaowu ↙
67 77 56 94 ↙
78 81 83 88 ↙
91 77 79 68 ↙
91 84 68 71 ↙
89 92 63 82 ↙
排序结果:

姓名	平均成绩	名次
Qianer	82.50	1
Zhaowu	81.50	2
Sunsan	78.75	3
Lisi	78.50	4
Zhaoyi	73.50	5

【例 5-29】 在例 5-28 基础上增加功能:输入一个学生的姓名,输出该学生的各科成绩、平均成绩和名次。

【分析】 此问题相当于按姓名查询,可以通过循环顺序地(遍历)查询,即将输入的姓名和每个姓名逐个比较,看是否相等,如果有相等的则输出对应的姓名、成绩和名次,结束循环;也可以采用二分查找法,这时需要先按姓名排序,比较适合处理大量数据的情况。本题采用顺序查找法。

在例 5-28 程序中函数的执行部分的最后加入以下程序段即可。

```
getchar();                      /*用于顶掉输入学生成绩时最后的回车*/
printf("输入待查学生的姓名:\n");
gets(temp);
for(i=0;i<N;i++)
    if(strcmp(temp,name[i])==0) /*判断两个字符串是否相等,不可用 temp==name[i]*/
        {  puts(name[i]);
```

```
        for(j=0;j<M;j++)
            printf("%5d",a[i][j]);
        printf("%7.2f%5d\n",dh[i],i+1);
    }
```

【问题扩展】 对学生成绩的处理还有很多功能需要实现,例如查找满分的学生、计算优秀率和不及格率等,读者可以针对设想的功能编写相应的程序。

5.4 数组综合应用举例

【例 5-30】 学生成绩管理,包括:数据输入,统计每人每门课的最高分、最低分和平均成绩,按每人平均成绩进行排序,查找不及格的学生,等等。

【分析】 本章前边一些例题的编程方法已经对解答本例题进行了必要的知识储备,例如程序中涉及的求最高分、最低分、平均成绩以及排序和查找的算法在本章前面的例子都有介绍,此处只是通过程序段的复制、剪接、移植和集成等技术把这些算法对应的程序段综合到一个例子程序中。

本例中要管理多个学生多门课程的成绩,选择二维数组比较合适,每人或每门课程的最高分、最低分和平均成绩也可放在该二维数组中,但这样理解起来不是很清晰,一般都是单独地放在一维数组中,本例选择放在一维数组中的解决方法。学习了第 8 章后还可以使用结构体数组方法来存储这些数据。

由于本例题并没有要求先做哪件事,后做哪件事,所以最好通过读懂程序来体会该程序的具体功能。

```c
#include "stdio.h"
#include "string.h"
#define N 5                     /* 假定有 5 个学生 */
#define M 4                     /* 假定有 4 门课程 */
main()
{ int a[N][M],cmax[M],cmin[M],bmin[N],bmax[N],t,i,j,k;
   /* 数组 a 存放 N 个人 M 门课程的成绩 */
   /* 数组 bmax 和 bmin 分别存放 N 个人的最高分和最低分 */
   /* 数组 cmax 和 cmin 分别存放 M 门课程的最高分和最低分 */
  float s,dh[N],dl[M];          /* 数组 dh 存放 N 个人的平均成绩,数组 dl 存放 M 门课
                                   的平均成绩 */
  char name[N][10],temp[10];    /* 数组 name 存放 N 个人的姓名 */
  for(i=0;i<N;i++)
     gets(name[i]);             /* 分别输入 N 个人的姓名 */
  for(i=0;i<N;i++)
     for(j=0;j<M;j++)
        scanf("%d",&a[i][j]);   /* 输入成绩 */
  for(i=0;i<N;i++)              /* 以下统计每个人的最高分、最低分和平均成绩 */
     { s=0; bmax[i]=a[i][0]; bmin[i]=a[i][0];
```

```
            for(j=0;j<M;j++)
              {  s+=a[i][j];                         /*求第 i 个人的成绩和*/
                if(bmax[i]<a[i][j]) bmax[i]=a[i][j];  /*求第 i 个人的最高分*/
                if(bmin[i]>a[i][j]) bmin[i]=a[i][j];  /*求第 i 个人的最低分*/
              }
            dh[i]=s/M;                              /*第 i 个人的平均成绩*/
        }
    for(j=0;j<M;j++)                   /*以下统计每门课程的最高分、最低分和平均成绩*/
      {  s=0; cmax[j]=cmin[j]=a[0][j];
        for(i=0;i<N;i++)
          {  s+=a[i][j];                           /*求第 j 门课程的成绩和*/
            if(cmax[j]<a[i][j]) cmax[j]=a[i][j];    /*求第 j 门课程的最高分*/
            if(cmin[j]>a[i][j]) cmin[j]=a[i][j];    /*求第 j 门课程的最低分*/
          }
        dl[j]=s/N;                                /*第 j 门课程的平均成绩*/
      }
    /*以下是输出结果部分*/
    printf("%10s%6s%6s%6s%6s%6s%6s%7s\n",
"姓名","第 0 门","第 1 门","第 2 门","第 3 门","最高","最低","平均");
    for(i=0;i<N;i++)
      {  printf("%10s",name[i]);
        for(j=0;j<M;j++)
            printf("%6d",a[i][j]);
        printf("%6d%6d%7.2f\n",bmax[i],bmin[i],dh[i]);
      }
    printf("%11s%7s%6s%7s\n","课程","最高","最低","平均");
    for(j=0;j<M;j++)
        printf("%8s%d 门 %6d%6d%7.2f\n","第",j,cmax[j],cmin[j],dl[j]);
    printf("有不及格课程的学生\n");                   /*以下查找不及格的学生*/
    for(i=0;i<N;i++)
      {  k=1;
        for(j=0;j<M;j++)
            if(a[i][j]<60) k=0;
        if(k==0)
          {  printf("%10s",name[i]);
            for(j=0;j<M;j++)
                printf("%5d",a[i][j]);
            printf("%7.2f\n",dh[i]);
          }
      }
    printf("按每人平均成绩排序后\n");       /*以下按每人平均成绩完成排序*/
    for(i=0;i<N-1;i++)
      {  k=i;
```

```
        for(j=i+1;j<N;j++)
          if(dh[k]<dh[j]) k=j;
        if(k!=i)
          {  s=dh[i];dh[i]=dh[k];dh[k]=s;
            strcpy(temp,name[i]);strcpy(name[i],name[k]);strcpy(name[k],
            temp);
            for(j=0;j<M;j++)
              {t=a[k][j];a[k][j]=a[i][j];a[i][j]=t;}
          }
      }
  printf("%10s%6s%6s%6s%6s%7s%6s\n",
      "姓名","第 0 门","第 1 门","第 2 门","第 3 门","平均","名次");
  for(i=0;i<N;i++)
    printf("%10s%6d%6d%6d%6d%7.2f%6d\n",
      name[i],a[i][0],a[i][1],a[i][2],a[i][3],dh[i],i+1);
}
```

按目前的知识编写的程序功能比较有限,并且不够灵活。实际的系统应该允许用户选择不同的查询条件。例如,只查每门课程的最高分,或者只查有不及格课程的学生数据等,这时,可以独立完成每一部分的功能,并通过菜单式选项选择要进行的操作,这就需要用到函数。

本章小结

数组是非常重要的一类构造数据类型。按照数组元素的大类划分,数组可以分为数值型数组和字符型数组,数值型数组又可细分为整型数组和浮点型数组等,后面还会接触到结构体和指针等类型的数组。按照带下标的个数划分,数组又可以分为一维数组、二维数组和多维数组。

数组同样是先定义后使用。定义数组时要说明数组元素的类型、数组的维数和每一维的大小,特别要注意定义数组时方括号"[]"内的数组大小必须使用整型常量表达式,不能包括变量。

给数组元素赋值时可以采用多种方法,例如定义时的初始化、键盘输入(使用各种输入函数)、有规律的赋值和随机函数产生等。对数组的输入与输出要使用循环,一般情况下一维数组使用一重循环,二维数组使用二重循环。

一维数组涉及的常用算法有:排序,数组元素逆序存放,数组元素的删除,求数组中的最大值、最小值、平均值,以及二分查找法,等等。二维数组涉及的常用算法有:矩阵的转置、二维数组按一定规律填数、遍历二维数组中某一区域(如对角线、左下三角、右上三角和外框等)等。字符数组涉及的常用算法有:求字符串的长度,字符串的复制、连接、比较大小和排序,等等,处理字符串时一定要正确使用字符串的结束标志。

习题 5

5-1 求 20 个数中的最大值和次最大值。

5-2 将 10 个数中的所有偶数除以 2、所有奇数乘以 2 后输出这些数。

5-3 求一个 5×5 的矩阵的主对角线上元素之和、副对角线上元素之积。

5-4 求一个 5×5 的数组的右上三角(含对角线)区域元素之和。

5-5 求 4×5 的数组中除了 4 条边框之外的元素之和。

5-6 有 n 个数已按由小到大的顺序排好序,要求输入一个数,把它插入原有序列中,而且插入之后仍然保持原顺序。

5-7 将一个字符串的前 n 个字符复制成为另一个字符串(不允许使用 strcpy(str1,str2,n)函数),n 由键盘输入。

5-8 分别统计一个字符串中的字母字符、数字字符和空格字符的个数。

5-9 输出如图 5.7 所示等腰形式的杨辉三角形。

5-10 输出如图 5.8 所示的方阵。要求:不允许使用键盘输入,也不允许在定义数组时赋初值,尽量少用循环。

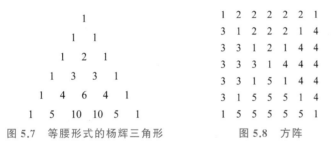

图 5.7 等腰形式的杨辉三角形　　　　图 5.8 方阵

5-11 用随机函数产生 20 个[70,270]的整数,求出其中的最小值和平均值。

5-12 有一批实数,用 0 作终止标记,把这些数按照从大到小的次序排序后输出,要求使用选择排序法,输出时每 6 个数占一行。

5-13 将一个 3×6 的数组每行都按从小到大顺序排序。

5-14 求一个 4×6 的数组中满足如下条件的元素的值及其行、列下标:该元素在所在的行中最小,在所在的列中最大。

5-15 将一个字符数组中的字符串中的字符按从大到小顺序排序,要求使用顺序排序法且不许引入第二个数组。

5-16 将一个具有 20 个元素的数组中的中间 10 个元素按从大到小的顺序排序,要求使用顺序排序法。

第6章 函 数

在程序中经常使用一些库函数,例如 scanf 函数完成输入数据、sqrt 函数用来求算术平方根、strcpy 函数实现字符串的复制等。虽然系统提供了丰富的库函数,但也无法满足所有的实际需求。另外,从程序设计模块化的角度出发,也要求程序员能根据程序设计的需要定义函数,以减少程序的重复代码和减小每个程序模块的大小。这类由用户定义的函数称为用户自定义函数。本章重点介绍如何定义和使用用户自定义函数。

6.1 函数概述

函数概述

按照程序设计的模块化思想,在解决大型复杂的问题时,首先将大的问题分割为若干个功能模块,使每个模块只完成特定、简单的单一功能(易于实现),而且模块之间相对独立。C 语言是支持模块化程序开发的语言,C 程序中各个模块的功能由函数实现。程序需要完成某一特定功能时,就调用相应的函数。

每个 C 程序文件由一个或多个函数构成,通过函数之间的相互调用完成程序的功能。一个 C 程序必须有且只能有一个主函数(main 函数),C 程序从主函数开始执行,一般也在主函数结束。图 6.1 所示的 C 程序结构中,箭头表示函数之间的调用关系。该程序由 6 个函数构成,main 函数调用 a 函数和 b 函数,a 函数调用 c 函数和 d 函数,b 函数调用 e 函数。当然,各个函数之间也可以相互调用,如 b 函数可根据需要调用 a、c、d 函数,但有这样的调用关系时,函数调用的示意图也要随之改变。主函数是在程序运行时自动执行的,主函数不能被任何 C 语言的函数调用,当然也不能被自己调用。

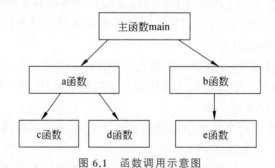

图 6.1 函数调用示意图

从用户使用的角度看,C 语言的函数分为标准库函数和用户自定义函数两类。每个 C 语言的编译系统都提供了标准库函数,程序设计中一些常用的功能可以在标准库函数中找到,例如常用的数学函数、字符串处理函数和输入输出函数等。标准库函数的功能通过一批头文件描述,在程序中要使用某类函数时,需将其所在的头文件用 ♯include 命令包含进来。用户自定义函数是 C 语言允许用户自己定义的函数,以满足每个用户的特定要求。

从函数的形式上看,标准库函数和用户自定义函数都可分为有参函数和无参函数两类。

我们要解决的主要问题是如何定义一个函数和如何调用它。函数一经定义,其调用方法就与系统提供的标准库函数的调用方法相同。

定义函数之前首先需要解决的问题是函数功能的划分,即什么样的程序段应该定义成一个函数。这方面并没有通用的准则,但可以从以下两个方面考虑。

(1)程序中可能会需要重复计算的公式或需要多次完成的相似功能,这时可以考虑将相似的部分用一个函数完成。程序中要用到这部分功能时,通过调用该函数来实现,可以达到书写一次而多次使用的目的,既能减少程序的代码量,也因减少了重复代码的编写而减少了程序出错的可能性。

(2)程序中具有一定逻辑独立性的片断。即使这部分只出现一次,也可以考虑把它定义成单独的函数,在原来程序的相应位置换成函数调用,这样不但使程序的结构清晰,还可以降低程序的复杂性(减小了模块的大小),提高程序的可读性。

例如,要设计一个通讯录管理系统,首先考虑将其分解为几个独立的功能模块,再逐步细化各个模块,每个模块的功能由一个函数完成,图 6.2 给出了通讯录管理系统的结构。

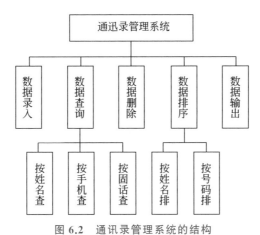

图 6.2　通讯录管理系统的结构

【例 6-1】　显示通讯录管理系统主菜单的主函数。

```c
#include "stdio.h"
#include "stdlib.h"
main()
{ int select;
  printf("=============通讯录管理系统=============\n");
  printf("======================================\n");
  printf("             添加数据 请按 1\n");
  printf("             电话查询 请按 2\n");
  printf("             数据删除 请按 3\n");
```

```
printf("              数据排序 请按 4\n");
printf("              数据输出 请按 5\n");
printf("              退出系统 请按 0\n");
printf("=======================================\n");
do
{  scanf("%d",&select);
   switch(select)
     {
       case 1: add();break;          /* 使用 add 函数实现添加数据 */
       case 2: query();break;        /* 使用 query 函数实现数据查询 */
       case 3: del();break;          /* 使用 del 函数实现数据删除 */
       case 4: sort();break;         /* 使用 sort 函数实现数据排序 */
       case 5: print();break;        /* 使用 print 函数实现数据输出 */
       case 0: exit(0);
     }
}while(1);                           /* 表示循环条件永真 */
}
```

【说明】 本例仅包括主函数,以后逐步编写出 add、query 等 5 个函数就可以完成通讯录管理系统的全部程序,这种编程方法显然比所有的程序功能都在主函数中实现要清晰得多,体现了模块化的特点。

6.2 函数的定义

函数定义的一般形式是:

类型标识符　函数名(形式参数表列)
{
　　函数体
}

无参函数
的定义

【说明】 函数主要由函数首部和函数体两部分构成,定义一个函数就是交代清楚这两部分的内容。

有参函数
的定义

1. 函数首部

函数首部即函数定义的第一行,包括 3 部分的内容:函数返回值的类型、函数名和函数的参数定义,这是定义函数必须首先回答的关键问题。

类型标识符表示函数值的类型,即函数的返回值的类型。如果一个函数不要求返回值,只是完成某一特定功能,那么类型标识符为 void,即空类型。

函数名是用户自定义函数的名字,应符合标识符的命名规则。

括号内是函数形式参数的定义部分,每一个形式参数的定义都由两部分构成,即参数的数据类型和参数名。函数的形式参数通常是使用这个函数必须提供的已知条件,有时也包括函数的求解结果。如果函数不需要参数,可以在函数名后的括号内写一个 void,或者只写一对圆括号"()"。

2. 函数体

函数体包括声明部分和执行部分。函数体是完成函数功能的主体,就是在已知形参的前提下,用具体代码逐步实现函数的功能。

在例6-1中,显示菜单的部分两次输出了分割线,这个输出分割线的部分就可以用一个自定义函数完成。

【例6-2】 编写函数输出一条由20个等号"="构成的线条。

【分析】 定义函数之前,首先确定好函数的首部,即确定函数返回值的类型和函数的参数,而这通常需要从分析问题的已知条件和求解目标中获得。

本题输出一条固定长度的双直线,事先不需要提供任何条件,所以函数形参表列为空,即可定义一个无参函数;函数的功能是完成输出操作,不需要求值,所以函数返回值的类型为void,函数名可以按见名知意的原则命名为myline。至此,函数首部可完全确定为

```
void myline()
```

其次考虑如何编写函数体,即考虑如何完成该函数的功能。输出由20个等号"="构成的线条只需要一条语句

```
printf("====================\n");
```

最后,完整的函数是:

```
void myline()
{   printf("====================\n");
}
```

在其他函数中需要输出这样的线条时,只要调用myline函数就可以了,具体调用形式:

```
myline();
```

例6-2完整的程序如下。

```
#include "stdio.h"
void myline()
{   printf("====================\n");
}
main()
{   myline();
    printf("函数调用示例\n");
    myline();
}
```

运行结果:

```
====================
函数调用示例
====================
```

【说明】 这是我们完成的第一个函数,功能比较有限,这里只是简单地说明函数的定义方法。这个函数的功能还可以扩展,实际使用时可能需要不同长度的线条。例如,有时需要输出由 30 个等号"="构成的线,有时可能需要长度为 50,这时无参函数就不适用了。如果需要输出的长度可变,在调用函数时必须提供需要的长度值,这就是完成函数功能必须已知的条件,这个已知条件需要定义成函数的形式参数,这时就需要定义一个有参函数来完成。

【例 6-3】 定义一个有参函数,输出由等号"="组成的长度可控制的线条。

【分析】 完成函数的功能必须已知线的长度 n,并且 n 为整数,所以可确定函数的形参为 int 型。函数不需要返回值,所以函数的类型是 void。这样,函数首部为

```
void vline(int n)
```

函数体完成在已知 n 的前提下,输出由 n 个等号"="构成的线条,可用一个循环来完成。

```c
#include "stdio.h"
void vline (int n)
{  int i;
   for(i=1;i<=n;i++)
      printf("=");        /*输出 n 个等号*/
   printf("\n");          /*输出换行符,以免与后边的输出出现在同一行*/
}
main()
{  vline (20);            /*调用函数打印 20 个等号*/
   vline (40);            /*调用函数打印 40 个等号*/
}
```

运行结果:

```
====================
========================================
```

【例 6-4】 定义一个函数,求两个整数的平方和。

【分析】 定义一个函数一般需要解决两个问题,即已知的是什么? 求的是什么? 通常已知的内容就是函数的参数,通过所求的内容确定函数返回值的类型,或者函数参数的结构。

求两个整数的平方和时,需要的已知条件就是两个整数。因此,函数需要两个形式参数:int a,int b,函数的计算结果是两个形式参数的平方和,也是一个整数,函数返回值的类型也应为整型。函数取名为 sum 后,函数首部可确定为

```
int sum(int a,int b)
```

函数体,就是在已知 a、b 的前提下,解决如何求解 a^2+b^2 的问题。

```
#include "stdio.h"
int sum(int a,int b)
{ int c;
   c=a*a+b*b;
   return (c);
}
main()
{ int x,y;
   x=4;y=3;
   printf("x^2+y^2=%d\n%d^2+%d^2=%d\n",sum(x,y),4,3,sum(4,3));
}
```

运行结果:

```
x^2+y^2=25
4^2+3^2=25
```

【说明】 调用时,sum(x,y)表示求 x 与 y 的平方和,sum(4,3)则表示求 4 与 3 的平方和,结果都是 25,即实际参数可以是变量、常量及表达式。

6.3 函数的调用

C 程序由函数构成,其中必须有一个主函数即 main 函数。程序从主函数开始执行,一般情况下也是在主函数结束。除了主函数以外,程序中的其他函数只有在被调用时才会被执行。调用函数时,调用其他函数的函数称为主调函数,被调用的函数称为被调函数。

函数的调用

函数调用的一般形式是:

函数名(实参表列)

【说明】 调用无参函数时,函数名后面跟一对空的括号,即函数调用时括号不能省略。实参有多个时,中间用逗号分隔。

6.3.1 实参和形参

定义函数时,函数名后面括号内的标识符称为形式参数,简称形参。在函数未被调用时,形参并不占内存空间。只有函数被调用时,系统才为形参在内存开辟临时的存储空间。函数调用结束后,临时存储空间被释放(还给系统)。

调用函数时,函数名后面括号内的表达式称为实际参数,简称实参。实参可以是常量、变量或表达式等,必须已有确定的值。发生函数调用时,实参按顺序将它的值传递给对应的形参。同时,程序的流程转到被调函数开始执行,执行到被调函数的 return 语句或函数结束处时，返回到主调函数的调用处继续执行主调函数。

函数调用过程中，为了能使参数值正确地传递，必须保证实参与形参在个数、顺序和类型上一一对应。

求最大公
约数函数

【例 6-5】 编写两个函数分别求两个整数的最大公约数和最小公倍数。

【分析】 在例 4-11 中，已经实现了求最大公约数和最小公倍数的算法，现在改成用函数实现。定义函数时，首先要分析完成函数所需要的已知条件和函数的求解结果，这些问题决定了函数首部的编写方法。

求两个整数的最大公约数时必须已知这两个数，这表明需要两个整型形参。所求的结果是最大公约数，决定了函数值的类型也是整型。如果函数取名 gcd，则函数的首部为

```
int gcd(int m,int n)
```

类似地，求最小公倍数的函数首部为

```
int lcm(int m,int n)
```

有了函数的首部以后，主函数可以编写如下。

```
#include "stdio.h"
main()
{ int x,y,gys,gbs;
  scanf("%d%d",&x,&y);        /*输入两个正整数*/
  gys=gcd(x,y);               /*调用函数 gcd 求最大公约数*/
  gbs=lcm(x,y);               /*调用函数 lcm 求最小公倍数*/
  printf("最大公约数为:%d\n",gys);
  printf("最小公倍数为:%d\n",gbs);
}
```

下面要完成函数的编写。函数首部确定之后，函数体的主体部分与例 4-11 基本相同，不同点在于函数中需要用 return 语句返回最后的计算结果，即所求出的最大公约数。

求最小公倍数时可以调用求最大公约数的函数。

```
int gcd(int m,int n)          /*求最大公约数(辗转相除法)*/
{ int r;
  r=m%n;
  while(r!=0)
    { m=n; n=r; r=m%n; }
  return n;                   /*n 是最初的 m 和 n 的最大公约数,用 return 语句返回*/
}
int lcm(int m,int n)          /*求最小公倍数*/
{
  return m*n/gcd(m,n);
}
```

运行结果：

28 90 ↙
最大公约数为:2
最小公倍数为:1260

【说明】 程序的执行过程如下。

(1) 从主函数开始执行,首先为 x、y、gys 和 gbs 分配存储单元。执行到 scanf 函数时,从键盘输入 28 和 90,分别送入变量 x 和 y 中。

(2) 赋值语句 gys＝gcd(x,y);中的 gcd(x,y)是函数调用,x、y 为实参,程序的流程转到 gcd 函数执行,先为形参 m、n 和局部变量(见 6.6.2 节)r 分配存储单元,并进行参数传递,即将实参 x 的值 28 传给形参 m,将实参 y 的值 90 传给形参 n,如图 6.3 所示。

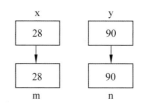

图 6.3 函数调用的参数传递

(3) 执行 gcd 函数的函数体,先执行 r＝m％n,r 的值为 28,执行 while 语句,循环条件 r!＝0 成立,第一次执行循环体,得到 m＝90,n＝28,r＝6;再判断循环条件 r!＝0 成立,再次执行循环体,得到 m＝28,n＝6,r＝4;再判断循环条件 r!＝0 仍成立,第三次执行循环体,得到 m＝6,n＝4, r＝2;再判断循环条件 r!＝0 仍成立,第四次执行循环体,得到 m＝4,n＝2,r＝0;再判断循环条件 r!＝0,这时结果为假,循环结束。接着执行 return n;(返回值是 2),函数调用结束(要释放 gcd 函数所占的资源,包括形参、局部变量所占的内存空间等),返回到主调函数,函数值为 2,则 gys 被赋值为 2。

(4) 继续执行主调函数的下一条语句:gbs＝lcm(x,y);,调用函数 lcm,参数传递与调用 gcd 函数时类似,但在执行函数 lcm 时又一次调用了 gcd 函数,具体过程不再赘述。函数 lcm 执行完毕并返回到主函数之后,gbs 中获得的值是 1260。

(5) 继续执行主函数中其余的语句,输出 gys 和 gbs 的值,系统回收变量 x、y、gys 和 gbs 占据的存储单元后,程序结束。

【注意】

(1) 函数调用开始后才给被调函数的形参变量和被调函数中定义的其他变量分配存储单元;函数调用结束后,这些变量的存储单元也被释放掉,下次再发生函数调用时,需要重新为其分配存储单元。

(2) 在 gcd 函数的执行过程中,形参 m 和 n 的值都发生了变化,但并不影响与之对应的实参 x 和 y 的值。这是由 C 语言参数传递的特点决定的。C 语言调用函数时采用的是单向值传递,即只是把实参的值传给形参,形参的值并不回传给实参。

6.3.2 函数的结束与返回

有两种情况可以结束函数的执行,一种是当函数执行完函数体的最后一条语句,则结束函数的执行返回主调函数;另一种情况是执行到某个 return 语句时也返回主调函数。编程人员可以根据问题的复杂程度在函数中使用多个 return 语句,不管执行到哪个 return 语句都会返回主调函数;一个函数中有多个 return 语句并不表示这个函数可以同时求出多个值来,函数的返回值最多只能有一个。

return 语句的作用是将流程返回至主调函数的调用处。如果函数用于计算,则由 return 语句返回一个计算结果,这个结果由 return 后面表达式的值决定,表达式可以用括号括起来,也可以不用括号,但此时 return 与表达式之间至少有一个空格。对于无返回值的函数,return 语句后面不带表达式,此时不返回任何值,仅将流程转回到主调函数。如果不带表达式的 return 语句位于函数执行部分的最后,则可以省略 return 语句。

判断素
数函数

【例 6-6】 在主函数中输入 10 个正整数,找出其中的素数,其中判断任一整数是否为素数用函数实现。

【分析】 编写函数 prime 完成判断素数的功能。经分析可知,prime 函数的输入为正整数 a,函数的输出为 a 是素数或不是素数的结果,这个结果不能像例 4-4 中直接用 printf 输出"是素数"或"不是素数",为了后续使用方便把"是"或"不是"的结果用数字表示。一个数是否素数只有两种可能,"是"或"不是",只有两种可能的结果时一般用 1 和 0 表示,此处约定是素数时让函数返回 1,不是素数时返回 0。

现在明确了 prime 函数的输入是一个整数 a,输出是 1 或 0,函数的首部可以写为

```
int prime(int a)
```

函数体的写法和例 4-4 的主体部分基本相同,只是将最后的 printf 换成 return 语句。

在主调函数中调用 prime 函数判断是否为素数时,如果函数值为 1 就表示是素数,如果函数值为 0 就表示不是素数。

```
#include "stdio.h"
int prime (int a)          /*使用出口法判断素数*/
{ int i,m;
  if (a<2) return 0;       /*提示:小于 2 的整数都不是素数*/
  m=a-1;                   /*判断素数的循环变量从 2 到 a-1 变化*/
  for(i=2;i<=m;i++)        /*i≤m 也可改成 i<a(不引入 m 时),第 8 行等也得改*/
     if(a%i==0) break;     /*如果 a 不是素数,则退出循环*/
  if(i>m)                  /*第 8 行,循环由正常出口结束时,i=m+1(a),a 是素数*/
     return 1;             /*是素数,返回 1*/
  else                     /*i≤m 说明循环由 break 出口结束,a 不是素数*/
     return 0;             /*不是素数,返回 0*/
}
main()
{ int  m,i;
  for(i=1;i<=10;i++)
     { scanf("%d",&m);
       if (prime(m)) printf("%5d",m); /*把 prime(m)换成 prime(m)==1 更易理解*/
     }
  printf("\n");
}
```

运行结果:

```
11 3 9 21 1 31 53 24 7 37↙
   11    3   31   53    7   37
```

【说明】 使用函数判断素数还可以写成以下两种形式。

（1）使用标记法。

```
int prime (int m)
{ int i,k=1;
  if (m<2) k=0;
  for(i=2;i<=m/2;i++)
     if(m%i==0) k=0;
  return k;
}
```

（2）使用多 return 语句法。

```
int prime (int m)
{ int i;
  if (m<2) return 0;
  for(i=2;i<=m/2;i++)
     if(m%i==0) return 0;
  return 1;
}
```

该 prime 函数中有 3 个 return 语句，但每次函数调用只有一个 return 语句能被执行到，因此，只有 m 是素数时才会执行到函数体的最后一条语句 return 1;。

【例 6-7】 由 3 个素数构成的一组数有如下关系：第二个比第一个大 2，第三个比第二个大 4，如 5、7、11 就是满足上述关系的一组数。求出 3～39 内满足此关系的所有组数据。

【分析】 程序中要多次判断素数，所以判断素数的部分由函数来完成比较好。可以使用例 6-6 中的 prime 函数，这里使用标记法。

```
#include "stdio.h"
int prime (int m)
{ int i,k=1;
  if (m<2) k=0;
  for(i=2;i<=m/2;i++)
     if(m%i==0) k=0;
  return k;
}
main()
{ int i;
  for(i=3;i<=33;i++)
     if(prime(i)==1&&prime(i+2)==1&&prime(i+6)==1)
        printf("%2d,%2d,%2d\n",i,i+2,i+6);
}
```

运行结果:

```
 5, 7,11
11,13,17
17,19,23
```

【说明】 为了保证求出的数都在 3~39 内,主函数中 for 循环用 i≤33 作为循环条件。另外,逻辑表达式 prime(i)==1&&prime(i+2)==1&&prime(i+6)==1 的意思是:i 是素数并且 i+2 是素数并且 i+6 也是素数,改写成 prime(i)&&prime(i+2)&&prime(i+6) 也是可以的。

【例 6-8】 哥德巴赫猜想的一种描述是:任意一个不小于 6 的偶数都可以表示为两个奇素数之和。编写程序对 10~20 的偶数验证哥德巴赫猜想,即将 10~20 的偶数都表示成两个奇素数之和的形式,每个偶数写出一种表示形式即可。

【分析】 对于任意一个偶数 m,首先假设 m 可以写成 m=i+(m−i),然后判断 i 和 m−i 是否都是素数。让 i 从 3 开始,i 最多不超过 m/2,只要 i 和 m−i 都是素数即对 m 验证了猜想。因为程序中需要多次判断素数,所以将判断素数的工作由函数完成,可以使用例 6-6 中的多 return 语句法。

```c
#include "stdio.h"
int prime (int m)
{ int i;
  if (m<2) return 0;
  for(i=2;i<=m/2;i++)
     if(m%i==0) return 0;
  return 1;
}
main()
{ int m,i;
  for (m=10;m<=20;m+=2)    /* 控制 m 是偶数 */
     { for(i=3;i<=m/2;i++)
       if(prime(i)==1&&prime(m-i)==1)     /* 本条件成立表示 i 和 m-i 都是素数 */
         { printf("%d=%d+%d\n",m,i,m-i);
           break;          /* 如果要对任量 m 输出所有可能的组合,就不加 break */
         }
     }
}
```

运行结果:

```
10=3+7
12=5+7
14=3+11
16=3+13
18=5+13
20=3+17
```

【注意】 在一个函数中使用多个 return 语句并不是良好的编程习惯。因为函数的结构往往比较复杂,使用多个 return 之后更使程序的易读性大大降低,因此编写函数时要尽量避免使用多个 return 语句。

【例 6-9】 编写函数求任一整数的阶乘,并在主函数中求 1!+2!+…+20!的值。

【分析】 在例 4-7 中分别用单重循环和双重循环完成了 1～20 的阶乘和。如果求阶乘的部分由函数来完成,那么主函数会比较简单。

求阶乘函数

由于阶乘的值比较大,可能超出 int 型的范围,所以将函数返回值的类型定义成 double 型(至少是 float 型)。

```
#include "stdio.h"
double jiec(int n)
{ double y=1;
  int i;
  for(i=1;i<=n;i++)      /* 这个循环求出 n!赋值给 y */
    y=y*i;
  return (y);            /* y 的类型要与函数的类型一致 */
}
main( )
{ double s;
  int n;
  s=0;
  for(n=1;n<=20;n++)
    s+=jiec(n);          /* jiec(n)的值就是 n! */
  printf("%e\n",s);
}
```

运行结果:

```
2.561327e+018
```

【例 6-10】 利用数学公式 $C_m^n = \dfrac{m!}{n! \times (m-n)!}$,计算 C_9^4 的值。

【分析】 程序中需要多次求阶乘,因此定义一个函数求 n!。由于阶乘的值比较大,可能超出 int 型的范围,所以将函数返回值的类型定义成 double 型。

```
#include "stdio.h"
double jiec(int n)
{ double y=1;
  int i;
  for(i=1;i<=n;i++)
    y=y*i;
  return (y);
}
main( )
{ double i;
```

```
i=jiec(9)/(jiec(4)*jiec(9-4));
printf ("%.0lf\n",i);
}
```

运行结果：

```
126
```

【说明】 如果将 main 函数和 jiec 函数的定义交换书写位置，即把 main 函数的定义写在上边，编译时会出现如下主要的错误信息：

```
'jiec' : redefinition; different basic types    (Visual C++中的信息)
Type mismatch in redeclaration of 'jiec'   (Turbo C 中的信息)
```

这是因为如果被调函数 jiec 的定义书写在主调函数的后面时，主调函数中默认该被调函数返回值的类型为 int 型，而编译到 jiec 函数定义的时候，又发现定义的 jiec 函数是 double 型，编译系统认为 jiec 在重新声明时类型不匹配，修改错误的方法是在主调函数中事先对被调函数的类型进行声明。

6.3.3　对被调函数的声明

对被调用
函数的声明

函数声明是指对被调函数的原型进行必要的声明。编译系统以函数声明所给的信息为依据，对函数调用进行检查，包括形参与实参类型是否一致、函数返回值类型是否正确等，以保证函数调用的正确性。

函数声明的一般形式是：

类型标识符 函数名(形参表列)；

【说明】 对被调函数的函数声明一般放在主调函数的声明部分。例如，对例 6-10 中的函数 jiec 的声明为

```
double jiec(int n);
```

放在 main 函数的声明部分。也可以不写形参名，即

```
double jiec(int);
```

定义函数时所规定的函数首部称为函数原型。函数原型的定义形式有现代风格和传统风格两种，前面一直使用的都是现代风格的定义形式，即形参的类型直接在括号中说明。

传统风格的定义形式已经过时，不提倡使用，但在一些早期的程序和图书中仍然存在。传统风格将函数首部写成 2 行(或多行)，在函数名后的括号中只写形参名字，而形参的类型写在下面。例如，对例 6-10 中函数 jiec 的传统定义形式的函数首部为

```
double jiec(n)
int n;
```

对传统风格定义的函数进行类型声明时,必须写成相应的形式:

类型标识符 函数名();

简单地说,对传统风格定义的函数进行类型声明时,函数名后只跟空括号和分号;声明现代风格的函数时,将函数定义时的函数首部原样抄一遍,后边加个分号即可。

对函数进行显式声明是良好的编程习惯,但以下 3 种情况可以省略对被调函数的声明。

(1) 函数在主调函数之前定义,可以省略函数类型声明,因为此时编译系统已经从函数的定义中了解了该函数的有关信息。

(2) 函数的类型为 int 型时,可以省略类型声明,系统默认函数的返回值为 int 型,但在 Visual C++编译时会有警告信息。

(3) 函数被多个函数调用时,可将函数声明放在所有函数的定义之前(称为外部声明),这样在每个主调函数中就不用再对其进行声明了。

6.3.4 函数的嵌套调用

在例 6-5 中,main 函数调用了 lcm 函数,而 lcm 函数又调用了 gcd 函数,这就是函数的嵌套调用。

【例 6-11】 求 4 个整数中的最大数。

【分析】 先定义一个函数 big 完成求两个数中的最大值,然后多次调用该函数求出 4 个数的最大值。例如:

函数的嵌
套使用

```
x=big(a,b); y=big(c,d); z=big(x,y);
```

则 z 就是 a、b、c、d 4 个数的最大值。也可以用

```
x=big(a,b); y=big(x,c); z=big(y,d);
```

实现,z 同样是最大值。这种调用方式也可以写在一起,即

```
z=big(big(big(a,b),c),d);
```

这就形成了嵌套调用。

```
#include "stdio.h"
int big(int m,int n)
{
    return (m>n?m:n);
}
int bigger(int a,int b,int c,int d)
{
    return big(big(big(a,b),c),d);
}
main()
```

```
{   int a,b,c,d,z;
    scanf("%d%d%d%d",&a,&b,&c,&d);
    z=bigger(a,b,c,d);
    printf("%5d\n",z);
}
```

运行结果：

3 6 9 8↙
    9

【说明】 主函数调用了 bigger 函数，bigger 函数又调用了 big 函数，这就是嵌套调用。

6.4 递归函数

递归函数

一个函数直接或间接地调用了自己，称为递归调用，该函数称为递归函数。如果一个函数在其定义的函数体内调用了该函数自身，称为直接递归调用；如果 a 函数调用了 b 函数，b 函数又调用了 a 函数，称为间接递归调用。递归调用简称递归，本书仅讨论直接递归调用的函数。

递归是将一个复杂的问题转化为核心问题仍相同、参数规模更小的问题的一种编程方法。如果通过对原来参数规模较大问题的求解，可以得到参数规模小一些的相同问题，就可以使用递归方法求解。例如，如果要计算 n!的值，可以把该问题转化为 n!＝n *(n−1)!，如果已知(n−1)!的值，n 乘以(n−1)!很容易编程实现，这时的核心问题是求解(n−1)!，而(n−1)!与 n!问题相同，都是求阶乘问题，只是参数规模小了。这种既保持核心问题不变，又缩小问题参数规模的过程就是递推。为了求解(n−1)!，需要继续递推：(n−1)!＝(n−1) *(n−2)!，(n−2)!＝(n−2) *(n−3)!，…，3!＝3 * 2!，2!＝2 * 1!，而 1!是不必再递推的。

由数学知识可知，1!是 1，把它代入到 2 * 1!中计算得到 2，也就是 2!的值，这个过程称为回归。再次回归，将 2 带入到 3 * 2!中计算得到 6，也就是 3!的值。继续回归，直到得到(n−1)!的值后，将 n 与其相乘最终得出 n!的值，原问题得到解决，到此回归过程结束。

递归就是递推过程和回归过程的总称。一个问题能否用递归来解决一般要满足两个条件：一是要存在一种递归关系，即可以将原问题转化为一个或若干个与原问题的核心问题相同，但问题的参数规模小一些的问题；二是要有一个结束递归的条件，即递推过程最终一定会得到一个简单的且能直接计算的问题，不用无限地递推下去。

【例 6-12】 编写函数 fac(n)，其功能是求 n!。

【分析】 求 n!的问题可以简化为求(n−1)!的问题，即 n!＝n *(n−1)!。同样，(n−1)!＝(n−1) *(n−2)!，(n−2)!＝(n−2) *(n−3)!，…，一直到得到最简单的情况：1!＝1，另外，由数学知识可知，0!＝1。按此规律可以将 n!作如下定义：

$$n! = \begin{cases} 1 & n=1,0 \\ n(n-1)! & n>1 \end{cases}$$

这只是一个简单的分段函数。

```
#include "stdio.h"
float f(int n)                    /* 函数值 f(n)就是 n! */
{
    if (n==1||n==0) return 1;     /* n 等于 1 或 0 是递归终止的条件 */
    else return n * f(n-1);       /* f(n-1)的值就是(n-1)! */
}
main()
{
    printf("%.0f\n",f(4));        /* 输出 4! */
}
```

运行结果：

24

【说明】

(1) f(4)的执行过程如图 6.4 所示。图中右向箭头为递推轨迹，左向箭头为回归轨迹，从图 6.4 中可以看出递推与回归各进行了 3 次。

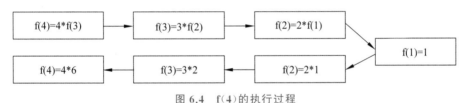

图 6.4 f(4)的执行过程

(2) 递归算法一定包含两个方面，递归的方式和递归终止的条件，二者缺一不可。

【例 6-13】 用递归法求 Fibonacci 数列的第 30 项。

求 Fibonacci
数列的第 n 项
的递归函数

```
#include "stdio.h"
long fib(int n)
{ long f;
    if(n==1||n==2) f=1;
    else f=fib(n-1)+fib(n-2);
    return f;
}
main()
{ long f;
    f=fib(30);
    printf("%ld\n",f);
}
```

运行结果：

832040

【说明】

(1) 递归算法设计虽然简单,但会占用非常多的系统资源,运行时间和占据的内存空间都比非递归算法多。

(2) 设计一个正确的递归函数必须注意两点:一是具备递归关系,二是具备递归结束的条件。

【例 6-14】 调用递归函数求整型数组中 10 个元素之和。

【分析】 按照递归的思想,首先考虑将问题缩减规模。本例题求 10 个元素的和可以缩减为求 9 个元素的和,思路是如果已经知道前 9 个元素的和,再加上第 10 个元素,就可以得到 10 个元素的和;同理,求 9 个元素的和等于前 8 个元素和再加上第 9 个元素,以此类推,直到出现最简单的情况即只有一个元素的时候,和就是这个元素。

设函数名为 sum,sum 函数的输入为一组数 a 和这组数的个数 n,输出为这组数的和,所以函数首部为

```
int sum(int a[], int n)
```

这样定义首部之后,sum(a,n)就表示数组 a 中 n 个数的和,那么前 n−1 个元素的和就是 sum(a,n−1),第 n 个元素就是 a[n−1]。按照递归的思想,n>1 时,可表示为 sum(a,n−1)+a[n−1];n=1 时,值为 a[0]。

```
#include "stdio.h"
int sum(int a[], int n)
{ int s;
  if(n==1)s=a[0];
  else s=sum(a,n-1)+a[n-1];
  return(s);
}
main()
{ int a[10],i,su;
  for(i=0;i<10;i++)
      scanf("%d",&a[i]);
  su=sum(a,10);
  printf("%d\n",su);
}
```

运行结果：

4 7 9 3 6 8 12 33 2 9↙
93

6.5 数组作函数参数

数组作函数参数包括两类：一是数组元素作实参，二是数组名作函数参数。

6.5.1 数组元素作实参

【例6-15】 输出具有10个正整数元素的数组a中的素数。

【分析】 如果要判断包含10个元素的数组中的素数，只要判断每个数组元素是否为素数，而这只要调用例6-6中的prime函数即可。如果prime(a[i])的值为1，则a[i]就是素数。

```
#include "stdio.h"
int prime(int m)
{  int i,k=1;
   if(m<2) k=0;
   for(i=2;i<=m/2;i++)
      if(m%i==0) k=0;
   return k;
}
main()
{  int a[10],i;
   for(i=0;i<10;i++)
      scanf("%d",&a[i]);
   for(i=0;i<10;i++)
      if(prime(a[i])==1) printf("%5d",a[i]);
   printf("\n");
}
```

运行结果：

```
3 54 7 8 12 17 89 234 88 66↙
    3    7   17   89
```

【说明】 程序中的函数调用时实参是数组元素，对应的形参只能是变量，函数调用方式与实参是变量、常量及表达式的情况是没有区别的。

6.5.2 数组名作函数的参数

利用函数完成求一个班中每个学生的10门课的平均成绩。经过分析知道，这个函数的已知条件为10门课的成绩，这时形参中至少需要10个参数传递这10个数据，这样写起来不太方便，而且课程门数增多时也不好实现。自然地想到，一组数是可以用数组存储的，于是就用数组名作为函数的形参。

数组名作
函数参数

【例6-16】 编写函数求数组中10个数的平均值。

【分析】 已知10个数,由数组存放,实参和形参都是数组名。求平均值操作决定了函数值的类型为float型。

```
#include "stdio.h"
float average(int b[10])
{ int i;
  float aver,sum=0;
  for(i=0;i<10;i++)
     sum=sum+b[i];
  aver=sum/10;
  return(aver);
}
main( )
{ float aver;
  int a[10],i;
  for(i=0;i<10;i++)
    scanf("%d",&a[i]);
  aver=average(a);
  printf("%6.2f\n",aver);
}
```

运行结果:

```
4 6 8 2 12 5 66 9 44 88↙
 24.40
```

【说明】

(1) 数组名代表数组的起始地址。当形参是数组名、实参也用数组名而发生函数调用average(a)时,将实参数组a的起始地址传递给形参数组b,即形参b的地址就是实参a的地址。这样主调函数中的实参数组a和被调函数的形参数组b实际上共用了同一段内存单元,相当于这一段内存单元具有a和b两个名字。当在average函数中求数组b中元素的和时,实际求的就是主调函数中数组a的所有元素之和。在执行average函数的任意时刻,a和b中的元素都是对应相等的,如图6.5所示。

a	a[0]	a[1]	a[2]	a[3]	a[4]	a[5]	a[6]	a[7]	a[8]	a[9]
	4	6	8	2	12	5	66	9	44	88
b	b[0]	b[1]	b[2]	b[3]	b[4]	b[5]	b[6]	b[7]	b[8]	b[9]

图6.5 数组名作参数时的地址对应关系

(2) 如果在函数average中改变了b[2]的值,a[2]的值是否会同时发生变化?显然也随之改变,因为a[2]和b[2]占据相同的内存单元,相当于此时该单元具有两个名字。

(3) 如果需要函数再通用一些,对数组元素个数不同时,也能求出所有数组元素的平均值,那么应该如何修改程序?

【注意】 本例这种参数传递的方式虽然还是传值,但由于实参是数组名 a,把实参 a 的值(即数组 a 的地址)传给形参 b,实际上是把 a 的地址传给了 b。有的书上把这种情况称为"地址传递",但这种称呼有些欠妥,因为这种数据传递过程的本质还是值传递,只不过这个"值"是一个地址值而已。

当用数组名作形参时,实参数组必须是已赋值的具有明确大小的数组,而形参数组在定义时可以不指定数组的大小(形参是二维数组时,可以省略第一维的大小,但第二维的大小不可省略)。这样,实参数组有多大,形参数组就可以有多大。如果在定义函数时,不指定形参数组的大小,通常需要加一个整型形参,表示数组元素的个数。例如,例 6-16 中的程序可以修改如下。

```c
#include "stdio.h"
float average(int b[],int n)      /* 不指定形参数组大小,用形参 n 表示 b 的元素个数 */
{ int i;
  float aver,sum=0;
  for(i=0;i<n;i++)
      sum=sum+b[i];
  aver=sum/n;
  return(aver);
}
main()
{ float aver;
  int a[10], i;
  for(i=0;i<10;i++)
    scanf("%d",&a[i]);
  aver=average(a,10);              /* 函数调用时,实参是数组名和一个整数 */
  printf("%6.2f\n",aver);
}
```

【说明】 形参中加一个 n 表示个数,函数的调用就可以很灵活。例如,用 average(a,5) 表示求前 5 个数的平均值。数组名作为形参时,实参除用数组名外,也可以用某个数组元素的地址。例如,average(&a[3],5)表示求数组 a 中从 a[3]开始的 5 个元素的平均值。&a[3]把它的地址传递给形参 b,b[0]的地址就是 a[3]的地址,这时的地址结合形式如图 6.6 所示。

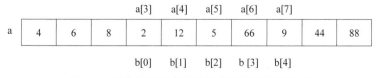

图 6.6 实参数组元素的地址传递给形参数组名

【注意】 利用实参数组和形参数组的地址结合的特点,可以从函数的调用中得到多个变化的值。数组名作函数参数的优点是,能让被调函数的形参数组与主调函数的实参数组占据同一块内存空间,在被调函数中改变形参数组元素的值时,实际上就是改变了主调函数中对应元素的值,这样可以使主调函数得到一组变化的值。

冒泡排
序函数

【例 6-17】 用冒泡排序法对 10 个整数按升序排序。

【分析】

(1) 排序部分用函数完成,函数的形参为数组名和整型变量,函数无返回值。

(2) 冒泡排序的算法:将相邻的两个数进行比较,如果不符合规定的顺序(前一个数小于后一个数),就将这两个数交换位置。设数组中共有 n 个元素,如图 6.7 所示,第 1 轮经过 n−1 次的比较,将最大的数排在了最后边(这个已就位的数下一轮不参加比较)。

(3) 第 2 轮只要比较 n−2 次,以后每增加一轮,比较次数减少一次。共进行 n−1 轮的比较之后,就可以按升序排好。

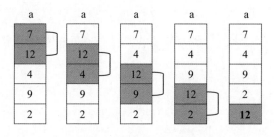

(a) 冒泡排序法的第1轮比较过程

```
for (j=0;j<n-1;j++)
  if(a[j]>a[j+1])
    { t=a[j];
      a[j]=a[j+1];
      a[j+1]=t;
    }
```

(b) 第1轮比较的程序(设数组中
共有n个元素)

图 6.7　冒泡排序的第 1 轮比较

```
#include "stdio.h"
void sort(int a[],int n)
{ int i,j, t;
  for(i=0;i<n-1;i++)
    for(j=0;j<n-1-i;j++)
      if(a[j]>a[j+1])
        { t=a[j];
          a[j]=a[j+1];
          a[j+1]=t;
        }
}
main( )
{ int b[10],i;
  for(i=0;i<10;i++)
    scanf("%d",&b[i]);
  sort(b,10);
  for(i=0;i<10;i++)
    printf("%5d",b[i]);
  printf ("\n");
}
```

运行结果：

2 6 3 5 7 9 1 10 8 4↙
　1　　2　　3　　4　　5　　6　　7　　8　　9　　10

【说明】　图 6.8 和图 6.9 分别表示调用 sort 函数时和调用结束后数组及其元素值的情况。发生函数调用时,将实参数组 b 的起始地址传给形参数组 a,a 和 b 共用同一段内存空间(见图 6.8)。在函数中对数组 a 排序之后,数组 b 中元素的值也发生了变化(数组 b 也随之排好序)。函数调用结束后,形参数组 a 被释放,而实参数组 b 还存在(见图 6.9)。

b a	2	6	3	5	7	9	1	10	8	4

图 6.8　调用 sort 函数时,实参数组和形参数组的地址结合

b	1	2	3	4	5	6	7	8	9	10

图 6.9　sort 函数调用结束后,实参数组 b 保留变化了的值

利用数组名作参数可以带回一组变化的值的特点,可以实现从函数的调用中求得多个值。

【例 6-18】　用函数分别统计出一个字符串中的小写字母、大写字母、数字字符和其他字符的个数。

字符串中字符统计函数

【分析】　必须已知一个字符串,函数的形式参数应该是一个字符数组,函数中需要统计出 4 个数,这 4 个数无法都用 return 语句返回,因此使用一个整型数组作形参。函数无返回值,定义成 void 类型。

```
#include "stdio.h"
#include "ctype.h"
void countnum(char str[],int a[])
{ int i;
  /*a[0]~a[3]分别表示小写字母、大写字母、数字字符和其他字符的个数*/
  for(i=0;i<4;i++)
    a[i]=0;           /*各类字符个数的初值为 0*/
  for(i=0;str[i]!='\0';i++)       /*遍历每个字符,用字符串结束标志控制循环次数*/
    if(islower(str[i]))a[0]++;
    else if (isupper(str[i])) a[1]++;
    else if (isdigit(str[i])) a[2]++;
    else a[3]++;
}
main()
{ int b[4],i;
  char s[80];
  gets(s);
  countnum(s,b);        /*用实参数组 b 与形参数组 a 结合的特性带回统计的 4 个值*/
  for(i=0;i<4;i++)
```

```
    printf("%5d",b[i]);
  printf("\n");
}
```

运行结果：

```
Bejing 22.4 a5bc78%^&huji23klmEND↙
   15    4    8    6
```

【说明】

（1）本程序用到了函数库 ctype.h 中的几个字符测试函数。例如，islower(ch)判断 ch 是否为小写字母，若是则返回 1，否则返回值为 0，相当于 str[i]>= 'a' && str[i]<= 'z'。同样，isupper 函数判断是否为大写字母，isdigit 函数判断是否为数字字符。其他字符函数的使用方法参见附录 D。

（2）调用函数后，形参数组 a 和实参数组 b 共用同一段存储单元，可以理解为实参数组 b 的 4 个元素的值和数组 a 中对应元素的值同步变化。被调函数中形参数组 a 的 4 个元素分别存放统计的各类字符的个数，所以函数调用结束后，形参数组 a 被释放，数组 b 中存放的就是通过函数调用得到的统计结果。

（3）使用数组名作函数参数可以从函数的调用中得到多个值，以后还可以使用全局变量（见例 6-20 及 6.6.2 节）和指针变量（见 7.4 节）作形参两种办法从函数的调用中得到多个值。

【例 6-19】 调用函数将一个 5 行 5 列的矩阵转置。

【分析】 例 5-12 中已经实现了矩阵的转置，这里要用函数完成矩阵转置的功能。首先必须已知一个 5 行 5 列的矩阵，所以形参选择用一个 5 行 5 列的二维数组，求得的结果是转置之后的矩阵，也是一个二维数组，这个结果可以通过实参和形参共用同一段内存单元的方式带回主调函数。所以，函数无返回值，函数的类型定义为 void，函数名取为 convert，函数首部为

```
void convert(int a[5][5])
```

程序中两次用到输出二维数组，因此将二维数组的输出用函数 print 实现

```
#include "stdio.h"
void convert(int a[5][5])
{ int i,j,t;
  for(i=0;i<5;i++)
    for(j=0;j<i;j++)
      { t=a[i][j]; a[i][j]=a[j][i]; a[j][i]=t; }
}
void print(int a[5][5])
{ int i,j;
  for(i=0;i<5;i++)
    { for(j=0;j<5;j++)
        printf("%4d",a[i][j]);
```

```
            printf("\n");
        }
}
main()
{ int a[5][5],i,j,k=1;
    for(i=0;i<5;i++)
        for(j=0;j<5;j++)
            a[i][j]=k++;
    printf("原矩阵为:\n");
    print(a);                        /*调用输出函数,打印原矩阵*/
    convert(a);                      /*调用转置函数*/
    printf("转置之后的矩阵为:\n");
    print(a);                        /*调用输出函数,打印转置后的矩阵*/
}
```

【说明】 用二维数组名作函数实参和形参,在被调用函数中对形参数组定义时可以指定每一维的大小,也可以省略第一维的大小说明,但是第二维的大小说明不能省略。本例中 convert 函数首部也可以写为

```
void convert(int a[][5])
```

【例 6-20】 通讯录管理系统。

【分析】 主要功能包括:姓名和电话的录入、电话号码查询、按电话号码排序、删除姓名及对应的电话号码等。姓名用二维字符数组表示,电话号码用长整型数组表示,手机号码用二维字符数组表示。

```
#include "stdio.h"
#include "stdlib.h"
#include "string.h"
#define N 300
int add(long tele[],char mobi[][12],char name[][20],int n)    /*添加数据*/
{ int i;
    char ch;
    do
    { i=n;
        printf("请输入第%d条数据:电话 姓名 手机",n+1);
        scanf("%ld%s%s",&tele[i],name[i],mobi[i]);
        getchar();
        printf("继续添加数据(y/n?)");
        ch=getchar();
        n++;
    }while(ch=='y');
    return n;
}
void query(long tele[],char mobi[][12],char name[][20],int n,char nam[])
/*根据姓名查询电话号码*/
```

```
{ int i;
  for(i=0;i<n;i++)
    if(strcmp(nam,name[i])==0)
      { printf("第%d 条记录",i);
        printf("姓名:%s 手机:%s 电话:%ld\n",name[i],mobi[i],tele[i]);
        break;
      }
    if(i==n) printf("查无此人\n");
}
void sort1(long b[],char mobi[][12],char name[][20],int m)    /*按电话号码排序*/
{ int i,j;
  long t;
  char s[20];
  for(i=0;i<m-1;i++)
    for(j=0;j<m-1-i;j++)
      if(b[j]<b[j+1])              /*交换电话号码的同时交换相应的手机号码和姓名*/
        { t=b[j];b[j]=b[j+1];b[j+1]=t;
          strcpy(s,name[j]);strcpy(name[j],name[j+1]);strcpy(name[j+1],s);
          strcpy(s,mobi[j]);strcpy(mobi[j],mobi[j+1]);strcpy(mobi[j+1],s);
        }

}
void print(long tele[],char mobi[][12],char name[][20],int n)  /*输出全部数据*/
{ int i;
  printf("%20s%10s%20s\n","姓名","电话","手机");
  for(i=0;i<n;i++)
    {
      printf("%20s%10ld%20s\n",name[i],tele[i],mobi[i]);
    }
}
int del(long tele[],char mobi[][12],char name[][20],int n,char delname[])
{ int i,j;
  for(i=0;i<n;i++)
    if(strcmp(delname,name[i])==0)
      { for(j=i;j<n-1;j++)
          { strcpy(name[j],name[j+1]);
            strcpy(mobi[j],mobi[j+1]);
            tele[j]=tele[j+1];
          }
        n--;
        break;
      }
  return n;
}
main()
```

```
{  long tele[N];
   char mobi[N][12];
   char name[N][20];
   int n=0;
   int select;
   char name1[20];
   do
   { printf("===============通讯录管理系统==============\n");
     printf("========================================\n");
     printf("            添加数据 请按 1\n");
     printf("            电话查询 请按 2\n");
     printf("            数据删除 请按 3\n");
     printf("            数据排序 请按 4\n");
     printf("            数据输出 请按 5\n");
     printf("            退出系统 请按 0\n");
     printf("========================================\n");
     scanf("%d",&select);
     switch(select)
       {
         case 1: n=add(tele,mobi,name,n);break;
         case 2: printf("请输入姓名");getchar();
                 gets(name1);
                 query(tele,mobi,name,n,name1);
                 break;
         case 3: printf("请输入姓名");getchar();
                 gets(name1);
                 n=del(tele,mobi,name,n,name1);break;
         case 4: sort1(tele,mobi,name,n);break;
         case 5: print(tele,mobi,name,n);break;
         case 0: exit(0);
       }
   }while(1);
}
```

一次运行结果(本程序的运行结果篇幅太长,这里仅选几个主要的功能演示):

```
===============通讯录管理系统==============
========================================
            添加数据 请按 1
            电话查询 请按 2
            数据删除 请按 3
            数据排序 请按 4
            数据输出 请按 5
            退出系统 请按 0

========================================
```

1↙

请输入第 1 条数据(电话 姓名 手机):66881234 Zhang 17800101234↙
继续添加数据(y/n?)y↙
请输入第 2 条数据(电话 姓名 手机):66885577 Huang 17800101899↙
继续添加数据(y/n?)y↙
请输入第 3 条数据(电话 姓名 手机):66886789 Li 17800107777↙
继续添加数据(y/n?)n↙
=============通讯录管理系统=============
======================================
　　　　　　　添加数据 请按 1
　　　　　　　　…　　　　　　　　　/＊为节省篇幅省略了菜单(下同)＊/
　　　　　　　退出系统 请按 0
======================================

2↙

请输入姓名:Huang↙
第 1 条记录姓名:Huang 手机:17800101899 电话:66885577
=============通讯录管理系统=============
======================================
　　　　　　　添加数据 请按 1
　　　　　　　　…
　　　　　　　退出系统 请按 0
======================================

4↙
=============通讯录管理系统=============
======================================
　　　　　　　添加数据 请按 1
　　　　　　　　…
　　　　　　　退出系统 请按 0
======================================

5↙

姓名	电话	手机
Li	66886789	17800107777
Huang	66885577	17800101899
Zhang	66881234	17800101234

=============通讯录管理系统=============
======================================
　　　　　　　添加数据 请按 1
　　　　　　　　…
　　　　　　　退出系统 请按 0
======================================

0↙

【说明】

(1) 关于各函数功能的扩充。程序相对较长,而各函数的功能相对简单,读者可以参照本程序的写法扩展和完善程序的功能,使其有更广泛的适用性。例如,查询函数 query 除了按姓名查询外,还可以按手机或固话号码查询;数据排序也可以按姓名、手机号排序等。完成这些功能时,也可以在函数中设置类似主函数的简易菜单,提供不同的选择。这个程序没有提供数据编辑的功能,可以在主菜单中添加一个函数选项完成此功能。

(2) 各函数形参都包括 4 项,分别表示姓名、电话号码、手机号码和记录的个数。当记录个数发生变化时,要用 return 语句返回变化了的数据,所以函数的返回值类型需要定义成整型,不涉及个数变化的函数定义成 void 类型。所有函数和主调函数间的数据传递都是通过数组名作函数参数实现的,这样写起来有些麻烦。一种解决方案是将各个函数公用的姓名、电话、手机和记录个数等数组或变量的定义书写在所有函数的定义之前(称为外部定义),这样定义的数组或变量已不属于任何一个函数,但所有函数都可以使用,这就是全局变量(或数组)。全局变量增加了函数间数据联系的通道,具体用法可参阅下面的程序段及 6.6.2 节。

```c
#include "stdio.h"
……
#define N 300
long tele[N];
char mobi[N][12];
char name[N][20];
int n;
void add()                  /* 添加一个人的数据 */
{ … }
void query(char nam[])      /* 根据姓名查找电话号码 */
{ … }
void sort1()                /* 按电话号码排序 */
{ … }
void print()                /* 输出全部数据 */
{ … }
void del(char delname[])    /* 删除一个人的数据 */
{ … }

main()
{ int select;
  char name1[20];
  do
  { printf("==============通讯录管理系统==============\n");
    …
   scanf("%d",&select);
   switch(select)
     {
       case 1: add();break;
       case 2: printf("请输入姓名");getchar();
               gets(name1);query(name1);break;
```

```
        case 3: printf("请输入姓名");getchar();
                gets(name1);del(name1);break;
        case 4: sort1();break;
        case 5: print();break;
        case 0: exit(0);
            }
    }while(1);
}
```

【说明】 此程序的功能仍然比较有限,而且姓名和电话号码等分别存放在 3 个数组中,处理起来不太方便,后面学习了第 8 章中的结构体类型后会有较好的解决办法。另外,该程序中的数据还不能永久保留,第 9 章中介绍的文件提供了数据永久存储的一种有效方法。

6.6　变量的存储类别

前面介绍了 C 语言涉及的各种数据类型,每种数据类型都定义了这类数据的表示范围以及在该类数据上能够进行的运算。而变量的存储类别则决定了变量的存放位置和生存周期。

6.6.1　自动变量、静态变量和寄存器变量

变量的存
储类型

C 语言变量的存储类别有自动(auto)、静态(static)和寄存器(register)3 类,分别对应存储在动态存储区、静态存储区和寄存器中。于是一个变量完整的定义形式是:

存储类别 类型标识符 变量名;

1. auto 类别的变量

例如:

auto int a,b,c;

就定义了 3 个自动类别的变量 a、b、c。

函数中的变量,如果不作特殊声明,都是 auto 类别的变量,存储在动态存储区中。关键字 auto 可以省略,存储类别缺省即隐含为自动存储类别。由此可见,在此之前使用的全部变量都是自动类别的变量。自动类别的变量有一个比较明显的特征就是与函数生命周期一致,随着函数的调用该变量被分配存储空间,随着函数被调结束,其占用的空间被收回,该变量也就无意义了。也就是说,自动变量具有一定的动态性。

2. static 类别的变量

有时希望函数中某个变量的值在函数调用结束后不消失,当函数下次被调用时仍然保留该值,这时可以把变量定义成 static 类别。声明为 static 类别的变量称为静态变量,

存储在静态存储区中。

【例 6-21】 分析下面程序的结果。

```c
#include "stdio.h"
main()
{ auto int i;
  for(i=0;i<3;i++)
    printf("%3d",fun());
  printf("\n");
}
int fun()
{ static int x=0;
  x++;
  return x;
}
```

运行结果:

   1　2　3

【说明】 如果把函数 fun 中的语句

```c
static int x=0;
```

改为

```c
int x=0;
```

则程序的运行结果:

   1　1　1

3. register 类别的变量

　　无论是 auto 类别的变量还是 static 类别的变量,都是存储在内存中的,当程序需要用到某个变量的值时,把该值送到 CPU 的运算器中。为了提高程序的执行效率,C 语言允许把变量定义成寄存器类别的变量,这类变量直接存储在寄存器中,需要的时候直接从寄存器中取即可,这样可以大大提高执行的效率。

6.6.2　全局变量和局部变量

　　根据变量定义的位置与函数的关系可以把变量分为全局变量和局部变量。变量如果定义在函数内部就称为局部变量,变量如果定义在函数之外就称为全局变量。

1. 局部变量

　　局部变量的定义可以有两种情况:一种是定义在函数的开头(形参变量和函数体声

局部变量和
全局变量

明部分定义的变量),这种变量的作用范围就是该函数;另一种是定义在复合语句内(这种复合语句也称为分程序),这种变量的作用范围就是该复合语句。

【例 6-22】 分析下面的程序。

```c
#include "stdio.h"
main()
{ int a=5;
  if(a<10)
  { int b=3;a=10;
    printf("a=%d,b=%d\n",a,b);
  }
  printf("a=%d,b=%d\n",a,b);
}
```

该程序编译时将提示如下错误:

e:\vclist\e10-2.c(8) : error C2065: 'b' : undeclared identifier

说明在程序的第 10 行中出现了没有定义的标识符 b,这是由于变量 b 是在 if 语句内嵌的复合语句中定义的,其作用范围不能覆盖最后一个输出函数。

2. 全局变量

全局变量在函数之外定义,其作用范围一般从定义点开始直到源程序文件结束。全局变量被保存在静态存储区。对于这类变量,如果没有被初始化,系统会自动给定初值,如果是数值型变量,初始化为 0(或 0.0),字符型变量初始化为'\0'。

【例 6-23】 分析下面的程序。

```c
#include "stdio.h"
int a=10,b=2;                      /*定义全局变量 a 和 b*/
main()
{ printf("%d\n",fun(a,b));         /*全局变量作为实参*/
}
int c;                             /*定义全局变量 c*/
int fun(int x,int y)
{ c=x*a+y*b;                       /*使用全局变量 a 和 b*/
  return c;
}
```

【说明】 本程序中,有两处定义了全局变量,其中 a、b 的值在 main 和 fun 两个函数中都有效,而 c 的作用范围是 fun 函数。

全局变量增加了数据传递的通道,同时也就增加了函数之间的耦合性,降低了内聚性,导致程序的可读性下降,因此程序设计中不鼓励使用全局变量。

3. 通过 extern 声明全局变量的作用域

上面谈到全局变量的作用范围是从定义点一直到源程序文件结束,但是利用 extern

关键字可以扩展全局变量的作用域。

【例6-24】 写出下面程序的输出结果。

```
#include "stdio.h"
main()
{ void fun(char,char);
  extern c1,c2;
  fun(c1,c2);
}
void fun(char x,char y)
{ printf("%c  %c\n",x,y);
}
char c1='A',c2='B';
```

【说明】 在本程序中,全局变量定义在最后,但是在主函数中通过 extern 把全局变量的作用域扩展到主函数中(函数 fun 中仍不能使用 c1、c2)。

一个函数的函数体中,在可执行语句之前的部分称为声明部分。在声明部分出现的变量有两种情况:一是需要建立存储空间的(如 int a;),这种称为定义性声明,简称定义;二是不需要建立存储空间的(如 extern c1;),这种称为引用性声明,简称声明,不能称为定义。

【例6-25】 在局部变量作用的范围内,同名全局变量被屏蔽;在分程序中定义的局部变量作用范围内,其他同名局部变量和全局变量被屏蔽。

```
#include "stdio.h"
int a=5;
main()
{ int a=12,sum=0;
  if(a>10)
  { int a;
     for(a=1;a<=4;a++)
        sum=sum+a;
  }
  sum=sum+a;
  printf("%d",fun(sum));
}
int fun(int x)
{ return a+x;
}
```

【说明】 本程序3次定义了int型变量a:全局变量、局部变量和分程序中的局部变量。根据前面介绍的规则,在for语句中累加的4次a是分程序中定义的a,执行完循环体后sum的值是10,然后再累加的a就是函数中值是12的a,在函数fun返回的表达式中的a是全局变量值是5的a,这样最后返回的值应该是10+12+5,即27,这就是程序的运行结果。

6.7 编译预处理

编译预处理是指在编辑之后、编译之前进行的对一些命令的"预处理",一般是进行相应的符号串的替换、信息的替换等操作。这个阶段的操作不占用运行时间、不对合法性进行检查,把相应的信息"预处理"完成后与源程序统一进行编译。编译预处理命令主要包括宏定义、文件包含和条件编译。

6.7.1 宏定义

宏定义就是将一个标识符定义为一串符号,被定义的标识符称为宏名。宏定义有两种形式,即不带参数的宏定义和带参数的宏定义。例如在第5章介绍的符号常量就是不带参数的宏定义。

1. 不带参数的宏定义

不带参数宏定义的一般形式是:

#define 宏名 一串符号

【说明】 宏名是一个标识符,习惯上用大写字母。其作用是在预处理中,用给定的一串符号替换宏名。一般形式中的"一串符号"可以有数字、字母或其他字符,甚至可以是空白,没有类型之分。

【例 6-26】 不带参数的宏定义应用。

```
#include "stdio.h"
#define  M  8
#define  N  M+M
#define  N1  (M+M)
main()
{  int k,k1;
   k=N*N*2;           /*N*N*2相当于M+M*M+M*2*/
   k1=N1*N1*2;        /*N1*N1*2相当于(M+M)*(M+M)*2*/
   printf("k=%d,k1=%d\n",k,k1);
}
```

运行结果:

```
k=88,k1=512
```

【说明】 由于宏定义是一个编译"预处理"的过程,它仅仅进行符号的简单替换,没有任何的"执行"动作,因此 k 和 k1 的实际展开式为

```
k=N*N*2=M+M*M+M*2=8+8*8+8*2=8+64+16=88
k1=N1*N1*2=(M+M)*(M+M)*2=(8+8)*(8+8)*2=16*16*2=512
```

这导致形式几乎一样的两个定义和调用形式,它们的计算结果却是完全不同的。

2. 带参数的宏定义

带参数宏定义的一般形式是:

#define 宏名**(形参表)** 一串符号

【说明】 带参数的宏定义进行替换的时候,是用"一串符号"替换宏名,并且用实参替换形参,其替换过程仍然是在编译之前进行的简单替换,替换完成后再进行编译。

【例 6-27】 带参数宏定义的应用。

```
#include "stdio.h"
#define N 8
#define M N+1
#define f(x)   (x * M)
main()
{  int i1,i2;
   i1=f(2);              /* f(2)相当于(2 * M),展开后是(2 * N+1) */
   i2=f(1+1);            /* f(1+1)相当于(1+1 * M),展开后是(1+1 * N+1) */
   printf("%d  %d\n",i1,i2);
}
```

运行结果:

17   10

【说明】 按照例 6-26 的说明分析和本程序中的注释,可以得出相应的运行结果,只是本例的宏定义中所带的参数也要进行替换。

6.7.2 文件包含

文件包含是指一个源文件可以将另一个源文件的全部内容包含进来,也就是将另一个文件的内容引入本文件中。

文件包含的一般形式是:

#include **"文件名"** 或 **#include<文件名>**

【说明】 "文件名"就是待包含的文件,系统给定的函数库一般称为"头文件",其扩展名为.h,用户自编的包含文件也可以以 c 或 cpp 为扩展名。前面曾很多次用到该包含命令,如♯include "stdio.h",说明在程序中用到了该函数库中的函数。下面对文件包含命令进行说明。

(1) 所包含的文件名必须是完整的文件名,扩展名不可以省略,也可以包含路径,例如,♯include "E:\\VCLIST\\40.c",代表该文件在 E 盘 VCLIST 下,文件名是 40.c。注意,在含有路径时,路径分隔符要双写,以免出现错误。例如,本包含如果写成♯include

"E:\VCLIST\40.c"就会出现错误。

（2）包含命令中的文件名可以用双撇号括起来，也可以用尖括号括起来。二者的区别是：使用尖括号时，系统到 include 文件夹下搜寻给出的文件；使用双撇号时，系统首先到当前文件所在的文件夹中寻找，若找不到再到 include 文件夹中去找。

（3）一个包含命令只能指定一个被包含文件，使用多个 include 命令可以包含多个文件。

（4）文件包含允许嵌套，即在一个被包含的文件中又可以包含另一个文件。

【例 6-28】 文件包含的应用。

下面的文件 sushu.c 是用于实现判断素数的函数，单独保存成一个源文件，与下面的 6-28.c 文件在同一个文件夹中。

```
int prime(int n)
{ int i;
  if(n<2) return 0;
  for(i=2;i<=n/2;i++)
     if(n%i==0) return 0;
  return 1;
}
```

下面的文件 6-28.c 的内容包含了 sushu.c 源文件，以实现可以调用 prime 函数。

```
#include "stdio.h"
#include "sushu.c"
main()
{ int i;
  for(i=30;i<=50;i++)
     if(prime(i)==1)
        printf("%4d",i);
  printf("\n");
}
```

运行结果：

```
31  37  41  43  47
```

【说明】 本程序不仅由两个函数组成，还分别存放到两个源程序文件 sushu.c 和 6-28.c 中。编译、连接和运行 6-28.c 程序，可以得到上述运行结果。

6.7.3 条件编译

以前介绍的程序，除了注释内容外都要被编译成目标代码。本节介绍的条件编译是指对于程序的代码，在满足某个条件的时候进行编译，否则就不进行编译，当然没有编译的部分肯定不会被执行。条件编译有以下 3 种形式。

1. 条件编译的#ifdef形式

一般形式是：

```
#ifdef 标识符
    程序段 1
#else
    程序段 2
#endif
```

功能：如果其中的"标识符"是一个被定义的宏名，就对"程序段 1"进行编译，否则对"程序段 2"进行编译。对于不在条件编译范围内的其他代码，按原来的规定进行编译。

【例 6-29】 #ifdef 条件编译的应用。

```
#include "stdio.h"
#include "string.h"
#define AAA 1
main()
{ char a[100];
  int i;
  gets(a);
  for(i=0;a[i]!='\0';i++)
  { if(a[i]>='A'&&a[i]<='Z')
#ifdef AAA
        a[i]=a[i]+32;
#else
        a[i]=a[i]-1;
#endif
  }
  puts(a);
}
```

【说明】 本程序是把一个字符串中的大写字母字符变成小写（这是由于 AAA 被定义为一个符号常量）。如果 AAA 不是宏名，则该程序就是将字符串中的每个大写字母字符都用 ASCII 码表中的上一个字符代替。

2. 条件编译的#ifndef形式

一般形式是：

```
#ifndef 标识符
    程序段 1
#else
    程序段 2
#endif
```

功能：如果其中的"标识符"不是一个宏名,就编译"程序段 1",否则编译"程序段 2"。

3. 条件编译的#if 形式

一般形式是:

```
#if 常量表达式
    程序段 1
#else
    程序段 2
#endif
```

功能：若其中的"常量表达式"的值非 0,则编译"程序段 1",否则编译"程序段 2"。

本章小结

学习函数应该重点掌握函数的定义和调用方式。定义函数之前,首先分析完成函数的功能所必需的已知条件和函数求出的结果,这两项内容决定着函数的首部该如何定义。通常必需的已知内容要定义成形参,有时待求的结果也要放在形参中。函数的返回值可以通过 return 语句带回,return 语句只能返回一个值,想从函数中带回多个值时,可以使用数组名作函数参数,通过实参数组和形参数组的地址结合得到多个变化的值。另外,也可以使用全局变量从函数的调用中得到多个值。

函数调用的一般形式是函数名(实参),实参和形参必须在个数、顺序和类型上一一对应。当函数的形参是变量时,对应的实参可以是常量、变量、数组元素或表达式;当函数的形参是数组名时,对应的实参可以是数组名,也可以是数组元素的地址。

如果函数的返回值不是 int 型的且定义在主调函数之后,那么在主调函数的声明部分中需要对被调函数进行声明,否则,编译时会出现重复定义类型不匹配之类的错误。需要注意函数声明和函数定义的区别,函数声明只是一个声明,告知函数的类型和形参类型等信息;而函数定义要编写出一个完整的函数。

函数调用有嵌套调用,还有递归调用。如果在函数定义的函数体中直接或间接地调用了函数自身,即自己调用了自己,就是递归调用。定义递归函数时,一定要有保证递归终止的条件。

习题 6

6-1 编写函数求一个整数的各位数字之和,通过调用该函数求出变量 n 的各位数字之和。

6-2 编写函数求一个整数的各位数字之和,通过调用该函数输出 100～200 各位数字之和能被 5 整除的所有整数。

6-3 分别求出一个 6 行 6 列的整型数组中主对角线上的元素之积、副对角线上的元素的最大值。要求编写两个函数,在主函数中分别调用它们求出该乘积和该最大值。

6-4 分别求出一个 6 行 6 列的实型数组中主对角线上的元素之积、副对角线上的元素的最大值和 4 边元素之和。要求编写一个函数，调用该函数一次就能求出这 3 个值。

6-5 编写函数完成对一个由字母构成的字符串的加密，规则：每个字母变成其后边的第二个字母，即 a→c,b→d,……,x→z，特别地，y→a,z→b。

6-6 将一个字符数组存放的字符串中的字符按从小到大的顺序排序，要求使用冒泡排序法并用函数实现。

6-7 求 20～50 的所有素数之积，判断是否素数由函数完成。

6-8 编写一个函数，将一个十进制数转换成十六进制数，结果放在一个字符数组中。

6-9 对二维数组的每一行按从大到小进行排序，对其中一行的排序用函数完成。

6-10 用随机函数产生 5 组 3 位正整数，每组 10 个数，调用一个函数输出每组数，并编写一个函数求出每组数中的最大值。

6-11 编写一个计算 n 个数之积的递归函数，在函数中读入具有 5 个元素的整型数组，然后调用该函数，求出所有数组元素之积。

6-12 编写一个程序，输入 8 个实数到浮点型数组中，然后调用一个函数，递归地找出其中的最大元素，并指出它的位置。

6-13 编写函数判断一个字符串是否为回文，如果是回文则返回值为 1，否则返回值为 0。如果一个字符串从左边读和从右边读都是同一个字符串，就称为回文的（回文字符串），例如 "stdio910.h.019oidts" 就是回文的。

6-14 随机产生 30 个 [40,100] 的整数，对其中的所有素数按从小到大排序，要求判断素数和排序由两个函数完成。

6-15 由键盘输入两个 3 位正整数 m 和 n（其中 m≤n），编写求 [m,n] 上水仙花数的函数，并在主函数中调用它求 [270,755] 上的水仙花数。

6-16 编写对 n 个数进行插入排序（升序）的函数，主函数中调用该函数对 7 个数进行排序。

6-17 写出下面程序的运行结果。

```
#include "stdio.h"
main()
{  int a=4,s=0,i;
   for(i=1;i<=3;i++)
      s+=fun(a);
   printf("%4d\n",s);
}
int fun(int a)
{  static int b=3;
   int c=0;
   b++;c++;
   return a+b+c;
}
```

6-18 运行以下程序,并通过运行结果掌握宏替换与函数调用的区别。

```
#include "stdio.h"
#define MUL(a,b) a*b
int mul(int a,int b)
{  return a*b;
}
main()
{  printf("%d\n",MUL(1+2,3+4));
   printf("%d\n",mul(1+2,3+4));
}
```

第 7 章 指 针

指针是 C 语言中非常重要的概念,是一种数据类型。能否熟练地运用指针编程是评价 C 语言学习水平的一个重要标志。指针极大地丰富了 C 语言的功能,这部分内容是 C 语言学习的重点,也是一个难点。

7.1 指针概述

指针的基本概念并不复杂,但由于 C 语言中的指针种类较多,使其理解起来具有一定的难度。为了更好地引出和理解指针的概念,必须从数据在计算机内存中的存取方式着手。

指针概述

假设有以下变量定义:

```
int x;
```

【说明】 x 是一个 int 型的变量,它在 Visual C++中占 4 字节(在 Turbo C 中占 2 字节),每个字节存储单元在内存中都有一个唯一的编号,这个编号实际上就是该字节的地址,也称为指针。

假设该变量 x 被系统分配到地址为 1000~1003 的 4 字节单元处,如图 7.1(a)所示,则不但可以通过变量名 x 来访问这 4 字节,也可以通过它的地址 1000、1001、1002 和 1003 来访问它。一个数据占据多字节时,其字节的地址一定是连续的,所以通过变量 x 的起始地址 1000 就能找到 x 在内存中所有字节的位置。例如,可以说把 1500 赋值到变量 x 中(如通过语句 x=1500;实现),也可以说把内存中从单元 1000 起始的 int 型变量赋值为 1500,它们的意义是相同的。

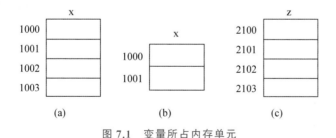

图 7.1 变量所占内存单元

同理,如果变量 x 也是占据从 1000 单元开始的内存空间,在 Turbo C 中所占内存单元情况如图 7.1(b)所示。

再有定义:

```
float z;
```

并且假设 z 被分配到 2100～2103 单元(float 型占 4 字节)，如图 7.1(c)所示，也可以通过起始地址 2100 访问 float 型变量 z 中的数据。在实际应用中，把一个变量在内存中的起始地址简称为该变量的地址。所以，变量 x 的地址是 1000，变量 z 的地址是 2100。

在 C 程序中如何利用地址来访问变量的单元呢？需要引入能够存放地址的变量，这种专门存放地址的变量称为指针变量。假设定义了 p 是指针变量，让 p 中存放地址值 1000，p 中的值就与变量 x 的地址相同，这时称指针变量 p 指向了变量 x(见图 7.2)。此时，既可以用变量名 x 访问起始地址为

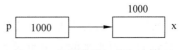

图 7.2　指针变量 p 指向变量 x

1000 的变量(即 x)，也可以通过指针变量 p 间接地访问变量 x(即访问指针变量 p 指向的变量 x)。

如果指针变量 p 指向了变量 x，变量 x 就是变量 p 所指向的对象。变量的指针就是它的地址，是一个常量；而指针变量是指可以存放地址(或称指针)的变量。为了避免混淆，一般约定"指针"是指地址，是常量；"指针变量"是指其值为地址的变量。有时为了称呼方便，也把指针变量简称为指针，这时应理解为指针的值。定义指针的目的是通过指针访问该变量的内存单元，指针可以是各种类型变量的地址，包括整型、浮点型、字符型变量的地址以及数组、数组元素或函数的地址等。

7.2　指针变量

指针的应用体现在指针变量的使用，而指针变量也要遵循先定义后使用的原则。

7.2.1　指针变量的定义

指针变量的
定义及赋值

定义指针变量的一般形式是：

类型标识符 * 变量名；

【说明】　* 表示定义的是一个指针变量(这里的 * 仅是指针变量定义的标记)，变量名是要定义的指针变量的名称(即变量名中并不包括 *)；类型标识符表示该指针变量所指向的变量的数据类型。

例如：

int *p1;

表示 p1 是一个指向 int 型变量的指针变量，而且 p1 仅能指向 int 型变量，不可用它指向其他类型的变量。

p1 仅能存放 int 型的变量的地址，给它赋值整数是没有意义的，例如：

p1=1000;

是错误的，因为这里的 1000 是一个 int 型数值，不能表示具体变量的地址。给指针变量赋值的具体方法详见 7.2.2 节。

再如：

```
float *p2;              /* 定义 p2 是指向浮点型变量的指针变量 */
char *p3;               /* 定义 p3 是指向字符型变量的指针变量 */
```

7.2.2 指针变量的使用

假设有以下定义：

```
int a, *p1;
```

可知 a 是 int 型变量，p1 是指向 int 型变量的指针。如果系统把 a 分配到 2000 开始的内存单元，这两个变量的关系如图 7.3(a)所示。

如何让 p1 指向变量 a 呢？C 语言通过与指针有关的两个运算符（& 和 *）来实现相关操作。

（1）& 运算符：取地址运算符，& 是单目运算符，其功能是取变量的地址。例如，&a 的值为变量 a 的地址。

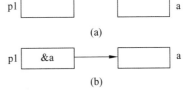

图 7.3　指针变量与所指向的变量的关系

这样，我们不必关心变量 a 在内存中的具体地址，而用 &a 来表示 a 的地址。如果 a 被分配到 2000 单元，&a 的值就代表 2000；如果被分配到 1000 单元，&a 的值就代表 1000。然后，通过赋值语句

```
p1=&a;
```

实现将变量 a 的地址送到指针变量 p1 中，这时 p1 就指向了变量 a(见图 7.3(b))。

（2）* 运算符：指针运算符，又称指向运算符，* 是单目运算符。经过语句 p1＝&a；对 p1 赋值以后，p1 指向了变量 a，这时用*p1 代表 p1 所指向的变量 a，即可以理解为 *p1 和 a 是等同的，如果有语句：

```
*p1=123;
```

就相当于执行了

```
a=123;
```

需要注意的是，指针运算符 * 和指针变量定义中的指针说明符 * 意义不同。在指针变量的定义中，* 表示其后面的变量是指针类型，仅仅是一个标记。而表达式中出现的 * 则是一个运算符，用以表示指针变量所指向的地址中的数据的变量。

指针变量
的应用

1. 通过地址运算符获得地址值

【例 7-1】 通过地址运算符 & 获得地址值。

```
#include "stdio.h"
```

```
main()
{
    int a, *p1;                  /* 第 4 行 */
    p1=&a;                       /* 第 5 行,给指针变量赋值 */
    *p1=123;
    printf("%d,%d\n",a, *p1);
    scanf("%d",p1);
    printf("%d,%d\n",a, *p1);
}
```

运行结果:

```
123,123
-345 ↙
-345,-345
```

【说明】

(1) 语句 p1＝&a;表示将变量 a 的地址送到指针变量 p1 中,这时 p1 就指向了变量 a。此时,*p1 与 a 是等价的(用*p1<=>a 表示),p1 与 &a 是等价的(即 p1<=>&a)。

(2) *p1＝123;相当于 a=123;。

(3) 输入时使用了 scanf("%d",p1);,它与 scanf("%d",&a);的作用是一样的。注意,p1 代表变量 a 的地址(&a),不能写成 scanf("%d",&p1);。

(4) 指针变量 p1 的定义和给它赋初值的两行(第 4 行和第 5 行)也可以用以下方式实现:

```
int a;
int *p1=&a;              /* 指针变量初始化的方法 */
```

或者

```
int a, *p1=&a;
```

2. 通过指针变量获得地址值

【例 7-2】 通过指针变量互相赋值(地址值)。

```
#include "stdio.h"
main()
{ int a=123, *p1, *p2;
  p1=&a;
  printf("%d,%d\n",a, *p1);
  p2=p1;
  printf("%d\n", *p2);
}
```

运行结果:

```
123,123
123
```

【说明】

(1) 执行语句 p1＝&a;之后,p1 指向了变量 a。再执行语句 p2＝p1;时,由于 p1 中的值是 &a,赋值之后 p2 中的值也是 &a,此时指针变量 p1 和 p2 同时指向了变量 a,如图 7.4 所示。这相当于*p1＜＝＞*p2＜＝＞a,即*p1、*p2 和 a 三者是等价的。

(2) 用指针变量输出所指向的变量的值时,在 printf 函数的输出表列中一定要使用*p2(或*p1),不可使用

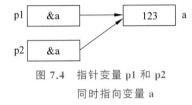

图 7.4 指针变量 p1 和 p2 同时指向变量 a

```
printf("%d\n",p2);
```

这变成了输出指针变量的值(a 的地址),显然不妥,也没有实际意义。

3. 通过标准库函数获得地址值

C 语言中可以通过调用标准的库函数 malloc 和 calloc 在内存中开辟动态存储单元,可以把所开辟的动态存储单元的地址赋给指针变量(详见 8.5 节)。

除以上 3 种方法外,函数的形参还可以通过参数传递获得地址值(详见 7.4 节)。

【注意】

(1) 未经赋值的指针变量没有确定的值,不能随便使用。

(2) 学习指针要先掌握指针变量与它所指向的变量之间的等价关系。例如:

```
int a=123, *p1=&a;
```

表示指针变量 p1 和 a 通过 p1＝&a;建立联系后,就有*p1＜＝＞a(等价的意思是不仅值相等,在表达式中参加运算时的规则也一致),即程序中凡是出现 a 的地方都可以换成*p1。同理,p1＜＝＞&a,即程序中凡是出现 &a 的地方都可以换成 p1。

再用两个例子熟悉指针变量的使用。

【例 7-3】 通过指针变量访问整型变量。

```
#include "stdio.h"
main()
{ int a,b, *p1, *p2;
  a=8;b=6;
  p1=&a;p2=&b;              /*第5行*/
  printf("%4d%4d\n",a,b);
  printf("%4d%4d\n", *p1, *p2);
}
```

运行结果:

```
8   6
```

8   6

【说明】

（1）在开头处虽然定义了两个指针变量 p1 和 p2，但它们并未指向任何一个整型变量。程序第 5 行的作用就是使 p1 指向 a，p2 指向 b，如图 7.5 所示。

（2）printf 函数中的*p1 和*p2 分别代表变量 a 和 b，两个 printf 函数的作用是相同的。

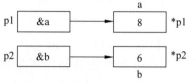

图 7.5   指针变量的指向

【例 7-4】   输入 a、b，按从大到小的顺序输出。

【分析】   让指针 p 指向变量 a，指针 q 指向变量 b，输入两个数到这两个变量中。如果 p 所指向的变量的值小于 q 所指向的变量的值，则将 p 和 q 中的值（即变量 a 和 b 的地址）交换（但两个变量 a 和 b 中的值并没交换），保证 p 指向值较大的变量，q 指向值较小的变量。

```
#include "stdio.h"
main()
{ int a,b, *p=&a, *q=&b, *t;
  scanf("%d,%d",p,q);
  if(*p<*q) {t=p;p=q;q=t;}
  printf("a=%d,b=%d\n",a,b);
  printf("最大值=%d,最小值=%d\n", *p, *q);
}
```

运行结果：

```
1,16↙
a=1,b=16
最大值=16,最小值=1
```

【注意】   scanf 函数中的格式是"％d,％d"，输入的两个 int 型数据之间用逗号","分隔。

7.2.3   二级指针与多级指针

一个指针变量中存放的是另一个指针变量的地址，则称这个指针变量为指向指针的指针变量。指向指针的指针也称为二级指针。

定义指向指针的指针的方法是：

类型标识符 **指针变量名

例如：

```
int **p1;
```

说明了指针变量 p1，它指向另一个指针变量，是一个二级指针，是指向指针型数据的指针变量。下面通过例子学习二级指针。

【例 7-5】 二级指针举例。

```c
#include "stdio.h"
main()
{ int **p1, *p2,a;
  p2=&a;
  p1=&p2;
  scanf("%d",&a);
  printf("%d,%d,%d\n",a, *p2, **p1);
}
```

运行结果：

27↙

27,27,27

【说明】

(1) p2 是一级指针，p1 是二级指针，*p2 和**p1 的值都是变量 a 的值。即*p1<=>p2,*p2<=>a,**p1<=>*p2<=>a(见图 7.6)。p1 和 p2 都是指针变量，其值都是地址，但以下赋值语句是错误的：

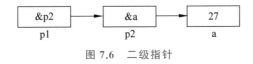

图 7.6 二级指针

```c
p1=&a;
```

因为 p1 只能指向另一个指针变量，只能赋给一个指针变量的地址，而不能赋给整型变量的地址，即二级指针与一级指针数据类型不同，不可以互相赋值，尽管它们的值都是地址。

(2) 在定义指针变量时，通过指针变量前面星号" * "的个数可以区分是几级指针。例如，在本例的定义语句

```c
int **p1, *p2,a;
```

中，p2 的前面有一个 * ，说明 p2 是一级指针变量，使用时用*p2 表示一个 int 型变量；p1 的前面有两个 * ，说明 p1 是二级指针变量，使用时用**p1 才能表示一个 int 型变量；a 的前面没有 * ，说明 a 是一个 int 型的变量。

按照上边的说法延伸，可以有多级指针，如图 7.7 所示。即 p1、p2、…、pn 均为指针变量，pn 指向一个整型变量 a，除了 pn 以外的指针变量都是指向指针的指针，但它们的类型

图 7.7 多级指针

是不同的,其中 p1 是一个 n 级指针,p2 是一个 n−1 级指针,…,pn 是一个一级的指针。

【例 7-6】 四级指针示例。

```c
#include "stdio.h"
main()
{ int ****p1,***p2,**p3, *p4,a=16;
  p4=&a;
  p3=&p4;
  p2=&p3;
  p1=&p2;
  printf("%d,%d\n",a,****p1);        /* p1 是四级指针,****p1<=>a */
}
```

运行结果:

```
16,16
```

多级指针不宜多用,平时以一级指针的训练为主,少量问题涉及二级指针。

7.3 指针与数组

在 C 语言中,除了使用下标法访问数组的元素以外,还可以使用指针来访问数组的元素。使用指针法访问数组及其元素时,往往通过地址(指针变量的值)的增减运算来达到访问数组元素的目的。

7.3.1 一维数组与指针

多个数组元素有一个共同的数组名,在第 5 章学习了按照数组元素的下标来访问数组元素的方法,并且已知一个数组的各个元素在内存中是按其下标从小到大的次序依次存放的。假设有以下数组定义:

```c
int a[10];
```

指向数组元素的指针变量

则 a 是有 10 个 int 型元素的一维数组的数组名,10 个元素按 a[0],a[1],a[2],…,a[9] 的次序连续存放在内存中。数组 a 的地址(起始地址)就是 a[0] 的地址 &a[0],在 C 语言中规定用数组名代表数组的地址(起始地址)。因此作为地址时,a 和 &a[0] 的意义是一样的。由于数组元素连续存放,一旦知道了数组的地址(也是 a[0] 的地址)和数据类型,a[i] 的地址就能计算出。所以,用数组元素的地址来访问数组的元素是比较方便的。

此外,由于地址就是指针,显然也可以用指针来访问数组元素。定义一个指向数组元素的指针变量的方法与前边介绍的指针变量相同。例如:

```c
int a[10];       /* 定义 a 为包含 10 个 int 型数据的数组 */
int *p;          /* 定义 p 为指向 int 型变量的指针 */
```

```
p=&a[0];              /* 将数组 a 的第 0 个元素地址赋给指针变量 p * /
```

p＝&a[0]的作用是让 p 指向 a[0],这样 p+i 就是 a[i]的地址,即 p+i 指向 a[i],如图 7.8 所示。

由于数组名代表数组的起始地址,也就是 a[0]的地址,因此也可以用 p=a;来代替 p＝&a[0];。

在定义指针变量时也可以赋初值:

```
int a[10], *p=&a[0];
```

或

```
int a[10], *p=a;
```

让 p 指向 a[0]之后,就可以用指针 p 访问数组元素了。例如,可以用*p 代替 a[0],用*(p+i)代替 a[i]。*(p+i)也可以写成 p[i]形式。

另外,由于数组名 a 代表数组的起始地址,a+i 则代表 a[i]的地址。在 p 指向 a[0]的前提下,有以下等价关系:

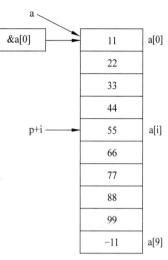

图 7.8 指针与数组

```
p<=>&a[0]<=>a
*p<=>a[0]<=>*a
p+i<=>&a[i]<=>a+i
*(p+i)<=>p[i]<=>a[i]<=>*(a+i)
```

【例 7-7】 用指针法访问数组元素。

```
#include "stdio.h"
main()
{ int a[10],i, *p=a;
  for(i=0;i<10;i++)
    scanf("%d",p+i);
  for(i=0;i<10;i++)
    printf("%4d", *(p+i));
  printf("\n");
}
```

运行结果:

```
11 22 33 44 55 66 77 88 99 -11↙
  11  22  33  44  55  66  77  88  99 -11
```

【说明】 在输入数据时,输入数组 a 的第 i 个值时使用的地址是 p+i,相当于 &a[i]或 a+i。输入的 10 个数会依次送入到 a[0],a[1],a[2],…,a[9]中。第一个 for 语句结束后,数组 a 中的 10 个元素的值如图 7.8 所示。

7.3.2 指针运算

指针数据可以进行赋值运算、部分算术运算和关系运算。

指针的赋值运算就是把指针值赋值给指针变量,例如把变量的地址赋值给指针变量,把数组元素的地址赋值给指针变量等,这已经在前面有相应的介绍和举例。

指针的加减算术运算虽然有一定的限制,但程序中会经常使用,所以必须掌握。

例如:

```
int a[10],i, *p=a;
```

这时指针变量 p 指向了数组 a 的第 0 个元素(即指向 a[0]),若进行以下操作:

```
p=p+1;
```

代表什么意义呢?

C 语言规定,对于指针加 1 的运算,是以该指针变量指向的数据类型为依据的。如果指针变量指向 int 型,指针加 1 代表地址值加 4 字节(Visual C++)或 2 字节(Turbo C),即一个 int 型数据的存储单元所占字节数;如果指针变量指向 float 型,加 1 代表地址值加 4 字节,即一个 float 型数据的存储单元所占字节数。

【注意】 实际上,无论指针变量指向哪一种类型的数据,加 1 就代表地址值增加 1 个该类型数据的存储单元所占字节数。所以,在 p 指向 a[0] 的情况下,p=p+1 之后,p 就指向了 a[1],即 p 中的值已经是 &a[1],这时*p 代表 a[1]。必须理解性地记住这一点。

同理,p=p−1 表示 p 中的地址减少 1 个 int 型数据的存储单元所占字节数。如果 p 已经指向 a[0],这时再做 p=p−1 的操作会让 p 指向数组元素 a[−1],而数组下标不能为负值,这说明 p 已经指向数组以外的地方,这称为指向越界。同样,p 已经指向 a[9] 的情况下,再做 p=p+1 操作也会产生指向越界(数组 a 仅有 10 个元素,从 a[0] 到 a[9])。在指针变量指向越界的情况下,不能使用*p,否则会很危险,容易产生不可预测的错误。

当然,也可以加上或减去一个整数 n,p=p+n,p=p−n,p++、++p、p−−、−−p 运算都是合法的。指针变量加或减一个整数 n 的意义是把指针从当前指向的位置(数组元素)向后(下标增加方向)或向前(下标减少方向)移动 n 个元素位置,这同样有指向越界的可能。一旦指向越界,不要访问元素*p,因为这时*p 已经不是合法的数组元素。引申开来,一旦 p+i 指向越界,不要访问*(p+i),也不要在 scanf 函数中对地址为 p+i 的元素输入数据,这种错误操作的危害很大。

【例 7-8】 指针变量的运算举例。

```
#include "stdio.h"
main()
{ int a[10],i, *p=a, *q;
  q=&a[0];
  for(i=0;i<10;i++)
    *p++=i+1;
```

```
for(i=0;i<10;i++)
    printf("%4d", *(q+i));
printf("\np-q=%d\n",p-q);
}
```

运行结果：

```
    1    2    3    4    5    6    7    8    9   10
p-q=10
```

【说明】

（1）"++"和"*"优先级相同,结合方向自右至左,所以程序第 6 行中的*p++等价于*(p++)。"++"在后面,于是先将 i+1 的值赋给*p,再执行 p++。i=0 时,把 i+1 的值 1 赋给*p,即 a[0],然后 p++,让 p 指向 a[1];i=1 时,把 i+1 的值 2 赋给*p,即 a[1],然后 p++,让 p 指向 a[2];以此类推,i=9 时,把 i+1 的值 10 赋给*p,即 a[9],然后 p++,让 p 指向 a[10]。第一个 for 语句结束之后,p 中的值是 &a[10],即 a+10(虽然此时 p 指向越界,但由于这时没有再访问*p,程序也不会出错)。

（2）执行第二个 for 语句时,并没有修改 q 中的值,q 中的值一直是 &a[0]。

（3）指向同一数组的数组元素的两个指针变量之间可以进行减法运算,相减所得的差是两个指针所指数组元素之间相差的元素个数。由于 printf 函数输出 p-q 时,p 指向 a[10],q 指向 a[0],这两个指向相差 10 个元素,所以 p-q 的值是 10。

指向同一数组的两指针变量之间可以进行关系运算,表示它们所指向的数组元素之间的位置关系。

例如：

```
int *p1, *p2,a[10];
p1=p2=a;
```

此时关系表达式 p1==p2 的值为真,表示 p1 和 p2 指向同一数组元素。

此外,如果关系表达式 p1>p2 为真,表示 p1 指向较大下标元素位置,即 p1 所指向的数组元素的下标大于 p2 所指向的数组元素的下标,也可理解为 p1 所指向的数组元素在 p2 所指向的数组元素之后。同理,如果关系表达式 p1<p2 为真,表示 p1 所指向的数组元素在 p2 所指向的数组元素之前。

指针变量还可以与 0 比较,设 p 为指针变量,如果 p==0 的值是真,则表明 p 是空指针,它不指向任何变量;否则,如果 p!=0 的值是真则表示 p 不是空指针。空指针是对指针变量赋值 0 而得到的。

例如：

```
#define NULL 0          /*一般在 stdio.h 中*/
int *p=NULL;
```

对指针变量赋值为 0 和不赋值的概念是不同的。指针变量未赋值时,其值是不确定的,是不能使用的,否则将造成意外错误。而指针变量赋 0 值后,则可以使用,只是它不指向具体的变量。

7.3.3 用指针法访问一维数组举例

指针法访问
一维数组

用指针法访问一维数组是用指针法访问数组的最基本形式,也是 7.3 节的基础和重点,只有学好这部分内容才能更好地掌握用指针法处理数组数据的方法。

【例 7-9】 从键盘输入 10 个整数,放入一维数组 a 中,然后将该数组中的元素值依次输出。

(1) 采用下标法实现。

```c
#include "stdio.h"
main()
{ int a[10];
  int i;
  for(i=0;i<10;i++)
    scanf("%d",&a[i]);
  for(i=0;i<10;i++)
    printf("%4d",a[i]);
  printf("\n");
}
```

运行结果:

```
1 2 3 4 5 6 7 8 9 10↙
    1   2   3   4   5   6   7   8   9  10
```

【说明】 输入和输出时都通过数组元素的下标访问数组元素。

(2) 采用地址法实现。

```c
#include "stdio.h"
main()
{ int a[10];
  int i;
  for(i=0;i<10;i++)
    scanf("%d",a+i);
  for(i=0;i<10;i++)
    printf("%4d", *(a+i));
  printf("\n");
}
```

【说明】 输入使用数组元素的地址 a+i,相当于 &a[i];输出使用 *(a+i),相当于 a[i]。

(3) 采用指针法实现。

例 7-7 采用的是指针法。其中,输入时使用的地址是 p+i,由于 p 指向 a[0] 且 p 的值一直未变,所以 p+i 就是 &a[i]。输出时使用的是 *(p+i),相当于 a[i]。

还可以用指针法编写以下程序完成本例要求的功能。

```
#include "stdio.h"
main()
{  int *p,i,a[10];
   p=&a[0];
   for(i=0;i<10;i++)
     scanf("%d", p++);
   p=&a[0];                 /* 没有此行会出现什么问题? */
   for(i=0;i<10;i++)
     printf("%4d", *p++);
   printf("\n");
}
```

【说明】 本例中第一个 for 语句用于输入,scanf 函数中使用了 p++,是先使用地址 p(数组元素的地址),再执行 p++。由于每次执行 scanf 都对 p 加了 1,退出 for 循环时 p 中的值是 &a[10],即指向 a[10](已经指向越界,不在数组 a 范围内)。在第二个 for 语句中使用*p 输出之前,必须通过 p=&a[0](或 p=a)让 p 重新指向 a[0],才能保证输出是 a[0]~a[9] 中的数据,否则输出的都是指向越界的元素。

for 语句的条件判断中也可以使用指针和地址之间的比较,程序如下。

```
#include "stdio.h"
main()
{  int a[10], *p;
   for(p=a;p<a+10;p++)    /* 用指针变量作为循环变量,其参照点是 a */
     scanf("%d",p);
   for(p=a;p<a+10;p++)
     printf("%4d", *p);
   printf("\n");
}
```

【说明】

(1) 第一个 for 语句中的表达式 2 使用的是 p<a+10,由于 a+10 等价于 &a[10], 这个判断条件可以理解为 p 所指向的元素的下标是否小于 10。如果小于 10,说明 p 所指向的是数组 a 的合法元素,需要执行循环体继续输入数据;否则表示已经输入了 10 个数 (p 已经指向越界),应该退出循环。

(2) p++ 的操作移到表达式 3 中完成。如果该操作仍然在循环体中的语句里实现, 表达式 3 为空,这时表达式 2 后边的分号不可省略。

(3) 也可以在表达式 2 中使用指针与指针的比较:

```
int a[10], *p, *q;
for(q=p=a;p<q+10;p++)
  scanf("%d",p);
```

尽管用指针和数组名都能对数组元素进行访问,但是两者有很大的区别:指针是一个变量,可以进行赋值和其他运算;而数组名是数组的起始地址,是一个常量,其值不能改变。

【注意】

(1) 指针变量可以修改本身的值。例如,p＋＋是合法的;而 a＋＋是错误的,因为 a 是数组名,它是数组的起始地址,是常量。

(2) 要注意指针变量的当前值。

(3) 对*p＋＋而言,由于＋＋和*同优先级,结合方向自右而左,等价于*(p＋＋)。

(4) *(p＋＋)与*(＋＋p)作用不同。若 p 指向了 a,则*(p＋＋)的值相当于*p(也就是 a[0]),即使用了*p 的值之后再进行 p＝p＋1 操作;而*(＋＋p)的值相当于 a[1],因为它先执行 p＝p＋1 操作(这时 p 已指向 a[1]),然后才使用*p(这时的*p 等价于 a[1])。

(5) (*p)＋＋表示 p 所指向的元素值加 1,p 没有变化。

【例 7-10】 将 10 个数的最小值换到最前面的位置。

本例已经在例 5-3 中用下标法实现了,现改用指针法编程实现。

```c
#include "stdio.h"
main()
{ int t,a[10], *p, *q;
  for(p=a;p<=a+9;p++)
    scanf("%d",p);
  for(q=a,p=a+1;p<=a+9;p++)              /*指针 q 指向最小值*/
    if(*p<*q)q=p;
  printf("最小值:%d\n", *q);
  printf("最小值的位置:%d\n",q-a);        /*q-a 代表最小值的下标*/
  t=*a; *a=*q; *q=t;                      /*最小值与 a[0]交换*/
  printf("交换后的 10 个数是:\n");
  for(p=a;p<a+10;p++)
    printf("%4d", *p);
  printf("\n");
}
```

运行结果:

```
67 98 76 52 89 73 48 169 91 69↙
最小值: 48
最小值的位置: 6
交换后的 10 个数是:
   48  98  76  52  89  73  67 169  91  69
```

【说明】 第二个 for 语句是寻找最小值元素的指针。该 for 语句表达式 1 是由两个赋值表达式组成的逗号表达式,作用是让 q 指向 a[0](先假设 a[0]是最小值),让 p 指向 a[1],并通过表达式 2 来保证循环体中的 p 依次指向 a[1],a[2],…,a[9]。在循环体中的条件*p＜*q 用来判断 p 所指向的元素(遍历的元素)是否小于 q 所指向的元素(到目前为止的最小值元素)。如果小于,说明*p 更小,这时通过 q＝p 记下该元素的指针。

【例 7-11】 用指针法对 10 个整数进行冒泡降序排序,其中排序数据随机产生[0,100]上的数。

【分析】 例 6-16 已经有冒泡排序的详细分析,核心是:排序时外层循环要保证循环 N−1 次,每次将一个数就位(已经就位的数不再参与下一轮比较);内层循环是让相邻的两个元素比较,用指针法时相邻的两个元素可以表示为*p 和*(p+1)。

```c
#include "stdio.h"
#include "stdlib.h"          /* 用到 srand 函数和 rand 函数 */
#include "time.h"            /* 用到 time 函数 */
#define N 10
main()
{ int a[N],i,t,*p;
  srand(time(0));     /* 设置种子,生成伪随机序列。在 Turbo C 中可用 randomize(); */
  for(p=a;p<a+N;p++)
    { *p=rand()%101;          /* 在 Turbo C 中可用*p=random(101); */
       printf("%5d", *p);
    }
  printf("\n");
  for(i=0;i<N-1;i++)          /* 进行 N-1 轮比较 */
    for(p=a;p<a+N-1-i;p++)    /* 对 a[0],a[1],a[2],…,a[N-1-i-1]进行遍历 */
      if(*p<*(p+1))           /* 相邻元素比较 */
      { t=*p;                 /* 用 3 行进行相邻元素交换 */
         *p=*(p+1);
         *(p+1)=t;
      }
  for(p=a;p<a+N;p++)
    printf("%5d", *p);
  printf("\n");
}
```

某一次运行结果:

```
64    3   17   40   17   88   14   48   10   87
88   87   64   48   40   17   17   14   10    3
```

【说明】 排序的外层 for 循环也可以写为 for(i=1;i<N;i++)。虽然都表示比较 N−1 轮,但这种表述上的差异导致内层循环 for 语句要同时变为 for(p=a;p<a+N−i;p++),读者可以分析其原因。

7.3.4 二维数组与指针

用一个指针变量指向一维数组的起始地址以后,可以通过对该指针变量的循环加 1 操作遍历这个一维数组。同样,也可以让指针变量指向二维数组的起始地址,从而实现对二维数组元素的引用。

二维数组
与指针

1. 指向数组元素的指针

在介绍利用指针访问二维数组元素之前,需要先了解二维数组元素的排列方式以及编址方法。

C 语言中二维数组的元素在内存中先按行下标从小到大依次存放,即先放第 0 行,再放第 1 行,以此类推,同一行中是按列下标从小到大依次存放。例如,有以下数组定义:

```
int a[3][4]={1,2,3,4,5,6,7,8,9,10,11,12};
```

该二维数组 a 各元素下标如图 7.9 所示。由于内存中地址是线性连续的,二维数组先按行存放,即第 0 行存放到 a[0][3]后,接下来存放第 1 行的 a[1][0]。实际上该二维数组元素存放次序如图 7.10 所示,只是为了易读性的需要才画成如图 7.9 所示的矩阵形式。

a			
a[0][0]	a[0][1]	a[0][2]	a[0][3]
a[1][0]	a[1][1]	a[1][2]	a[1][3]
a[2][0]	a[2][1]	a[2][2]	a[2][3]

图 7.9　二维数组各元素下标

a	
a[0][0]	1
a[0][1]	2
a[0][2]	3
a[0][3]	4
a[1][0]	5
a[1][1]	6
a[1][2]	7
a[1][3]	8
a[2][0]	9
a[2][1]	10
a[2][2]	11
a[2][3]	12

图 7.10　二维数组在内存中的存放次序

再定义指针变量:

```
int *p=&a[0][0];
```

这时指针变量 p 指向 a[0][0],p+1 指向 a[0][1],p+4 指向 a[1][0]等。这样,就把一个二维数组 a 变成了一个形式上的一维数组。

可以用指针变量 p 遍历二维数组 a 的各个元素。

由于 p 的定义也是指向 int 型变量的指针,每次加 1 也是增加一个 int 型数据所占的存储单元字节数,这与指向一维数组元素的指针的性质是一样的,也是指向数组元素(这里是二维数组的元素)的指针。

【例 7-12】　求二维数组元素的最大值。

```
#include "stdio.h"
main()
{ int a[3][4]={{5,1,-8,11},{26,-7,10,129},{2,18,7,16}}, *p,max;
  for(p=&a[0][0],max=*p;p<&a[0][0]+12;p++)
    if(*p>max) max=*p;
```

```
        printf("MAX=%d\n",max);
    }
```

运行结果：

```
MAX=129
```

【说明】　主要计算在 for 语句中实现：p 是一个指向 int 型数据的指针变量；表达式 1 中的 p＝&a[0][0]是让 p 指向 a[0][0]，max＝*p 是将数组的首元素值 a[0][0]作为最大值初值；表达式 2 中的条件 p<&a[0][0]＋12 是将指针的变化范围限制在 12 个元素的位置内；表达式 3 中的 p++使得每比较一个元素后，让指针 p 指向下一个元素位置，如从 a[0][0]移到 a[0][1]。

【注意】　表达式 2 不能写成 p<a＋12，因为 a＋1 是加一行元素所占存储单元字节数，而不是加一个元素所占存储单元字节数。

2. 二维数组的地址关系

设有以下定义：

```
int a[3][4]={{1,2,3,4},{5,6,7,8},{9,10,11,12}};
```

C 语言可以把一个二维数组看作由若干个一维数组组成的。例如，本定义中的二维数组 a 可以看作由 3 个数组元素 a[0]、a[1]和 a[2]组成的一维数组，每一个数组元素 a[i]又是一个包含 4 个元素(a[i][0]、a[i][1]、a[i][2]和 a[i][3])的一维数组，它表示二维数组的第 i 行。二维数组 a 分解为一维数组的情况如图 7.11 所示。

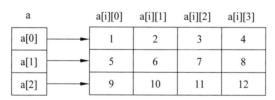

图 7.11　二维数组分解为一维数组

一维数组名代表的是一维数组的起始地址，所以 a[i]代表第 i 行的起始地址，当把 a 看作一维数组时，关于一维数组的等价关系同样成立，即 a[i]<=>*(a＋i)，所以 *(a＋i)也代表第 i 行的起始地址。

由于把 a 看作包含 3 个元素(a[0]，a[1]，a[2])的一维数组，按照指针的加法运算的规则，a＋1 中的 1 指的是一个数组元素的长度，而这里的一个数组元素代表二维数组的 1 行(实际上是 4 个二维数组的元素)，所以 a＋1 的值也是第 1 行的地址。同理，a＋i 就是第 i 行的地址，于是得出结果 a＋i＝*(a＋i)，它们的值都是第 i 行的起始地址，但是 a＋i 和*(a＋i)不是等价的，它们只是值相等，参加运算时是不一样的。例如：

*(a＋i)＋j 等价于 a[i]＋j，表示 a[i][j]的地址。

a＋i＋j 相当于 a＋(i＋j)，表示第 i＋j 行的起始地址。

这里的*(a+i)还是一个地址,* 的作用是使原来 a+i 的行走向变成列走向,例如 a+1 中的 1 表示 1 行的长度,a+1 就指向了第 1 行的起始地址,而做指针运算*(a+1)之后,再进行*(a+1)+2 运算时,这个 2 表示的就是两个二维数组元素的长度,即按列的方向向后移动两个元素,于是*(a+1)+2 指向 a[1][2],而(a+1)+2 则指向第 3 行的起始地址。

关于二维数组,有如下等价关系:

```
*(a+i)<=>a[i]
*(a+i)+j<=>&a[i][j]
*(*(a+i)+j)<=>a[i][j]
```

关于二维数组,有如下相等关系:

```
a+i=*(a+i)<=>a[i]=&a[i][0]
```

【说明】 对于上面描述的二维数组 a,尽管 a 和 a[0]都是数组的起始地址,但两者指向的对象不同,a[0]是一维数组的名称,它指向的是数组 a[0]的首元素,对其进行 * 运算时,得到的是一个数组元素值,即数组 a[0]首元素的值。因此,*a[0]与 a[0][0]是同一个值。a 是一个二维数组的名称,代表该数组的首元素地址,它的指针移动单位是一行元素,所以 a+i 指向的是第 i 行的起始地址,即指向 a[i]。对 a 进行 * 运算时,得到的是一维数组 a[0]的起始地址,即*a 与 a[0]是同一个值。若用 int *p;定义指针 p 时,p 应该指向一个 int 型数据,而不是指向一个地址,因此 p=a[0];(或 p=&a[0][0];)是正确的,而 p=a 是错误的。

理解了以上指针、地址与数组元素之间的关系之后,例 7-12 中的 for 语句可以改写成:

```
for(p=a[0],max=*p;p<a[0]+12;p++)
    if(*p>max) max=*p;
```

而不能写成:

```
for(p=a,max=*p;p<a+12;p++)
    if(*p>max) max=*p;
```

这里 p 是指向 int 型数据的,a 是二维数组名,它们不是同一级的指针,所以做 p<a+12 这样的比较是有问题的。

3. 行指针变量

C 语言可以通过定义行指针的方法,使得一个指针变量与二维数组名具有相同的性质,这样的指针变量就是二维数组的行指针变量,其定义方法是:

类型标识符 (*指针变量名)[长度]

行指针

【说明】 类型标识符是所指向数组的元素的数据类型。* 表示其后的变量是指针类型。长度表示二维数组分解为多个一维数组时,每个一维数组的长度,也就是二维数组每行中元素的个数。定义时,(＊指针变量名)两边的括号不可少,否则就变成了指针数组(详见 7.3.6 节),意义完全不同了。

例如有如下的定义:

```
int a[3][4]={{1,2,3,4},{5,6,7,8},{9,10,11,12}};
int (*p)[4];
```

说明 p 是一个行指针变量,它指向包含 4 个 int 型元素的一维数组。把二维数组 a 理解为 3 个一维数组 a[0]、a[1]和 a[2]之后,语句

```
p=a;
```

表示 p 指向一维数组 a[0],其值等于 a、a[0]或 &a[0][0]。由于 p 是指向包含 4 个 int 型元素的一维数组,所以 p+1 中的 1 表示加上 4 个 int 型元素(数组 a 的一行元素)所占内存空间的字节数,使 p+1 指向一维数组 a[1],即指向第 1 行的起始地址;同理,p+i 指向一维数组 a[i],即指向第 i 行的起始地址。

从前面的分析可得出,*(p+i)+j 是二维数组第 i 行第 j 列元素的地址(即 &a[i][j]),而*(*(p+i)+j)则是 i 行 j 列元素的值(即 a[i][j])。此时,行指针变量 p 的作用相当于二维数组名 a。

【例 7-13】 用行指针变量表示 4×4 的二维数组元素,求主、副对角线上的元素之和。

【分析】 定义指向包含 4 个 int 型元素的行指针变量 p,用*(*(p+i)+j)代表 a[i][j]。由数学知识可知,主对角线上元素行下标 i 和列下标 j 应满足条件 i==j,副对角线上元素下标应满足 i+j==3。

```
#include "stdio.h"
main()
{ int a[4][4]={1,2,3,4,5,6,7,8,9,10,11,12,13,14,15,16};
  int (*p)[4],i,j,s;
  p=a; s=0;
  for(i=0;i<4;i++)
    {for(j=0;j<4;j++)
      {
          printf("%4d", *(*(p+i)+j));
          if(i==j||i+j==3) s=s+*(*(p+i)+j);
      }
     printf("\n");
    }
  printf("主、副对角线上的元素之和=%d\n",s);
}
```

运行结果:

```
1    2    3    4
5    6    7    8
9    10   11   12
```

```
13  14  15  16
```
主、副对角线上的元素之和=68

【说明】 对行指针变量 p,*(*(p+i)+j)也可用 p[i][j]的形式表示,即*(*(p+i)+j)<=>p[i][j]。当执行 p=a;以后,*(*(p+i)+j)就是 a[i][j]。

【例 7-14】 用地址法求二维数组元素中的最大值,并确定最大值元素所在的行和列。

【分析】 用地址法访问二维数组 a 的元素 a[i][j]时,需使用*(*(a+i)+j)形式。在循环之前先假设 a[0][0]最大,同时最大值的位置下标也要赋初值,在循环体中将所有元素一一与假定的最大值变量进行比较。

```
#include "stdio.h"
main()
{ int a[3][4]={{5,1,-8,11},{26,-7,10,129},{2,18,7,16}};
  int max,i,j,row,col;
  max=**a;                /* 相当于 max=a[0][0]; */
  row=col=0;              /* 位置也要赋初值,否则恰好 a[0][0]最大时,row 和 col 中无确
                             定值(未赋过值) */
  for(i=0;i<3;i++)
    for(j=0;j<4;j++)
      if(*(*(a+i)+j)>max)
        { max=*(*(a+i)+j);
          row=i;          /* 修改最大值变量的值时,其对应的行列下标也要修改 */
          col=j;
        }
  printf("a[%d][%d]=%d\n",row,col,max);
}
```

运行结果:

```
a[1][3]=129
```

【说明】 本例中使用地址法*(*(a+i)+j)访问数组元素,当然也可用行指针或指向数组元素的指针编程实现例 7-14 的功能。

7.3.5 指针与字符串

指针与
字符串

在 C 语言中使用字符型数据时,绝大多数都是使用字符串。字符串的处理方法有两种:一种是使用字符数组,另一种是使用字符型指针(简称字符指针)。

1. 用字符数组表示字符串

【例 7-15】 用字符数组存放一个字符串,然后输出该字符串。

```
#include "stdio.h"
```

```
main()
{ char s[]="I am a student.";
  printf("%s\n",s);
}
```

运行结果：

```
I am a student.
```

【说明】 s是数组名,代表字符数组的起始地址。字符串的长度为15,数组s有16个元素,其中最后一个字符是字符串结束标志'\0',它不算字符串的有效长度,但是要占用数组的空间(见图7.12)。

| I | | a | m | | a | | s | t | u | d | e | n | t | . | \0 |

图7.12 用字符数组存放字符串

2. 用字符指针表示字符串

字符指针既可以指向字符型变量,也可以指向字符型一维数组的元素,还可以指向字符串,其定义方法都是一样的,关键是看如何给它赋值。

1) 字符指针指向字符型变量表示一个字符

例如：

```
char c, *p=&c;
c='H';
```

c是一个字符型变量,p是指向字符型变量c的指针,如图7.13所示。

2) 字符指针指向一维数组的元素表示字符串

【例7-16】 字符指针指向一维数组元素举例。

【分析】 让字符指针指向数组的起始地址,就可以对字符数组中的字符串进行相应的操作。

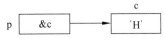

图7.13 p指向字符型变量c

```
#include "stdio.h"
main()
{ char s[8], *p=s;
  gets(p);         /* gets 函数自动地给输入的字符型数据增加字符串结束标志'\0' */
  printf("%s\n",p);
}
```

运行结果：

```
China↙
China
```

【说明】 gets函数输入后p和s之间的关系,以及数组中的字符型数据如图7.14所示。

图 7.14　例 7-16 输入的字符串

如果事先知道要输入的是 5 个字符，也可以用以下程序实现。

```c
#include "stdio.h"
main()
{ char s[8], *p=s;
  int i;
  for(i=0;i<5;i++)
    scanf("%c",p++);
  *p='\0';           /*如果没有此行，s 中存放的不是字符串*/
  p=s;               /*让 p 重新指向字符数组 s 的起始位置*/
  printf("%s\n",p);
}
```

如果事先不知道输入几个字符，还想用%c 格式输入若干字符，需要在 for 循环语句或 while 语句中加入终止标记判断。

3）字符指针指向字符串起始地址表示字符串

例如：

```c
char *p="C Language";
```

表示 p 是指向字符串的指针变量，同时把该字符串的起始地址（第一个字符'C'的地址）赋值给 p，即让 p 指向了字符串"C Language"，而不是将字符串中的若干字符复制给 p。

上述定义等价于

```c
char *p;
p="C Language";
```

【例 7-17】　用字符指针指向一个字符串。

【分析】　让字符指针指向内存中的一个字符串（注意，不是字符数组中存放的字符串），然后通过另一个字符指针变量遍历输出这个字符串中的字符。

指针法访
问字符串

```c
#include "stdio.h"
main()
{ char *p="I love China!", *q;
  printf("%s\n",p);
  for(q=p; *q!='\0';q++)
    printf("%c", *q);
  printf("\n");
}
```

运行结果：

I love China!

I love China!

【说明】 程序定义了一个字符指针 p,并对 p 赋初值,让其指向字符串"I love China!"。程序中的执行部分先用"%s"格式符输出 p 指向的字符串,然后用另外一个字符指针 q 遍历输出以 p 为起始位置的字符串,两种方法的输出效果是相同的。

【例 7-18】 输出字符串中第 n 个字符后的所有字符。

【分析】 指针变量 p 加上 n 之后就指向第 n 个字符(从第 0 个字符数起)。

```c
#include "stdio.h"
main()
{ char *p="This is a book.";
  int n;
  scanf("%d",&n);
  p=p+n;
  printf("%s\n",p);
}
```

运行结果:

10↙

book.

【说明】 在程序中对 p 初始化时,把字符串起始地址赋值给 p,执行 p=p+n(n 中的值为 10)之后,p 指向字符'b',因此输出为"book."。

【例 7-19】 用指针法实现字符串的复制。

【分析】 可以通过指向两个字符数组的指针 p1 和 p2,一个字符一个字符地复制。

```c
#include "stdio.h"
main()
{ char a[80],b[80];
  char *p1, *p2;
  gets(a);
  for(p1=a,p2=b; *p1!='\0';p1++,p2++)
    *p2=*p1;              /*将 a 串中(p1 指向的)一个字符复制到 p2 所指向的数组元素中*/
  *p2='\0';
  printf("字符串 a 中内容:%s\n",a);
  printf("字符串 b 中内容:%s\n",b);
}
```

运行结果:

I am a teacher.↙

字符串 a 中内容:I am a teacher.

字符串 b 中内容:I am a teacher.

3. 使用字符指针变量与字符数组的区别

字符指针变量本身是一个变量，用于存放字符串的起始地址。而字符串是存放在从该起始地址开始的一块连续的内存空间中，并以'\0'作为结束标志。字符数组是由若干个数组元素组成的，它可以用来存放整个字符串。

对字符指针方式：

```
char *p="C Language";
```

可以写为

```
char *p;
p="C Language";
```

而对数组方式的赋初值操作：

```
char s[]={"C Language"};
```

不能写为

```
char s[20];
s="C Language";
```

因为在程序的执行部分只可以给数组的元素赋值，而数组名是常量不能被赋值。

7.3.6　指针数组

指针数组

一个数组的元素类型是指针时，该数组称为指针数组。

定义指针数组的一般形式是：

类型标识符 *数组名[数组长度]

【说明】　类型标识符为指针值所指向的数据的类型，* 和后边的[]说明该数组名是一个指针数组，即数组的每个元素都是存放指针值的。因此，同一个指针数组的所有元素都相当于指针变量，都必须是指向相同数据类型的指针。

例如：

```
int *p[5];
```

表示 p 是有 5 个元素的指针数组，每个元素的值都是一个指针，指向 int 型变量。

【例 7-20】　用一个指针数组的各个元素指向一个二维数组相对应的行。

【分析】　如果将指针数组中的第 i 个元素赋值为该二维数组第 i 行的起始地址，则可理解为每个指针数组元素都指向了一个一维数组（因为二维数组的每一行都可以看作一个一维数组）。

```
#include "stdio.h"
main()
```

```
{  int a[3][4]={1,2,3,4,5,6,7,8,9,10,11,12};
   int *pa[3], *p=a[0],i,j;
   for(i=0;i<3;i++)
     pa[i]=a[i];
   for(i=0;i<3;i++)
     {  for(j=0;j<4;j++)
          printf("%4d", *(pa[i]+j));
        printf("\n");
     }
   for(i=0;i<3;i++)
     printf("%4d%4d%4d\n", *pa[i],p[i], *(p+i));
}
```

运行结果：

```
1   2   3   4
5   6   7   8
9  10  11  12
1   1   1
5   2   2
9   3   3
```

【说明】

（1）程序中 pa 是一个指针数组，通过第一个 for 语句让其 3 个元素分别指向了二维数组 a 的各行（见图 7.15）。然后用二重的 for 循环输出二维数组各元素的值，其中 *(pa[i]+j)表示 a[i][j]。

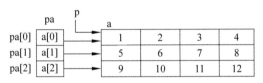

图 7.15　例 7-20 中数据之间的关系

（2）最后一个 for 语句分别输出的内容：*pa[i]是第 i 行第 0 列元素（a[i][0]），p[i]是第 0 行第 i 列元素 a[0][i]，*(p+i)与 p[i]是一样的。

【注意】　p 是指向数组元素的指针，通过 p=a[0]让 p 指向 a[0][0]之后，*(p+i)是从 a[0][0]开始数起的二维数组的第 i 个元素（从第 0 个开始数起），例如第 2 个元素是 a[0][2]，第 4 个元素是 a[1][0]等。

另外，指针数组和行指针变量虽然都可用来表示二维数组，但是其表示方法和意义是不同的。例如：

```
int (*p)[3];
```

表示 p 是一个指向包括有 3 个整型元素的行指针变量。而

```
int *q[3];
```

表示 q 是一个指针数组，3 个数组元素 q[0]、q[1]、q[2]均是指向整型的指针变量。

指针数组也常用来表示一组字符串，这时指针数组的每个元素指向一个字符串。指向字符串的指针数组的初始化比较简单，例如，其初始化赋值为：

```
char *name[]={"Monday","Tuesday","Wednesday","Thursday", "Friday",
              "Saturday","Sunday"};
```

完成这个初始化赋值之后，name[0]即指向字符串"Monday"，name[1]指向"Tuesday"……具体指向如图 7.16 所示。每个数组元素指向的字符串的长度不一定相同，字符串之间也可以不连续存放。

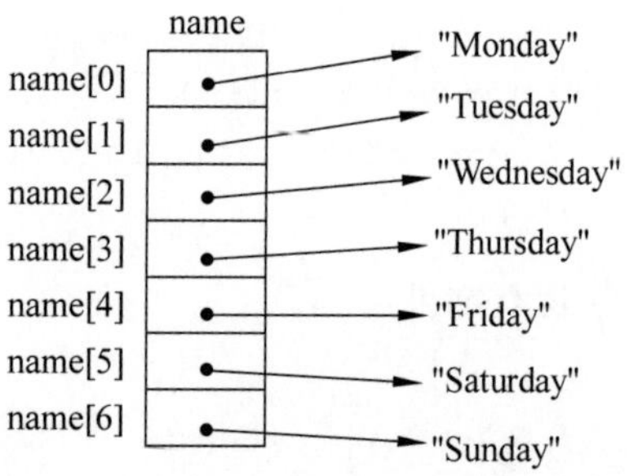

图 7.16　指针数组元素指向字符串

【例 7-21】　对 7 个人的姓名按照字母顺序由小到大排序后输出。

```
#include "string.h"
#include "stdio.h"
#define N 7
main()
{ char *name[N]={"Zhang Hong","Wang Hao","Li Ning","Zhao Chao",
                 "Liu Xiang","Wu Peng","Ma Lin"};
    char *p;
    int i,j,k;
    for(i=0;i<N-1;i++)
      { k=i;
        for(j=i+1;j<N;j++)
          if(strcmp(name[k],name[j])>0) k=j;
        p=name[i];
        name[i]=name[k];
        name[k]=p;
      }
    for(i=0;i<N;i++)
      printf("%s\n",name[i]);
}
```

运行结果：

```
Li Ning
Liu Xiang
Ma Lin
Wang Hao
Wu Peng
Zhang Hong
Zhao Chao
```

【说明】 若采用普通的排序方法,逐个比较之后需交换字符串的位置,交换位置的操作是通过字符串复制函数完成的。这种反复的交换不但使程序执行的速度很慢,同时由于各字符串的长度不同,在存储上又会浪费很多空间。本例中用指针数组的方法能很好地解决这些问题。在操作时,把所有字符串的起始地址放在一个指针数组中,当需要交换两个字符串时,只交换指针数组相应两个元素的指针值即可,而不必交换字符串本身。

7.4 指针与函数

指针在函数中的应用也是非常丰富的。

7.4.1 指针作函数参数

【例 7-22】 交换两变量值的函数举例。

试图用以下引例程序实现。

指针作函
数参数

```
#include "stdio.h"
main()
{ int a=2,b=5;
   void swap(int x,int y);
   if(a<b) swap(a,b);
   printf("a=%d,b=%d\n",a,b);
}
void swap(int x,int y)
{ int t;
   t=x;x=y;y=t;
}
```

这是一个很有说服力的引例,许多 C 语言的书籍都用类似的例子来阐述用指针作为函数参数的理由。该引例的运行结果是:

a=2,b=5

明明在函数 swap 中交换了形参 x 和 y 的值,但与之对应的实参 a 和 b 的值并没有变化,其原因是 C 语言中规定函数的参数传递方式是单向"值传递"。

【说明】

(1) 引例程序执行时,在函数调用时参数的情况如图 7.17(a)所示,其中 main 函数中实参 a 的值是 2,b 的值是 5,调用 swap 函数发生时系统将给形参 x 和 y 分配单元(也给被调函数的局部变量 t 分配单元),这时形参 x 和 y 中尚无具体值。

(2) 系统给形参分配单元后进行参数传递,将实参 a 的值传给对应的形参 x,将实参 b 的值传给对应的形参 y,图 7.17(b)是参数传递后的情况。

(3) 在 swap 函数中执行 t=x;x=y;y=t;这 3 个语句之后,形参 x 和 y 中的值进行了互换,如图 7.17(c)所示。注意,这时实参 a 和 b 中的值并没有交换,因为 C 语言函数调

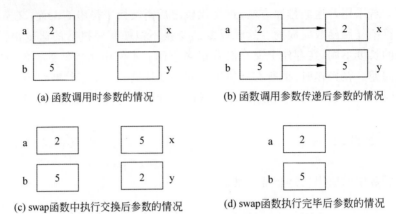

(a) 函数调用时参数的情况　　　　　　(b) 函数调用参数传递后参数的情况

(c) swap函数中执行交换后参数的情况　　(d) swap函数执行完毕后参数的情况

图 7.17　例 7-22 引例中函数参数的情况

用是单向"值传递",形参的值发生变化并不会影响到实参。

（4）swap 函数执行完毕返回到 main 函数时,系统将先回收 swap 函数的形参 x、y 和局部变量 t 的单元,控制返回到 main 函数以后将仅有实参 a 和 b 存在,见图 7.17(d)。这时输出的 a 和 b 的值显然没有交换。所以,用该引例程序不能实现两个实参变量值的交换。

为解决上述问题,就需要用指针作为函数参数。例 7-22 的要求可用以下程序实现。

```c
#include "stdio.h"
main()
{ int a,b, *p1, *p2;
  void swap(int *x,int *y);
  a=2;b=5;
  p1=&a;p2=&b;
  if(a<b) swap(p1,p2);
  printf("a=%d,b=%d\n",a,b);
}
void swap(int *x,int *y)
{ int t;
  t=*x;
  *x=*y;
  *y=t;
}
```

运行结果:

```
a=5,b=2
```

【说明】

在该程序中,swap 是用户定义的函数,它的作用是交换两个指针 x 和 y 所指向的变量中的数据,实参 p1、p2 和 swap 函数的形参 x、y 都是指针变量。

（1）程序运行时,先执行 main 函数,系统在内存中给变量 a、b、p1 和 p2 分配存储单元,将 a 赋值为 2,b 赋值为 5,然后将 a 和 b 的地址分别赋给指针变量 p1 和 p2,使 p1 指向 a,p2 指向 b,如图 7.18(a)所示。

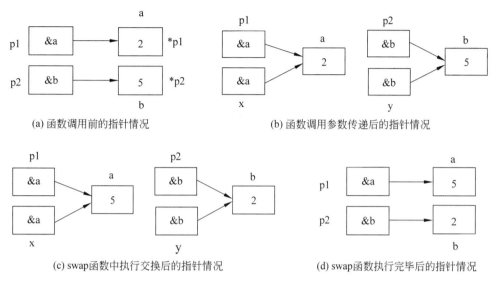

(a) 函数调用前的指针情况   (b) 函数调用参数传递后的指针情况

(c) swap 函数中执行交换后的指针情况   (d) swap 函数执行完毕后的指针情况

图 7.18　例 7-22 函数调用情况

（2）执行 if 语句,由于 a<b,因此调用 swap 函数。调用 swap 函数时,先给其形参 x 和 y 以及局部变量 t 分配内存单元。由于实参和形参都是指针变量,在进行参数传递时,虽然将实参变量的值传递给形参变量时仍然采用的是"值传递"方式,但由于实参 p1 和 p2 中的值分别是变量 a 和 b 的地址（即实参变量中的值是地址）,所以形参 x 中获得的值是 &a,y 中获得的值是 &b,这实际上是向被调函数中的形参间接地传递了主调函数中变量的地址。参数传递之后,主调函数 main 中的实参 p1 和被调函数 swap 中的形参 x 同时指向了主调函数中的变量 a。同理,主调函数中的实参 p2 和被调函数中的形参 y 同时指向了主调函数中的变量 b,如图 7.18(b)所示。

（3）在 swap 函数中执行以下语句:

```
t=*x;
*x=*y;
*y=t;
```

使*x 和*y 的值互换,由于 x<=>&a,y<=>&b,所以*x<=>a,*y<=>b,将 swap 函数中的*x 和*y 交换,实际上就是将主调函数 main 中的变量 a 和 b 的值交换,交换后的情况如图 7.18(c)所示。

（4）swap 函数调用结束后,x 和 y 将被系统释放而不复存在,主函数中变量的值如图 7.18(d)所示。最后在 main 函数中输出的 a 和 b 的值是已经交换后的值。

【注意】　综上讨论,使用指针作为函数的实参且与之对应的形参也是同类指针变量时,参数传递时仍是"值传递"方式,但这个"值"实际上已经是变量的地址。通过这种参数传递操作,可以使被调函数形参中的指针变量直接指向主调函数中的变量（实际上也可以指向主调函数中的数组或数组元素,见 7.4.2 节）,从而实现在被调函数中存取主调函数中变量(或数组元素)的值的操作。这就是引入指针作为函数参数的真正的意义。

形参使用指针变量时,与之对应的实参既可以是与该指针变量具有相同类型的指针变量,也可以是具有相同类型的数据的地址(值)。

【例 7-23】 利用函数调用传递地址来实现两个整数相加。

【分析】 在实参中直接使用地址值 &a 和 &b。

```c
#include "stdio.h"
int add(int *x,int *y)
{ int sum;
  sum=*x+*y;
  return sum;
}
main()
{ int a,b,s;
  scanf("%d%d",&a,&b);
  s=add(&a,&b);
  printf("%d+%d=%d\n",a,b,s);
}
```

运行结果:

3 5 ↙
3+5=8

【说明】

(1) 此程序中调用 add 函数时,系统为 add 函数的形参 x 和 y 分配两个指向 int 类型的指针变量内存单元,并把主调函数中变量 a 的地址 &a 送给 x,把主调函数中变量 b 的地址 &b 送给 y,参数之间的关系如图 7.19 所示。这时,指针变量 x 指向主调函数中的变量 a,指针变量 y 指向主调函数中的变量 b。

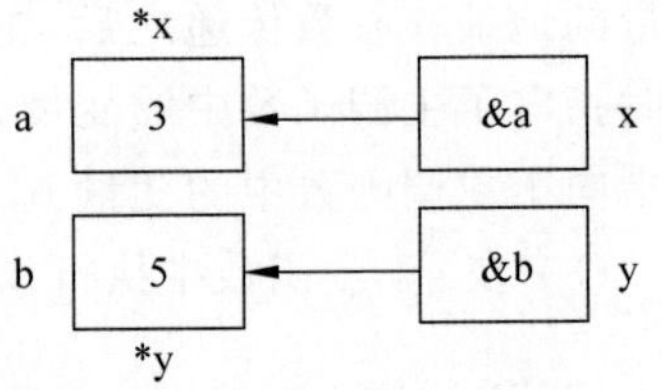

图 7.19 例 7-23 参数之间的关系

(2) 在 add 函数中,语句 sum=*x+*y;的含义是:分别取出指针变量 x 和 y 所指向变量中的数据,相加后赋值到变量 sum 中。由于 x 指向主调函数中的变量 a,y 指向主调函数中的变量 b,实际上就是把主函数中的变量 a 和 b 的值相加存入变量 sum 中,所以 add 函数返回的值 sum 就是主函数中变量 a 和 b 的和。

例 7-22 中也可以在实参处直接使用地址,该程序的主函数可改成:

```c
main()
{ int a,b;
  a=2;b=5;
  if(a<b) swap(&a,&b);
  printf("a=%d,b=%d\n",a,b);
}
```

7.4.2 指向数组(元素)的指针作函数参数

参数是指针时有两种情况:一种是形参是指针变量,另一种是实参是指针变量。形参和实参中只要有一个参数是指针变量,则形参和实参都必须是地址量。例如,变量的地址、存放地址的指针变量或数组名等,具体使用时会有一些具体的规定。

1. 形参是指针变量举例

形参是指针变量时,与之对应的实参可以是变量的地址(例 7-23)和指针变量(例 7-22),还可以是数组元素的地址和数组名。

【例 7-24】 将具有 10 个元素的整型数组中的元素值按逆序存放后输出。

【分析一】 可以使用参数是指针变量的函数实现。主函数中核心程序段用执行 5 次的循环体实现,并在循环体中调用交换函数(可使用例 7-23 中的 swap 函数),每调用一次实现一对数组元素数据的交换。

方法一

```
#include "stdio.h"
void swap(int *x,int *y)
{  int t;
   t=*x;
   *x=*y;
   *y=t;
}
main()
{  int a[10],i;
   for(i=0;i<10;i++)
     scanf("%d",&a[i]);
   for(i=0;i<=4;i++)
     swap(&a[i],&a[10-i-1]);
   for(i=0;i<10;i++)
     printf("%4d",a[i]);
   printf("\n");
}
```

运行结果:

```
1 2 3 4 5 6 7 8 9 10↙
   10  9  8  7  6  5  4  3  2  1
```

【说明】 形参是指针变量实参是数组元素的地址时,其使用方法与实参是变量地址的情况基本相同。由于形参是指针变量,实参是数组元素的地址,实际上是让形参变量指向了主调函数中数组的元素,即让 x 指向了 a[i],让 y 指向了 a[10−i−1],*x 和*y 中数据的交换就是主函数中 a[i] 和 a[10−i−1] 中数据的交换。

【分析二】　如果要求调用一次函数就完成逆序所需要的交换，显然交换时需要的循环过程必须在被调函数中实现。完成例 7-24 功能的另一种方法如下：

方法二

```
#include "stdio.h"
void swapn(int *x,int n)
{  int k,t;
   for(k=0;k<n/2;k++)
     {  t=*(x+k);
        *(x+k)=*(x+n-k-1);
        *(x+n-k-1)=t;
     }
   return;
}
main()
{  int a[10],i;
   for(i=0;i<10;i++)
     scanf("%d",&a[i]);
   swapn(a,10);
   for(i=0;i<10;i++)
     printf("%4d",a[i]);
   printf("\n");
}
```

【说明】　被调函数 swapn 的第一个参数 x 是指针变量，与之对应的实参是数组名（表示数组的起始地址），参数传递时系统把实参 a 的值（即数组 a 的起始地址）送到形参 x 中，把第二个实参的值（10）送到形参 n 中。这时 x 中的值就是 a（也可以理解成 &a[0]），x 指向了主函数中数组 a（见图 7.20），x+k 就是 &a[k]，*(x+k)就是 a[k]；同样，*(x+n-k-1)就是 x[n-k-1]。这样就不难理解元素交换值的过程了。

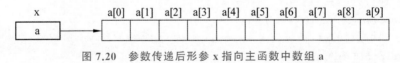

图 7.20　参数传递后形参 x 指向主函数中数组 a

【分析三】　具体交换元素时，也可以采用双指针方法。让指针 i 指向数组的起始元素，让指针 j 指向数组的最后一个元素，交换两个指针所指向元素中的值，然后指针 i 向后移动一个元素，指针 j 向前移动一个元素，直到两指针相遇。swapn 函数改成如下形式。

方法三

```
void swapn(int *x,int n)
{  int t,*i,*j;
   for(i=x,j=x+n-1;i<j;i++,j--)
     {  t=*i; *i=*j; *j=t; }
```

```
    return;
}
```

【分析四】   如果调用 swapn 函数使用以下语句：

```
swapn(&a[0],&a[9]);
```

swapn 函数中的两个形参通过参数传递分别得到 a[0] 的地址和 a[9] 的地址，那么可以用以下函数实现交换。

方法四

```
void swapn(int *x,int *y)
{   int t;
    for(;x<y;x++,y--)
      {   t=*x; *x=*y; *y=t;   }
    return;
}
```

方法四虽然简洁，但 for 循环结束后指针 x 和 y 都不能指向数组 a 的起始地址了。如果想在 swapn 函数中接着对主函数中的数组 a 做其他操作是有问题的。读者可以修改此程序，保证 for 循环结束时有指针指向 a[0]。

【例 7-25】 将具有 10 个元素的一维数组中的所有素数输出，其中判断素数用函数完成，且每次调用函数时只能判断一个数是否为素数。

【分析】   用指向整型的指针变量作为参数，在被调函数中判断形参指针所指向的数组元素是否为素数。

```
#include "stdio.h"
int prime(int *x)
{   int i;
    if(*x<2) return 0;
    for(i=2;i<=*x/2;i++)
      if(*x%i==0) return 0;
    return 1;
}
main()
{   int a[10],i, *p=a;
    for(i=0;i<10;i++)
      scanf("%d",p+i);
    for(p=a;p<a+10;p++)
      if(prime(p)==1) printf("%5d", *p);
    printf("\n");
}
```

运行结果：

11 34 57 88 23 15 73 43 111 -17↙

  11　23　73　43

【说明】　这也是形参是指针变量的例子，但对应的实参也是指针变量。prime 函数用来判断形参 x 所指向的数组元素是否是素数，是素数则函数返回值为 1，不是素数则函数返回值为 0。主函数第二个 for 语句的循环体中发生了函数调用，每次将数组中的一个元素的地址作为实参传递给形参指针变量 x，并将得到的返回值与 1 进行比较，如果返回值是 1，则表示该参数指向的数组元素是素数，否则不是素数。

【例 7-26】　用一个函数求 10 个学生成绩的最高分、最低分和平均成绩。

【分析】　通过函数返回值得到平均值，通过指针型参数间接得到最大值和最小值。

```c
#include "stdio.h"
float fun(int *x,int n,int *p1,int *p2)
{ int i;
  float s=0;
  *p1=*p2=x[0];
  for(i=0;i<n;i++)
   { s=s+x[i];
     if(*p1<x[i]) *p1=x[i];
     else if(*p2>x[i]) *p2=x[i];
   }
  return s/n;
}
main()
{ int i,a[10],max,min;
  float ave;
  for(i=0;i<10;i++)
    scanf("%d",&a[i]);
  for(i=0;i<10;i++)
    printf("%4d",a[i]);
  ave=fun(a,10,&max,&min);
  printf("\n平均值=%6.2f,最大值=%d,最小值=%d\n",ave,max,min);
}
```

运行结果：

  123 56 -38 -99 556 33 22 -7 78 23↙
  123　56 -38 -99 556　33　22　-7　78　23
平均值=74.70,最大值=556,最小值=-99

【说明】　函数 fun 要得到 3 个返回值，而 return 语句只能带回 1 个，所以程序中用 &max 和 &min 作为实参，定义形参指针变量 p1 和 p2，用来接收实参值，在 fun 函数中用*p1、*p2 分别表示 n 个学生成绩的最高分与最低分，由于*p1 代表 max，*p2 代表 min，所以 fun 函数求出的最高分和最低分就分别直接存放在主调函数的变量 max 和 min 中，不需要函数返回这 2 个值，fun 函数只需返回这些学生的平均成绩即可。

2. 实参是指针变量举例

实参是指针变量时,与之对应的形参可以是指针变量,也可以是数组名,但不能是变量的地址(如 &b),也不能是数组元素的地址(如 &a[0]),因为参数传递时形参需要接收从实参传来的值,而 &b 和 &a[0] 都不是变量,无法被赋值。

例 7-22 和例 7-25 均是实参和形参都是指针变量的例子,而实参是指针变量,形参是数组名的情况使用较少。

【例 7-27】 改写例 7-24 中的方法二,实参使用指针变量,形参用数组名实现。

【分析】 形参改用数组名相对容易,因为 *(x+k) 本身就可以表示为 x[k];主函数中需要另外定义一个指针变量作为实参。

```c
#include "stdio.h"
void swapn(int x[],int n)
{ int k,t;
   for(k=0;k<n/2;k++)
     { t=x[k];
        x[k]=x[n-k-1];
        x[n-k-1]=t;
     }
   return;
}
main()
{ int a[10],i, *p=a;
   for(i=0;i<10;i++)
     scanf("%d",&a[i]);
   swapn(p,10);
   for(i=0;i<10;i++)
     printf("%4d",a[i]);
   printf("\n");
}
```

【说明】 主函数中定义了指针变量 p,它被赋初值 a(数组 a 的起始地址),形参 x 是数组名,参数传递使得数组 x 的起始地址就是实参 p 的值,即形参数组 x 与主函数中的数组 a 是同一个数组(仅在主、被调函数中所使用的名字不同)。这样,在被调函数中对数组 x 中各元素值的交换就是对主函数中以 p 为起始地址的数组(即数组 a)中各元素值的交换。

请思考,如果主函数中调用部分改写成:

```c
p=&a[3];
swapn(p,6);
```

程序的功能是什么?通过分析,可以加深对实参是指针变量、形参是数组名时编程情况的理解。

7.4.3 指针作函数返回值

在 C 语言中，一个函数的返回值不仅可以是简单的数据类型，还允许是一个指针（即地址）类型，这种返回指针值的函数称为指针型函数。

定义指针型函数的一般形式是：

类型标识符 ＊ 函数名 (形参表)

{

　　　函数体

}

【说明】　函数名之前加了 ＊ 号表明这是一个指针型函数，即函数的返回值是一个指针。类型标识符表示返回的指针值所指向的数据类型。

【例 7-28】　求 10 个数中的最大值，通过函数返回最大值元素的地址的方法实现。

【分析】　在被调函数中求出最大值元素的地址，并把它作为函数的返回值。

```c
#include "stdio.h"
int *fun(int *x,int n)
{  int i, *y;
   y=x;
   for(i=1;i<n;i++)
     if (*(x+i)>*y) y=x+i;
   return y;
}
main()
{  int a[10], *p,i;
   for(i=0;i<10;i++)
     scanf("%d",&a[i]);
   p=fun(a,10);
   printf("最大值=%d\n", *p);
}
```

运行结果：

1278 43 543 16 176 −45 4545 78 −89 90↙

最大值=4545

【说明】　函数 fun 是一个指针型函数，它的返回值是指向一个 int 型数组元素的指针（即地址）。主函数调用 fun 函数的赋值语句中，其接受函数值的变量 p 也必须是指向 int 型的指针变量。函数 fun 中的语句 if (*(x+i)>*y)y=x+i;其判断条件是*(x+i)>*y，相当于 a[i]（即 x+i 指向的元素）与*y(y 是到目前为止的最大值元素的地址)比较，如果 a[i]>*y，则执行 y=x+i，即让 y 指向 a[i]，所以循环结束时 y 就指向了最大值元素。

7.4.4　指向函数的指针

在 C 语言中,一个程序执行时它的每个函数都会占用内存中一段连续的区域,一个函数的函数名就代表了该函数所占内存区的起始地址,而存放函数在内存中起始地址(或称入口地址)的变量称为指向函数的指针变量,简称为函数的指针变量。

程序中可以先让指针变量指向一个函数,然后通过该指针变量就可以找到并调用这个函数。

定义指向函数的指针变量的一般形式是:

类型标识符　(＊指针变量名)();

【说明】　类型标识符表示被指向函数的返回值的类型,(＊指针变量名)表示＊后面的变量是指针变量,最后面的空括号表示指针变量所指向的是一个函数。

例如:

int(*p)();

表示 p 是一个指向函数的指针变量,该函数的返回值(函数值)是整型。

【例 7-29】　利用指向函数的指针求两个数中的最大值。

```
#include "stdio.h"
int max(int a,int b)
{ int m;
  if(a>b)m=a;
  else m=b;
  return m;
}
main()
{ int (*pmax)();        /＊pmax 为指向函数的指针变量＊/
  int x,y,z;
  pmax=max;            /＊pmax 赋值为函数 max 的入口地址,使 pmax 代表函数 max＊/
  scanf("%d%d",&x,&y);
  z=(*pmax)(x,y);      /＊(*pmax)等价于 max,该语句相当于 z=max(x,y);＊/
  printf("max=%d\n",z);
}
```

【说明】　指向函数的指针变量和指针型函数两者在写法和意义上都是不同的,例如 int(*p)()和 int *p()是两个完全不同的量。

int (*p)()按优先级首先执行(*p),即 p 是一个指针变量,后面的()说明 p 是一个指向函数的指针变量,该函数的返回值是 int 型,(*p)的两边括号不能少。

int *p()则先执行 p()运算,即 p 是一个函数,前面的＊说明 p 是一个指针型函数,其返回值是一个指向 int 型的指针。

定义指针型函数时,int *p()只是函数首部部分,后边应该跟有函数体部分。

除了例 7-29 中用 z＝(*pmax)(x,y);这种方式使用指向函数的指针之外,指向函数的指针变量(或函数名)还可以作为实参来调用函数,它要求与之对应的形参必须是指向函数的指针变量。

【例 7-30】 通过给 tanss 函数传递不同的函数名,求 $\tan(x)$ 和 $\cot(x)$ 的值。

```c
#include "math.h"
#include "stdio.h"
double tanss(double (*f1)(double),double (*f2)(double),double x)
{
    return (*f1)(x)/(*f2)(x);
}
main()
{ double x,y;
    scanf("%lf",&x);
    x=x*3.14159/180;           /*将角度转换成弧度*/
    printf("%lf\n",x);
    y=tanss(sin,cos,x);        /*用函数名作为实参*/
    printf("tan=%10.6lf\n",y);
    y=tanss(cos,sin,x);
    printf("cot=%10.6lf\n",y);
}
```

运行结果:

```
60↙
x=1.047197
tan=  1.732047
cot=  0.577351
```

【说明】

(1) 函数 tanss 有 3 个形参 f1、f2 和 x。其中 f1 和 f2 都是指向函数的指针变量,其所指函数的返回值是 double 类型,并有一个 double 类型的形参。第三个形参 x 是 double 型变量。

(2) 程序运行时,输入 x 的角度值并转换成弧度。在第一次调用 tanss 函数时,把库函数 sin 的地址传送给指针 f1,把库函数 cos 的地址传送给指针 f2,tanss 函数的返回值是 $\sin(x)/\cos(x)$;在第二次调用时,把库函数 cos 的地址传送给指针 f1,把库函数 sin 的地址传送给指针 f2,tanss 函数的返回值是 $\cos(x)/\sin(x)$。

带参的
主函数

7.5 带参的主函数

main 函数的类型是 int(可省略),一般情况下不带参数,main 后跟着空括号(或括号内写 void)。C 语言规定 main 函数可以有两个参数,习惯上写为 argc 和 argv(也可以用其他名字)。

main 函数带参数时函数首部的一般形式是：

int main (int argc, char ∗argv[ ])

【说明】 第一个形参 argc 必须是整型变量，第二个形参 argv 必须是字符指针数组。main 函数不能被 C 程序的其他函数调用，所以不能在程序内部获取这两个参数的实际值，而需要从操作系统命令行上获得。

当运行一个由 C 程序产生的可执行文件时，在 DOS 提示符下输入该可执行文件名的后边，输入 main 函数实参数据，即可把这些实参传送到 main 函数的形参中去。

DOS 提示符下命令行的一般形式是：

可执行文件名　参数　参数 …

假设一个 C 语言源程序文件名是 E7-31.c，编译并连接后形成的可执行文件的文件名是 E7-31.exe，为了执行此程序可在 DOS 下输入命令行：

E7-31 BASIC Foxpro FORTRAN↙

操作系统会把命令行上的参数的个数 4（系统自动计算参数个数，包括可执行文件名）送给 main 函数的第一个形参 argc，并使得第二个形参指针数组 argv 的有效元素个数为 argc 个（本例是 4 个），并让 argc 的各个元素分别指向 DOS 下输入的各个参数的字符串（见图 7.21）。这样，在 main 函数中就获得了各个形参的值，进而可以进行相应的运算和处理。

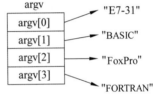

图 7.21　指针数组的指向

【例 7-31】 带参数的 main 函数举例。编程序输出 main 函数形参 argc 的值和 argv 各元素指向的数据。以下程序存放在 E:\VCLIST 文件夹下的文件 E7-31.c 中，编译并连接后在 E:\VCLIST\Debug 文件夹下生成一个名为 E7-31.exe 的文件。

```
#include "stdio.h"
main(int argc,char *argv[])
{ int i;
  printf("argc=%d\n",argc);
  for(i=0;i<argc;i++)
    printf("%s\n",argv[i]);
}
```

在 DOS 提示符 E:\VCLIST\Debug＞下运行的结果：

```
E:\VCLIST\Debug>E7-31 BASIC FoxPro FORTRAN↙
argc=4
E7-31
BASIC
FoxPro
FORTRAN
```

【说明】

（1）程序的功能是显示命令行中输入的各个参数（包含可执行文件的文件名 E7-31，不含扩展名部分）。该行共有 4 个参数，执行 main 函数时，argc 的值为 4。argv 的 4 个元素分别是 4 个参数的字符串起始地址。printf("％s\n",argv[i])；分别输出每个字符串的内容，即输出每个参数。

（2）如果该程序在 Turbo C 环境下编译并连接，输出的可执行文件的文件名 E7-31 要带文件夹路径和文件的扩展名。假设文件 E7-31.exe 存放在 D:\TC 文件夹下，该程序运行后输出结果的第二行应换成：

```
D:\TC\E7-31.exe
```

同理，此时图 7.21 中的"E7-31"也要换成"D:\\TC\\E7-31.exe"。

本章小结

1. 指针的数据类型

为了更清晰地了解指针，表 7.1 对指针及相关类型的定义做了总结。

表 7.1　有关指针数据类型的定义总结

定　　义	功　能　描　述
int i;	定义整型(int 型)变量 i
int *p;	p 是指向整型(int 型)数据的指针变量
int a[10];	定义整型(int 型)数组 a，它有 10 个元素
int *p[10];	定义指针数组 p，它由 10 个指向整型(int 型)数据的指针元素组成
int (*p)[10];	p 是指向含 10 个整型(int 型)元素的一维数组的行指针变量
int f();	f 是返回整型(int 型)值的函数
int *p();	p 是返回一个指针的函数，该指针指向整型(int 型)数据
int (*p)();	p 是指向函数的指针，该函数返回一个整型(int 型)数据
int **p;	p 是一个指针变量，它指向一个指向整型(int 型)数据的指针变量

2. 指针运算

（1）指针变量加（减）：指针变量加（减）一个整数是将该指针变量的值（实际上是地址）和它指向的变量所占用的内存单元字节数相加（减）。

如果两个指针变量指向同一个数组的元素，则这两个指针变量值之差是这两个指针之间相差的元素个数。两个指针不能相加。

（2）指针变量赋值：只能给指针变量赋一个地址值。下边语句中，p、p1 和 p2 都是指针变量,x 是变量,max 是函数,a 是数组。

```
p=&x;              /*将变量 x 的地址赋给 p*/
p=a;               /*将数组 a 的起始地址赋给 p*/
p=&a[i];           /*将数组 a 的第 i 个元素的地址赋给 p*/
p=max;             /*将函数 max 的入口地址赋给 p*/
p1=p2;             /*将 p2 的值(实际上是地址)赋给 p1*/
p="China";         /*将字符串的起始地址赋给 p*/
p=200;             /*非法,将整数 200 赋值给指针变量没有实际意义*/
p=NULL;            /*给指针变量赋值为空,即该指针变量不指向任何变量*/
```

（3）两个指针变量比较大小：如果两个指针变量指向同一个数组中的元素,则这两个指针变量可以进行比较(地址值间的比较)。指向前面元素的指针变量小于指向后面元素的指针变量。

3. 指针指向数组时访问数组元素的方法

当指针指向数组(元素)时,访问数组元素可以使用下标法,也可以使用指针法。

（1）若 p 是指向一维数组 a(或其元素)的指针,已执行 p＝a;(或 p＝&a[0];),则数组元素 a[i] 可以用指针表示为 p[i] 或 *(p+i),也可以用数组名表示为 *(a+i),该元素的地址可以表示为 &a[i]、p+i 或 a+i。

（2）对于一个 M×N 的二维数组 a,若 p 是指向数组元素的指针且已经指向 a[0][0],则数组元素 a[i][j] 可用指针表示为 *(p+i*N+j) 或 p[i*N+j],也可以用数组名表示为 *(*(a+i)+j),该元素的地址可以表示为 &a[i][j]、p+i*N+j 或 *(a+i)+j。

（3）对于一个 M×N 的二维数组 a,若 p 是指向含 N 个元素的一维数组的行指针变量且已指向 a[0],则数组元素 a[i][j] 可用指针表示为 *(*(p+i)+j),该元素的地址还可以表示为 *(p+i)+j。

4. 指针作为函数参数

C 语言中参数传递的本质是传值,指针作为函数参数时也是如此。但由于指针的值是数据(变量、数组、数组元素、字符串等)的地址,所以指针作为函数参数时虽然也是传值,但这个"值"实际上是数据的地址。用这种办法,可以让被调函数中的形参指针指向主调函数中的变量或数组(元素)等,从而达到间接地访问主调函数中的变量或数组(元素)等数据的目的。

5. 使用字符指针处理字符串

用字符指针指向字符串,然后通过字符指针来访问字符串存储区域,实现对字符串的操作。

习题 7

本章习题除满足题目的要求之外，要用指针方法实现。

7-1　输入 3 个整数，按从小到大的顺序输出。

7-2　输入 10 个整数，将其中最小的数与第一个数对换，然后再把最大的数与最后一个数对换。

7-3　求 4×5 浮点型数组中的最大值及其位置。如果最大值多次出现，则输出最大值出现的所有位置。

7-4　将一个 5×5 的矩阵转置，用函数实现。

7-5　有 n 个整数，使前面各数顺序向后移 m 个位置，最后 m 个数变成最前面 m 个数。写一个函数实现以上移动功能，在主函数中输入若干整数、调用该移动函数和输出移动后的所有数。

7-6　编写求 n 个数平均值的函数，调用该函数求 3 行 5 列的二维数组每行的平均值。

7-7　编写求字符串长度的函数，在 main 函数中输入字符串，调用该函数求其长度。不允许使用库函数 strlen。

7-8　编写函数，将字符串中所有的数字字符删除后输出。

7-9　有一个 C 源程序文件，名为 echo.c，其内容如下

```
#include "stdio.h"
int main(int argc,char *argv[])
{   while(argc>1)
      { argc--;
        printf("%s\n",argv[argc]);
      }
}
```

（1）如果命令行输入为

echo Internet Intranet Chinanet Cernet Arpanet ↙

那么程序的输出结果是什么？

（2）如果将（1）中 while 语句改为

```
while(argc-->1)
  { argv++;
    printf("%s\n", *argv);
  }
```

那么程序的输出结果是什么？

（3）如果将（1）中 while 语句改为

```
int i;
for(i=1;i<argc;i++)
```

```
printf("%s%c", *++argv,(argc>1)? ' ': '\n');
```

那么程序的输出结果是什么？

7-10 编写一个函数，求 15 个整数中的素数之积、奇数之和。在主函数中调用该函数，完成相应的求积、求和。

7-11 编写函数，用行指针作为参数，将 7 行 7 列数组中 4 边和两条对角线上的元素都赋值为 10，其余元素赋值为 5，并在主函数中调用该函数，然后采用列对齐方式输出该数组。

7-12 使用如下方法编写程序判断一个字符串是否为回文字符串：先编写一个将字符串逆序存放到另外一个字符型数组中的函数，然后在主函数中调用该函数获得逆序后的字符串，再通过判断原字符串和逆序后的字符串是否相等决定其是否是回文字符串，如果是回文字符串则输出 Yes，否则输出 No。

第8章 结构体与动态内存分配

结构体是一种构造类型,可以利用已有的数据类型产生新的数据类型。有了结构体类型以后,C 程序就能比较容易地表述复杂结构的数据,并对其进行相应的运算。本章还介绍了动态内存分配相关函数以及动态内存数据的使用方法。

8.1 结构体概述

结构体概述

高级语言程序主要对数据进行操作。例如输入一些数据,对其进行一定的计算之后再产生一些新的数据。C 程序中的数据类型非常丰富,可以是基本数据类型,如 int、float、char、long 等;还可以是构造类型,如数组类型等。当若干数据之间的联系比较密切,需要用一个共同的名字把它们组织在一起时,就需要使用另一种构造类型——结构体类型。

例如,一个学生具有学号、姓名、性别、年龄、成绩 5 种属性,这 5 种属性需要在程序中得到使用,如果使用基本数据类型,必须定义多个变量:

```
long num;          /*学生的学号*/
char name[12];     /*学生的姓名*/
char sex;          /*学生的性别*/
int age;           /*学生的年龄*/
float score;       /*学生的成绩*/
```

在编程时必须牢记这 5 个变量表示的是同一个学生的信息。如果属性增多或有多个学生的信息需要处理(见表 8.1),那么这种记忆就越加困难。结构体类型能很好地解决这些问题。

表 8.1 学生信息表

学号	姓名	性别	年龄/岁	成绩/分
107151	Zhang	F	20	98.0
107153	Wang	M	19	95.5
107154	Li	F	19	70.0
107155	Zhao	F	18	55.0
107159	Liu	M	21	75.0

结构体类型是在原有的数据类型基础上定义的新类型,定义结构体类型的一般形式是:

struct 标识符

{

成员表列

};

【说明】

（1）struct 是关键字，"struct 标识符"是结构体类型名，简称为结构体类型。在用它定义结构体类型的变量、数组等应用中，struct 不能省略，因为只有"struct 标识符"才能代表结构体类型。

（2）定义结构体类型时的"标识符"可以省略，此时定义的结构体类型称为无名结构体类型，其应用范围受到一定的限制。

（3）成员表列由若干成员组成，每个成员的类型说明形式为

类型标识符 成员名；

成员名也应符合标识符的命名规则。结构体的成员名允许和程序中的其他变量同名，两者不会产生混淆。

（4）最后用分号表示结构体类型定义的结束。

可以用以下方法定义表示表 8.1 中学生信息的结构体类型。

```
struct student
{  long num;
   char name[12];
   char sex;
   int age;
   float score;
};
```

上述结构体类型中有 5 个成员，结构体类型名为 struct student。第 1 个成员为 num，long 型，表示学号；第 2 个成员为 name，字符数组，表示姓名；第 3 个成员为 sex，字符型，表示性别；第 4 个成员为 age，int 型，表示年龄；第 5 个成员为 score，float 型，表示成绩。每个成员的定义由分号结束，在花括号后面的分号表示结构体类型定义的结束。定义结构体类型之后，就可以和已有的数据类型一样使用。

结构体的成员还可以是结构体类型，例如：

```
struct date
{  int month;     /*表示月*/
   int day;       /*表示日*/
   int year;      /*表示年*/
};
struct student1
{  long num;
   char name[12];
   char sex;
```

```
      int age;
      struct date birthday;
};
```

结构体类型 struct date 由 month、day 和 year 3 个成员组成。结构体类型 struct student1 中的成员 birthday 是 struct date 类型。struct student1 结构体类型如图 8.1 所示。

num	name	sex	age	birthday		
				month	day	year

图 8.1　struct student1 结构体类型

结构体类型也是一种数据类型，程序中不会给数据类型分配存储空间，只有用此类型定义了变量（或数组）时，系统会给变量（或数组）分配内存空间。

8.2　结构体变量

结构体变量

有了结构体类型以后，就可以定义结构体类型的变量（简称结构体变量）。

8.2.1　结构体变量的定义

程序中要先定义结构体类型，再定义结构体变量。定义结构体变量有以下 3 种方法。

1. 先定义结构体类型，再定义结构体变量

定义的一般形式是：

struct 标识符
{
　　成员表列
};
struct 标识符 变量名表列;

例如：

```
struct stu
{ long num;
   char name[12];
   float score;
};
struct stu stu1,stu2;
```

定义了两个 struct stu 类型的变量 stu1 和 stu2，系统将给结构体变量 stu1 和 stu2 分配内存单元。同一个结构体变量的成员在内存中占据连续的存储区域，结构体变量所占内存大小为结构体中每个成员所占内存空间之和。结构体变量 stu1、stu2 在内存中分别占用

的空间为 $4+12+4=20$(字节)。

结构体变量占用内存的实际大小可以使用长度运算符(又称求字节数运算符)sizeof 求出,sizeof 是单目运算符,其功能是求运算对象所占内存空间的字节数目。使用 sizeof 运算符的一般格式是:

sizeof(变量、类型标识符或数组名)

例如,sizeof(struct stu)或 sizeof(stu1)的结果为 20,sizeof(char)的结果为 1。

2. 在定义结构体类型的同时,定义结构体变量

定义的一般形式是:

struct 标识符
{
    成员表列
}变量名表列;

例如:

```
struct stu
{ long num;
  char name[12];
  float score;
}stu1,stu2;
```

3. 省略结构体标识符,直接定义结构体变量

定义的一般形式是:

struct
{
    成员表列
}变量名表列;

例如:

```
struct
{ long num;
  char name[12];
  float score;
}stu1,stu2;
```

8.2.2 结构体变量的使用

使用结构体变量最基本的方法就是分别使用其成员,使用其成员的一般形式是:

结构体变量名.成员名

【说明】 英文句点"."是结构体成员运算符，与圆括号"()"运算符、数组下标"[]"运算符等同处于最高的优先级（1 级），该运算符的结合方向为从左到右。

例如：

```
stu1.num                    /* 表示变量 stu1 的 num 成员 */
stu2.score                  /* 表示变量 stu2 的 score 成员 */
stubm.birthday.month        /* 表示变量 stubm 的 birthday 成员的 month 成员 */
```

结构体中的成员在程序中单独使用时，与普通变量的用法相同。

结构体内成员获得值的方法有以下几种。

1. 直接赋值

例如：

```
stu1.num=107151;
stu2.score=95.5;
strcpy(stu1.name, "Zhang");  /* 字符串复制函数的作用类似于直接赋值 */
```

2. 用 scanf 等函数输入值

例如：

```
scanf("%ld",&stu1.num);
scanf("%f",&stu2.score);
gets(stu1.name);
```

【例 8-1】 给结构体变量赋值并输出其值。

```
#include "stdio.h"
struct stu
{ long num;
  char name[12];
  float score;
}stu1,stu2;
main()
{ scanf("%ld%s%f",&stu1.num,stu1.name,&stu1.score);
  stu2=stu1;
  printf("学号=%ld 姓名=%s 成绩=%5.1f\n",stu1.num,stu1.name,stu1.score);
  printf("学号=%ld 姓名=%s 成绩=%5.1f\n",stu2.num,stu2.name,stu2.score);
}
```

运行结果：

```
107151 Zhang 98.0↙
学号=107151 姓名=Zhang 成绩=  98.0
```

学号=107151 姓名=Zhang 成绩= 98.0

【说明】

(1) 对结构体变量进行输入输出时,只能以成员引用的方式进行,不能对结构体变量进行整体的输入输出。例如,以下语句是不符合规定的:

```
printf("%ld,%s,%5.1f\n",stu1);
```

(2) 两个同一类型的结构体变量之间可以直接赋值,程序中的语句 stu2＝stu1；相当于以下 3 条赋值语句:

```
stu2.num=stu1.num;
strcpy(stu2.name,stu1.name);
stu2.score=stu1.score;
```

在程序中,结构体变量或其成员都是变量,可以按照相应的规定对它们做赋值、输入、输出等操作,但不能对结构体类型做这些操作。例如,例 8-1 中不能有以下操作:

```
scanf("%ld%s%f",&stu.num,stu.name,&stu.score);
```

3. 结构体变量的初始化赋值

定义结构体变量时可以直接进行初始化赋值。例如:

```
struct student2
{ long num;
  char name[20];
  char sex;
  float score;
}stuss={107151,"Zhang",'F',98.0};
```

初始化的数据必须与相应成员的数据类型相匹配,数据之间用逗号分隔。

8.2.3 结构体变量作函数参数

结构体变量作函数参数时,直接将实参的结构体变量的各个成员的值依次传递给形参的结构体变量的各个成员,实参和形参必须具有相同的结构体类型。

【例 8-2】 一个学生具有学号、姓名、3 门课程成绩共 5 个信息。定义结构体变量,调用函数求 3 门课程的平均分。

【分析】 用结构体变量作为实参时,与之对应的形参也用同类型的结构体变量,用函数的返回值带回平均成绩。

```
#include "stdio.h"
struct stu
{ long num;
  char name[12];
```

```
     int score[3];
};
float aver(struct stu ss)
{  float f;
   f=(ss.score[0]+ss.score[1]+ss.score[2])/3.0;
   return f;
}
main()
{  struct stu s;
   float a;
   scanf("%ld",&s.num);
   gets(s.name);
   scanf("%d%d%d",&s.score[0],&s.score[1],&s.score[2]);
   a=aver(s);
   printf("学号=%ld 姓名=%s 成绩=%d %d %d\n",s.num,s.name,
           s.score[0],s.score[1],s.score[2]);
   printf("平均成绩=%5.1f\n",a);
}
```

运行结果：

```
107151Zhang↙
98 88 79↙
学号=107151 姓名=Zhang 成绩= 98 88 79
平均成绩= 88.3
```

【说明】

（1）实参 s 和形参 ss 都是同一个结构体类型 struct stu 型的变量，该结构体类型的定义必须放在主调函数和被调函数这两个函数之前，实际上是全局的结构体类型。

（2）gets 函数输入字符串时用回车结束。它前边有用 scanf 输入的数值型格式 "%ld" 时，输入的数值与后边的字符串之间一定不用空格分隔（否则输入的字符串的第一个字符会是空格字符）。如果后边用 "%s" 输入字符串，例如用以下语句

```
scanf("%ld%s",&s.num,s.name);
```

输入时，输入的数值数据与字符串之间可以用空格分隔，也可以没有空格。

8.3 结构体数组

一个学生的各个属性信息可以用一个结构体变量表示，存储像表 8.1 中那样的多个学生的信息就需要使用结构体数组。

8.3.1 结构体数组的定义

结构体数组的定义方法与定义结构体变量的方法类似，也有 3 种方法：①先定义结

构体类型,再定义结构体数组;②在定义结构类型的同时,定义结构体数组;③省略结构体标识符,直接定义结构体数组。

先定义结构体类型,再定义结构体数组的例子如下。

```
struct student
{   long num;
    char name[12];
    char sex;
    int age;
    float score;
};
struct student stud[5];
```

本例子定义了一个结构体数组 stud,共有 5 个元素:stud[0]~stud[4],每个数组元素都是结构体 struct student 类型,且每个数组元素有 5 个成员,在 Visual C++环境下理论上占 25 字节的内存空间(Turbo C 环境下占 23 字节),数组 stud 共占用 125 字节的内存空间。但在 Visual C++具体实现时,结构体数据所占空间是以 4 倍字节数计算的(Turbo C 环境下没有此问题)。本例中虽然每个元素理论上占 25 字节(不是 4 的倍数),但实际上被分配了 28 字节的空间,有 3 字节的空间空闲,所以数组 stud 实际上占据了 140 字节的空间。这里仅是介绍具体系统实现上的一种差别,实际应用中一般都是使用求字节数运算符 sizeof 计算结构体数据的字节数,并不用自己计算。

定义结构体数组时可以给结构体数组赋初值,这称为结构体数组的初始化。例如,上例中定义结构体数组的语句可以改成:

```
struct student stud[5]={{107151,"Zhang",'F',20,98.0},{107153,"Wang",'M',19,
95.5}, {107154,"Li",'F',19,70.0}, {107155,"Zhao",'F',18,55.0},{107159,"Liu",'M',
21,75.0}};
```

【说明】

(1) 当对全部元素作初始化赋值时,也可不给出数组长度。

(2) 该结构体成员 name 是字符型数组,用来存放表示姓名的字符串。

8.3.2　结构体数组的使用

一个结构体数组的元素相当于一个结构体变量,因此 8.2 节中介绍的引用结构体变量的规则也适用于结构体数组的元素。

【例 8-3】　每个学生的信息用 8.3.1 节中定义的结构体类型 struct student 表示,计算 5 个学生的平均成绩、平均年龄以及有不及格成绩的人数。

【分析】　先求出总成绩和年龄的总和,然后再求出平均值。不及格的人数可以在求总成绩和年龄的总和的循环体中加 if 语句实现。

```
#include "stdio.h"
struct student
```

```
{ long num;
  char name[12];
  char sex;
  int age;
  float score;
};
main()
{ int i,c=0;
  float save=0,aave=0;
  struct student stud[5]={{107151,"Zhang",'F',20,98.0},
    {107153,"Wang",'M',19,95.5},{107154,"Li",'F',19,70.0},
    {107155,"Zhao",'F',18,55.0},{107159,"Liu",'M',21,75.0}};
  for(i=0;i<5;i++)
    { save+=stud[i].score;
      aave+=stud[i].age;
      if(stud[i].score<60) c++;
    }
  save=save/5; aave=aave/5;
  printf("平均成绩=%5.1f\n平均年龄=%4.1f\n不及格成绩的人数=%d\n",save,aave,
      c);
}
```

运行结果：

```
平均成绩= 78.7
平均年龄=19.4
不及格成绩的人数=1
```

【说明】 定义的结构体数组 stud 有 5 个元素，并进行了初始化赋值。在 main 函数中用 for 语句逐个累加各元素的 score 成员的值存于 save 之中，逐个累加各元素的 age 成员的值存于 save 之中，若 score 成员的值小于 60（不及格）计数变量 c 加 1，循环完毕后再计算平均值。

【例 8-4】 对 5 个学生的信息按成绩进行降序排序。

【分析】 使用顺序排序法按成绩从大到小排序，这需要对元素之间的成绩成员进行比较，次序不对时立即将结构体数组两元素中各成员的值对应交换。

```
#include "stdio.h"
#define N 5
struct student
{ long num;
  char name[12];
  char sex;
  int age;
  float score;
```

```
}stud[N];
main()
{ int i,j;
    struct student t;        /*定义用于交换数组元素的结构体类型的中间变量*/
    for(i=0;i<N;i++)
        {                    /*第 i 次循环时输入的数据分别存入 stud[i]的各个成员中*/
            scanf("%ld",&stud[i].num);
            gets(stud[i].name);
            scanf("%c%d%f",&stud[i].sex,&stud[i].age,&stud[i].score);
        }
    for(i=0;i<N-1;i++)  /*一维数组排序时需要使用二重循环*/
        for(j=i+1;j<N;j++)
            if(stud[i].score<stud[j].score)
                /*第 i 个学生的成绩小于第 j 个学生的成绩时需要交换*/
                { t=stud[i]; stud[i]=stud[j]; stud[j]=t; }
    printf("Num       Name        Sex Age   Score\n");
    for(i=0;i<N;i++)
        printf("%-10ld%-12s%c    %d   %-5.1f\n",stud[i].num,
            stud[i].name,stud[i].sex,stud[i].age,stud[i].score);
}
```

运行结果：

```
107159Liu Wu↙
M 21 75.0↙
107154Li San↙
F 19 70.0↙
107155Zhao Si↙
F 18 55.0↙
107151Zhang Yi↙
F 20 98.0↙
107153Wang Er↙
M 19 95.5↙
Num        Name       Sex   Age   Score
107151     Zhang Yi    F     20    98.0
107153     Wang Er     M     19    95.5
107159     Liu Wu      M     21    75.0
107154     Li San      F     19    70.0
107155     Zhao Si     F     18    55.0
```

【说明】

（1）结构体数组 stud 的定义在 main 函数的前面，是全局数组，有 N 个（5 个）元素，在 main 函数中可以使用该数组。

（2）输入结构体数组元素各成员的值时，要对各个成员逐个使用 scanf 等函数，为了使输入的学生姓名中可以包括空格，使用 gets 函数输入 stud[i].name。

（3）在 Turbo C 中，结构体数组元素的成员是 float 型数据并用％f 格式输入时，直接用＆stud[i].score 作为接受 float 型数据的地址会出现运行错误（二维 float 型数组元素输入时也是如此）。因此，该程序若要在 Turbo C 中运行时，需要引入一个 float 型变量（假设是 s），并将输入的 float 型数据先送到变量 s 中，再用赋值表达式语句将 s 的值赋值到 stud[i].score 中，即将程序中的语句

```
scanf("%c%d%f",&stud[i].sex,&stud[i].age,&stud[i].score);
```

用以下两个语句代替。

```
scanf("%c%d%f",&stud[i].sex,&stud[i].age,&s);
stud[i].score=s;
```

（4）在 main 函数中用顺序排序法对学生成绩进行降序排序，在排序过程中若出现信息交换时，中间变量 t 的类型必须是 struct student 结构体类型，交换的是对应学生的姓名、成绩等 5 个成员的数据。

8.4　结构体与指针

通过指向结构体类型的指针也可以访问结构体变量（或数组元素）的成员。

8.4.1　指向结构体的指针

结构体
与指针

指向结构体类型数据的指针变量称为结构体指针变量。结构体指针变量中的值是所指向的结构体变量（或数组元素）的起始地址。通过结构体指针可以访问该结构体变量（或数组元素）中的数据。

结构体指针变量定义的一般形式是：

struct 标识符　＊结构体指针变量名

例如，在例 8-4 中定义了结构体类型 struct student，可以在此基础上定义：

```
struct student stu1;
struct student *pstu;        /*定义一个指向 struct student 型的指针变量 pstu*/
pstu=&stu1;
```

这表示让结构体指针变量 pstu 指向结构体变量 stu1。

用结构体指针访问结构体成员的一般形式是：

结构体指针变量->成员名

或者

(＊结构体指针变量).成员名

例如：

```
pstu-> num
```

或者

```
(*pstu).num
```

都表示 pstu 指向的结构体变量的 num 成员,与 stu1.num 的作用是相同的。

【注意】　(*pstu)两侧的括号不可少,因为成员符.的优先级高于指针运算符*。如果去掉括号写作*pstu.num 则等效于*(pstu.num),是不合法的。

【例 8-5】　结构体指针变量的应用举例。

```
#include "stdio.h"
struct stu
{ long num;
  char name[12];
  float score;
}stud={107153,"Wang",95.5},*pstu=&stud;
main()
{ printf("Num=%ld Name=%s Score=%5.1f\n",
        stud.num,stud.name,stud.score);
  printf("Num=%ld Name=%s Score=%5.1f\n",
        (*pstu).num,(*pstu).name,(*pstu).score);
  printf("Num=%ld Name=%s Score=%5.1f\n",
        pstu->num,pstu->name,pstu->score);
}
```

运行结果：

```
Num=107153 Name=Wang Score=95.5
Num=107153 Name=Wang Score=95.5
Num=107153 Name=Wang Score=95.5
```

【说明】　指针变量 pstu 指向 struct stu 型的变量 stud 以后,stud.num、(*pstu).num 和 pstu->num 的作用是相同的。也就是说,对结构体成员的引用有 3 种等效的方法：

```
结构体变量.成员名
(*结构体指针变量).成员名
结构体指针变量->成员名
```

其中,.和->的运算符优先级都是最高的 1 级。

要注意以下操作的区别。

++p->num：将 p 所指向结构体变量的成员 num 加 1 后再使用。

(++p)->num：先使 p 自增 1(也就是指向下一个单元),然后再使用成员 p->num 的值。

这两种操作方法有本质的区别，前者使 p 所指向的结构体成员 num 的值发生了变化，但指针变量所指向的单元没有变；后者指向了下一个单元，常在结构体数组操作中使用。

8.4.2 结构体数组与指针

以一维结构体数组为例，让结构体指针变量指向一维结构体数组后，结构体指针变量的值就是该数组的起始地址，也是数组首元素的起始地址。

【例 8-6】 用指针变量输出结构体数组。

【分析】 让结构体指针变量 p 指向结构体数组下标为 0 的首元素，则 p+1 指向下标为 1 的元素，p+i 指向下标为 i 的元素。这与指针变量指向普通数组的情况是一致的。

```
#include "stdio.h"
struct stu
{ long num;
  char name[12];
  char sex;
  float score;
}stud[5]={{107151,"Zhang",'F',98.0},{107153,"Wang",'M',95.5},{107154,"Li",'F',
70.0},{107155,"Zhao",'F',55.0},{107159,"Liu",'M',75.0}};
main()
{ struct stu *p;
  printf("学号    姓名         性别     成绩\n");
  for(p=stud;p<stud+5;p++)
    printf("%ld  %-12s  %c   %5.1f\n",p->num,p->name,p->sex,p->score);
}
```

运行结果：

```
学号     姓名        性别    成绩
107151   Zhang       F       98.0
107153   Wang        M       95.5
107154   Li          F       70.0
107155   Zhao        F       55.0
107159   Liu         M       75.0
```

【说明】

(1) 在程序中定义了 struct stu 结构体类型的全局数组 stud，并进行了初始化赋值。在 main 函数内定义 p 是指向 struct stu 类型的指针。在循环语句 for 的表达式 1 中，p 被赋值为 stud 的起始地址，然后循环 5 次，通过 p++ 操作让 p 依次指向 stud[0]～stud[4]，输出 stud 数组中各元素的成员值。

(2) p 被赋值为 stud 的起始地址后，也可以通过 p+i 来访问数组第 i 个元素的成员，即把 main 函数用以下程序替换。

```
main()
{ struct stu *p=stud;
  int i;
  printf("学号      姓名          性别    成绩\n");
  for(i=0;i<5;i++)
    printf("%ld  %-12s  %c  %5.1f\n",
            (p+i)->num,(p+i)->name,(p+i)->sex,(p+i)->score);
}
```

【注意】　由于定义的结构体指针变量的类型是指向结构体类型的,所以不能让它指向结构体数组的成员。

下面的赋值是错误的。

```
p=&stud[0].sex;
```

而只能是：

```
p=stud;        /* 赋值为数组的起始地址或改写成 p=&stud[0]; */
```

当然,也可以是：

```
p=&stud[1];
```

让 p 指向数组元素 stud[1],但这时的 p+i 就指向数组元素 stud[i+1]了。

8.4.3　结构体指针变量作函数参数

用结构体变量作函数参数(见例 8-2)时是整体传送,即要将全部成员逐个传送。如果结构体的成员是数组时将会使传送的时间和空间开销很大,降低程序的效率。

用指针变量作函数参数可以有效地解决上述问题,因为这时仅是将实参值(结构体变量(或数组)的地址)传向形参,从而能减少程序时间和空间的开销。

【例 8-7】　用结构体指针作函数参数完成例 8-4 的按成绩排序的功能,但要求对 5 个学生的信息按成绩进行升序排序,同时改用选择排序法实现。

```
#include "stdio.h"
#define N 5
struct student              /* 多个函数使用同一个结构体类型时,其定义必须是全局的 */
{ long num;
  char name[12];
  char sex;
  int age;
  float score;
};
main()
{ int i;
```

```
struct student stud[N];
void sort(struct student *p,int n);            /* 对被调函数 sort 的声明 */
for(i=0;i<N;i++)
  {  scanf("%ld",&stud[i].num);
     gets(stud[i].name);
     scanf("%c%d%f",&stud[i].sex,&stud[i].age,&stud[i].score);
  }
sort(stud,N);                /* 函数调用,stud 代表数组的起始地址,N 是数组元素的个数 */
printf("Num        Name          Sex Age    Score\n");
for(i=0;i<N;i++)
   printf("%-10ld%-12s%c     %d    %5.1f\n",
     stud[i].num,stud[i].name,stud[i].sex,stud[i].age,stud[i].score);
}
void sort(struct student *p,int n)
{  int i,j,k;
   struct student t;
   for(i=0;i<n-1;i++)          /* 第 i 轮比较 */
     {  k=i;
        /* 假设 i 是第 i 到第 n-1 个元素中成绩最低的元素下标,即送初值 i 到 k 中 */
        for(j=i+1;j<n;j++)
           if(p[j].score<p[k].score) k=j;
           /* 条件满足时,表示第 j 个元素的成绩到目前为止最低 */
        t=*(p+i);
        *(p+i)=*(p+k);
        *(p+k)=t;
     }
}
```

8.5 动态内存分配

C语言中的变量分为全局变量和局部变量,每个变量都有自己的作用范围和生命周期。动态内存分配是在程序的运行中间随时地申请(也可以释放)内存数据空间的一种方法,它与以前使用的变量相比更加灵活。

8.5.1 动态分配内存的管理函数

在 C 程序运行过程中,可以通过动态分配内存管理函数随时地增加一个新的数据内存空间(如 long 型、float 型等的数据内存空间),当不再需要这个内存空间时,还可以把它的内存空间释放(即还给系统)。

C 语言中常用的内存管理函数主要有以下 3 个。

1. 分配内存空间函数 malloc

malloc 函数的调用形式是：

(类型标识符 *)malloc(size)

功能：在内存的动态存储区中分配一块长度为 size 字节的连续区域,其返回值为该区域的起始地址。

由于 malloc 以及下面介绍的 calloc 函数的返回值都是 void 类型的指针,因此在具体的使用中应把其转化成需要的类型。"类型标识符"表示把该区域转换成什么数据类型,"(类型标识符 *)"表示把 malloc 函数的返回值强制转换为该"类型标识符"类型的指针,size 是一个无符号整数(表示字节数)。

例如：

```
char *pc;
pc=(char *)malloc(80);
```

表示分配 80 字节的内存空间,并强制转换为字符型,(char *)malloc(80)的返回值为该内存空间的起始地址,把该地址赋值给字符型指针变量 pc,以后可通过指针 pc 访问分配到的 80 字节的字符型内存空间。

2. 分配内存空间函数 calloc

calloc 函数的调用形式是：

(类型标识符 *)calloc(n,size)

功能：在内存的动态存储区中分配 n 块长度为 size 字节的连续区域,其返回值为该区域的起始地址。

"类型标识符"表示把该区域用于何种数据类型,"(类型标识符 *)"表示把 calloc 函数的返回值强制转换为该"类型标识符"类型的指针,size 是一个无符号整数。

calloc 函数与 malloc 函数的区别仅在于一次可以分配 n 块区域。

例如：

```
ps=(struct student * )calloc(10,sizeof(struct student));
```

其中,sizeof(struct student)是求 struct student 类型的长度。该语句表示分配 10 个 struct student 类型长度的连续区域,每个区域强制转换为 struct student 类型,并把其起始地址赋给指针变量 ps。一般情况下,链表(详见 8.6 节)中每次都是申请一个结构体类型长度的连续区域。

3. 释放内存空间函数 free

free 函数的调用形式是：

free(ptr);

功能：释放 ptr 所指向的一块内存空间，ptr 是一个任意类型的指针变量，它指向被释放区域。被释放区域是由 malloc 或 calloc 函数申请分配的。

例如，free(ps);表示释放 ps 指向的内存区域。

【注意】 由于函数 calloc、malloc 和 free 都在标准库函数 stdlib.h 中，所以程序中使用这 3 个函数时，必须有 #include "stdlib.h"。

8.5.2　使用动态分配内存方法管理单一基本类型数据

使用动态分配内存方法可以管理单一基本类型的数据，例如管理单一的 int 型、char 型、float 型等。

【例 8-8】 用动态分配方法存储例 4-11 中的两个整数，并求这两个整数的最大公约数和最小公倍数。

【分析】 例 4-11 中已详细地讲述了用辗转相除法求两个整数的最大公约数的两种循环实现方法，此处以原 do-while 语句程序为基础编程实现。

本例最主要的问题是如何用动态分配内存的方法表示原来的两个整数 m 和 n。假设分别用指针变量 pm、pn 访问这两个数据，如果采用以下方法：

```
int m,n, *pm=&m, *pn=&n;
```

其指针变量与所指向的变量的关系如图 8.2 所示，这就是第 7 章已介绍过的内容，不是动态分配内存方法。

使用动态分配内存方法时，图 8.2 中被箭头所指向的变量 m 和 n 的存储空间不是通过 int m,n;定义的，而是需要通过 malloc 或 calloc 函数来获取，而且这个内存空间只能通过指针变量来访问（图 8.2 中的内存空间 m 可以通过*pm 来访问，也可以通过 m 直接使用）。具体方法为：

```
int *pm;
pm=(int *)malloc(sizeof(int));
```

表示通过 malloc 函数申请 sizeof(int)大小（int 型数据所占的字节数）的内存空间，并把该区域转换成 int 型，同时将其起始地址赋值到指针变量 pm 中，以后就可以用*pm 访问该内存空间了，同理可用相同的办法处理 pn（见图 8.3）。

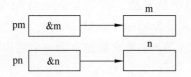

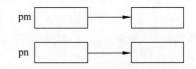

图 8.2　指针变量与所指向的变量的关系　　图 8.3　指针变量与动态分配的内存之间的关系

```
#include "stdio.h"
#include "stdlib.h"
main()
```

```
{  int r,p,gcd,lcm;
   int *pm, *pn;                        /*定义 int 型指针变量 pm 和 pn*/
   pm=(int *)malloc(sizeof(int));
   /*动态申请 int 型大小的内存空间,将其起始地址赋值到指针变量 pm 中*/
   pn=(int *)malloc(sizeof(int));
   /*动态申请 int 型大小的内存空间,将其起始地址赋值到指针变量 pn 中*/
   scanf("%d%d",pm,pn);
   /*输入两个 int 型数据,分别存放到 pm 和 pn 所指向的区域*/
   p=(*pm)*(*pn);                       /*保存两数之积*/
   do
     {  r=*pm% * pn;                    /*求*pm 除以*pn 的余数 r*/
        *pm=*pn;                        /*pm 赋值为原来的除数*pn*/
        *pn=r;                          /*pn 赋值为原来的余数 r*/
     }
   while(r!=0);                         /*当余数 r≠0 时,继续执行循环体语句*/
   gcd=*pm;     /*最大公约数 gcd 赋值为使余数 r 为 0 的除数,其值现存于*pm 中*/
   lcm=p/gcd;   /*最小公倍数 lcm 赋值为两数之积除以它们的最大公约数*/
   printf("gcd=%d,lcm=%d\n",gcd,lcm);/*输出最大公约数、最小公倍数*/
   free(pm);                           /*释放 pm 所指向的内存空间*/
   free(pn);                           /*释放 pn 所指向的内存空间*/
}
```

运行结果:

```
28 90↙
gcd=2,lcm=1260
```

【说明】

(1) 使用动态分配内存方法一般分成 4 步。①定义指针变量;②在程序运行中适当的地点调用 malloc 或 calloc 函数申请内存空间,将其强制转换成所需要的类型,并将其起始地址存入该指针变量中;③通过该指针变量使用申请到的内存空间;④不需要时(或在函数返回、结束之前)释放该指针变量所指向的内存空间。

(2) 其他单一基本类型数据的动态分配内存方法类似,也是用 malloc 函数动态分配内存,但这种单一基本类型数据的动态管理的应用价值并不大,不如使用图 8.2 的方法方便、直观。这里仅用它来了解动态分配内存的基本管理方法。

8.5.3　使用动态分配内存方法管理结构体类型数据

用动态分配内存方法管理结构体类型数据是常见的,特别是组织链表(详见 8.6 节)时更是如此。动态分配一个结构体类型数据空间时一般也是使用 malloc 函数,例 8-9 就是这样的例子。

【例 8-9】　有 5 个学生的信息,每个学生的信息包括学号和成绩,编程序求成绩最高的学生的信息。

【分析】 学生信息存放在结构体数组中,把成绩最高的学生的信息复制到一个动态申请的结构体存储空间中。

```
#include "stdio.h"
#include "stdlib.h"
main()
{ struct student
  { long num;
    float score;
  };
  struct student s[5]=
  {107153,95.5,107154,70.0,107151,98.0,107155,55.0,107159,75.0};
  struct student *ps;
  int i;
  ps=(struct student *)malloc(sizeof(struct student));
  /*动态申请一个 struct student 类型的内存空间,ps 赋值为其起始地址*/
  ps->num=s[0].num;              /*为学号赋初值,即下标为 0 的学生的学号*/
  ps->score=s[0].score;          /*为成绩赋初值,即假设下标为 0 的学生的成绩最高*/
  for(i=1;i<5;i++)
    if(s[i].score>ps->score)   /*将第 i 个学生的成绩与 ps 指向的成绩进行比较*/
      { ps->num=s[i].num; ps->score=s[i].score; }
  printf("最高成绩学生: 学号=%ld 成绩=%5.1f\n",ps->num,ps->score);
  free(ps);                      /*释放 ps 所指向的内存空间*/
}
```

运行结果:

最高成绩学生: 学号=107151 成绩= 98.0

【说明】 ps 是 struct student 类型的指针变量,通过调用 malloc 函数分配一块内存区,并把起始地址赋给 ps,使 ps 指向该区域,并用它存放最高成绩的学生信息,程序输出结果后用 free 函数释放 ps 指向的内存空间。

8.5.4　使用动态分配内存方法管理动态数组

在例 8-9 中,如果 5 个学生的信息也放在动态申请的内存空间,就形成了动态数组。动态数组一般通过 calloc 函数分配内存空间。

例 8-9 改用动态数组编程方法实现如下。

```
#include "stdio.h"
#include "stdlib.h"
main()
{ struct student
  { long num;
    float score;
```

```
    };
    struct student *ps, *s, *p;
    int i;
    ps=(struct student * )malloc(sizeof(struct student));
    s=(struct student * )calloc(5,sizeof(struct student));
    /* 申请 5 个 struct student 类型元素的动态数组,s 赋值为数组的起始地址 */
    for(p=s;p<s+5;p++)        /* 让 p 从 s 所指向的元素(即第 0 个元素)开始循环 */
        scanf("%ld%f",&p->num,&p->score);
            /* 输入学生的学号和成绩,分别存放在 p 所指向元素的成员 num 和 score 中 */
    ps->num=s[0].num;         /* 为学号赋初值 */
    ps->score=s[0].score;     /* 为成绩赋初值 */
    for(i=1;i<5;i++)
      if(s[i].score>ps->score)      /* 成绩比较,s[i].score 相当于 (s+i)->score */
        { ps->num=s[i].num; ps->score=s[i].score; }
    printf("最高成绩学生: 学号=%ld 成绩=%5.1f\n",ps->num,ps->score);
    free(ps);                 /* 释放 ps 所指向的结构体内存空间 */
    free(s);                  /* 释放 s 所指向的结构体数组内存空间 */
}
```

运行结果:

```
107153 95.5↙
107154 70.0↙
107151 98.0↙
107155 55.0↙
107159 75.0↙
最高成绩学生:学号=107151 成绩= 98.0
```

【说明】

(1) 通过函数调用

```
s=(struct student * )calloc(5,sizeof(struct student));
```

申请了 5 个 sizeof(struct student)大小的连续存储区域,并把每一个区域都强制转换成 struct student 类型,同时将这 5 个区域的起始地址送到指针变量 s 中。这时 s 就指向了 具有 5 个 struct student 类型元素的一维数组。所以访问时,s[i].num 就是第 i 个区域 (元素)的 num 成员,也可以表示成(*(s+i)).num 或(s+i)->num。

(2) calloc 函数第一个参数可以是变量,假设有定义 int m＝10;,则

```
s=(struct student * )calloc(m,sizeof(struct student));
```

将申请 10 个 sizeof(struct student)大小的连续存储区域,相当于有 10 个元素,当然 m 值 也可以用 scanf 函数输入。由此可见,用这种动态内存分配的方法实际上可以用变量确 定数组的元素个数(见 8.5.5 节)。

【例 8-10】 用动态数组完成例 5-6 的功能,即产生 10 个[40,100]的随机数,并用选 择排序法按照从由小到大的顺序排序后输出。

【分析】 用 int 型指针变量 pa 存放动态数组的起始地址，可以用*(pa＋i)、pa[i]访问该数组的第 i 个元素。

```
#include "stdlib.h"
#include "stdio.h"
#include "time.h"
main()
{ int i,j,t,*pa,k;
  srand(time(0));
  pa=(int *)calloc(10,sizeof(int));
  /*申请 10 个 int 型数据的内存空间,所形成的动态数组的起始地址赋给 pa*/
  for(i=0;i<10;i++)
    { *(pa+i)=rand()%61+40;        /* *(pa+i)代表数组的第 i 个元素*/
      printf("%5d", *(pa+i));
    }
  printf("\n");
  for(i=0;i<9;i++)
    { k=i;                         /*用 3 行求出第 i~9 个元素间最小值的位置 k*/
      for(j=i+1;j<10;j++)
        if(*(pa+j)<*(pa+k)) k=j;
      if(k!=i)                     /*把本轮求出的最小值与第 i 个元素互换*/
        {t=*(pa+i); *(pa+i)=*(pa+k); *(pa+k)=t; }
    }
  for(i=0;i<10;i++)
    printf("%5d",*(pa+i));
  printf("\n");
  free(pa);                        /*释放动态数组空间*/
}
```

【说明】 可以看出，让 pa 指向动态数组以后，只需把例 5-6 程序中的 a[i]换成*(pa＋i)或 pa[i]，把 a[j]换成*(pa＋j)或 pa[j]，把 a[k]换成*(pa＋k)或 pa[k]即可。

8.5.5 使用动态分配内存方法实现由变量确定数组的元素个数

在前几章使用数组编程时都会遇到这样的问题，即定义的数组元素的个数必须是常数，但实际应用中往往需要定义的数组元素的个数是可变的。例如，对 n 个学生的信息进行排序等。以前的解决方法是首先定义一个元素个数足够多的数组，然后判断这个数组元素个数是否大于或等于 n，如果条件满足则使用该数组中的前 n 个元素完成编程任务。显然，这种解决方案往往是以浪费内存空间为代价的。

用动态分配内存的方法能有效地解决这个问题。

【例 8-11】 修改例 8-10 的功能，用动态数组产生 n 个[40,100]的随机数，并采用冒泡排序法排序。

【分析】 通过用整型变量作为 calloc 函数的第一个参数的办法，可以动态申请与此

整型变量个数相等的连续的同类型内存区域,由此得到由变量确定数组元素个数的动态
数组。

```
#include "stdlib.h"
#include "stdio.h"
#include "time.h"
main()
{ int i,j,t,*pa,n;
  scanf("%d",&n);                    /*输入动态数组元素的个数 n*/
  srand(time(0));
  pa=(int *)calloc(n,sizeof(int));
  /*申请 n 个 int 型数据的内存空间,所形成的动态数组的起始地址赋给 pa*/
  for(i=0;i<n;i++)
    { *(pa+i)=rand()%61+40;
       printf("%5d",*(pa+i));
    }
  printf("\n");
  for(i=0;i<n-1;i++)
    for(j=0;j<n-1-i;j++)
    /*冒泡排序法的内层循环变量 j 的初值、终值与选择排序、顺序排序不同*/
      if(*(pa+j)>*(pa+j+1))         /*冒泡排序是相邻两个元素比较大小*/
        {t=*(pa+j); *(pa+j)=*(pa+j+1); *(pa+j+1)=t;}
  for(i=0;i<n;i++)
    printf("%5d",*(pa+i));
  printf("\n");
  free(pa);
}
```

某一次运行结果:

9↙
```
   59   69   77   75   96   57   99   69   74
   57   59   69   69   74   75   77   96   99
```

【说明】　虽然用 pa＝(int *)calloc(n,sizeof(int));这样的方法申请的数组元素的
个数是 n 个,但程序每次执行到该语句时 n 的值必须是确定的。例如,上边运行时输入的
值是 9,n 的值就是 9,这次动态申请内存成功后 pa 指向的数组的元素个数也是 9。一旦
申请成功,程序中不能再增加该数组元素的个数。除非再次运行该程序,输入一个新的值
后,数组元素的个数才会变化。但严格地讲,数组元素个数的这种变化是程序的两次运行
造成的,并不表示数组在程序运行中元素的个数增加了。

8.5.6　动态分配的内存数据作函数的参数

由于动态分配的内存空间是通过指针变量来访问的,所以通过动态分配获得的数据

作为函数的参数时一般是以该指针作为函数的实参。

【例 8-12】 改写例 7-24 的方法二的程序，将具有 10 个元素的整型数组（用动态分配内存方法申请）中的元素值按逆序存放后输出。

```
#include "stdio.h"
#include "stdlib.h"                      /* 使用动态分配内存管理函数时需要 */
void swapn(int *x,int n)
{  int k,t;
   for(k=0;k<n/2;k++)
     {  t=*(x+k);
        *(x+k)=*(x+n-k-1);
        *(x+n-k-1)=t;
     }
   return;
}
main()
{  int *pa,i;                            /* 定义指针变量 pa */
   pa=(int *)calloc(10,sizeof(int));     /* 动态申请数组,pa 赋值为该数组的起始地址 */
   for(i=0;i<10;i++)
     scanf("%d",pa+i);                   /* 输入第 i 个数,放到第 i 个元素中 */
   swapn(pa,10);                         /* 用动态数组的指针 pa 作为实参 */
   for(i=0;i<10;i++)
     printf("%4d", *(pa+i));             /* 输出交换后的第 i 个元素 */
   printf("\n");
   free(pa);                             /* 释放 pa 所指向的数组空间 */
}
```

【说明】 本程序与例 7-24 的方法二相比，有变化的部分都进行了注释，其中被调函数 swapn 部分没有改变。

8.6　链表

链表

联合使用结构体、指针类型变量和动态内存分配等知识可以形成链表。链表是系统程序设计中十分有效的数据结构，但理解其实现思想和方法有一定难度。本节通过简单链表的建立、插入、遍历及删除等操作的例子，介绍有关链表的基本概念及其相关操作的实现方法。

8.6.1　链表的基本概念

数组由在内存中连续存放的相同类型的数组元素组成。数组用于排序等运算非常方便，存取速度也很快，特别是能按下标对数组元素进行直接存取。但数组也有其缺点，如删除数组中某元素的值或者在数组中插入一个元素值时需要对大量的数组元素进行移动。另外,使用数组存放数据时空间的浪费也很常见。例如,用数组表示学生的信息时,由于全校每个学生班的人数不一,只好按最大班的人数来定义数组的大小,数组尾部元素空间常常无法得到利用。

链表是一种非固定长度的数据结构,使用动态内存分配技术实现,它能够根据数据的结构特点和数量使用内存,尤其适合数据个数可变的数据存储。

使用链表存储数据时不需要事先定义要存储的数据单元数量,而是在程序中需要存储数据时,通过动态内存分配的方法获得内存空间,需要多少空间就申请多少,不会多占,不用这些空间时还可以将其释放(还给系统)。

链表由若干个具有相同结构体类型的数据连接成链(拉链)而成(如图 8.4 所示),这些结构体类型数据称为链表的结点。链表中第一个结点称为表头,指向表头的指针称为头指针。每个结点的结构体类型的成员中至少有一个是指向本结构体类型的指针类型成员(简称指针成员或指针)。链表中最后一个结点称为表尾,表尾结点的指针值为空(NULL),其余结点的指针均指向下一个结点。链表的头指针表示链表的存在与否,头指针为空表示链表中没有结点,是空链表。

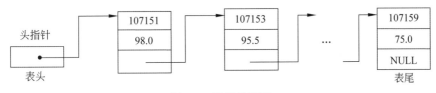

图 8.4 链表示意图

为了讨论问题的方便,本节将一直使用学号(num)和成绩(score)作为结构体的数据成员,形成链表拉链的指针成员是 next。该结构体类型的定义如下。

```
struct student
{ long num;
   float score;
   struct student *next;
};
```

链表解决了原来用数组存储不确定量数据时所带来的问题。链表还有其他优点,例如当需要在现有数据中插入一个数据时,仅需要在链表的适当位置插入一个结点即可;当需要删除一个数据时,只需要把对应的结点从链表中删除即可。而用数组存储时,不管插入还是删除数据,都需要进行大量的元素值移动。

链表也有缺点,因为它只有通过头指针才能沿着链表的拉链方向依次访问各个结点,不适用于数据的立即存取。而数组中通过元素下标就能立即访问指定的元素,显然链表的访问速度不如数组的访问速度快。

链表中需要增加一个新的结点时,需要动态地申请一个该结点大小的存储空间,输入相应的数据后插入链表中。当不再需要某结点而删除它时,还要把它的存储空间还给系统。

8.6.2　驱动链表操作的主函数

【例8-13】　编写链表操作的程序。

【分析】　对链表操作主要有以下几种。

(1) 建立链表：按照某种成员的次序依次输入若干结点的数据，并插入链表尾部。

(2) 遍历链表：从表头开始依次显示链表中各个结点中的数据。

(3) 插入链表：在链表中插入一个结点。

(4) 删除链表：删除链表中的一个结点。

除 main 函数外，还设计了 creat、print、insert 和 delete 这 4 个函数，分别实现以上 4 种操作。main 函数开始运行后，先调用 creat 函数建立一个链表，然后通过菜单选项驱动其余 3 种操作，以便了解各种操作之后链表中的实际状况：

```
        主菜单
-----------------------------
    0----返回
    1----显示链表结点
    2----插入一个学生结点
    3----删除一个学生结点
    选择 0--3:
```

用户输入 0 时，程序结束运行；输入 1 时，调用 print 函数显示链表中各个结点的学号及成绩；输入 2 时，调用 insert 函数插入一个结点；输入 3 时调用 delete 函数删除指定的结点。

完成以上链表操作功能的程序主要部分如下。

```c
#include "stdio.h"
#include "stdlib.h"
struct student                 /*定义结构体类型,每个结点都是此类型的数据*/
{ long num;                    /*成员 num 表示学生学号*/
  float score;                 /*成员 score 表示学生成绩*/
  struct student *next;        /*成员 next 是指向下一个结点的指针*/
};
int n=0;            /*n 是全局变量,表示链表中结点的数目,刚开始时还没有结点*/
int main()
{ struct student *head,stu;    /*head 是头指针变量*/
  long num;
  int s;
  struct student *creat();     /*这 4 行是对被调函数类型的声明*/
  void print(struct student *head);
  struct student *insert(struct student *head,struct student *stud);
  struct student *delete(struct student *head,long num);
  head=creat();    /*调用建立链表函数建立链表,函数的返回值是链表头指针值*/
```

```
    while(1)
    {
        printf("\n            主菜单\n");
        printf("----------------------------\n");
        printf("    0----返回\n");
        printf("    1----显示链表结点\n");
        printf("    2----插入一个学生结点\n");
        printf("    3----删除一个学生结点\n");
        printf("   选择 0--3: ");
        scanf("%d",&s);                /* 输入 0~3 的数,若输入其他数则报错 */
        switch(s)
        { case 0:   return;
          case 1:
                print(head);        /* 调用遍历链表函数 */
                break;
          case 2:
                printf("输入学生的学号和成绩: ");
                scanf("%ld%f",&stu.num,&stu.score);
                stu.next=NULL;
                head=insert(head,&stu);        /* 调用插入链表结点函数 */
                break;
          case 3:
                printf("输入要删除的学生的学号: ");
                scanf("%ld",&num);
                head=delete(head,num);        /* 调用删除链表结点函数 */
                break;
          default:
                printf("输入错误!\n");
                break;
        }
    }
}
struct student *creat()
    { /* 建立链表函数,待编写程序 */  }
void print(struct student *head)
    { /* 遍历链表函数,待编写程序 */  }
struct student *insert(struct student *head,struct student *stud)
    { /* 插入链表结点函数,待编写程序 */  }
struct student *delete(struct student *head,long num)
    { /* 删除链表结点函数,待编写程序 */  }
```

8.6.3 链表的基本操作函数

1. 建立链表

建立链表的过程就是把一个个结点依次插入链表表尾的过程。其操作的主要部分为,申请一个结点的存储空间并输入数据,将该结点连接到链表的尾部,该过程重复进行,直到输入的学号为 0 时结束。

```
struct student *creat()
{   struct student *head, *end, *p1;        /* 此函数中,head 指向表头结点,end 指向表尾
                                               结点 */

    long inum;
    float fscore;
    printf("建立一个链表:\n");
    printf("输入学生的学号和成绩(学号按升序排列,学号为 0 时结束输入):\n");
    scanf("%ld%f",&inum,&fscore);           /* 输入一个学生的学号和成绩 */
    head=NULL;                              /* 开始时链表是空的 */
    while(inum>0)
        {  p1=(struct student *)malloc(sizeof(struct student));
           /* 动态申请一个结点的内存空间,让 p1 指向它 */
           p1->num=inum;
           p1->score=fscore;
           p1->next=NULL;                   /* 该结点的指针成员赋值为 NULL */
           if(n==0) {head=p1;end=p1;}
           /* n=0 表示链表是空的,让 p1 指向的结点既是表头结点也是表尾结点 */
           else {end->next=p1; end=p1;}     /* 否则,将 p1 指向的结点连接到表尾 */
           n++;
           scanf("%ld%f",&inum,&fscore);   /* 输入下一个学生的学号和成绩 */
        }
    return(head);                          /* 链表的表头指针作为函数的返回值 */
}
```

【说明】

(1) creat 函数用于建立一个学生信息的链表,它是一个指针函数,函数的返回值是指向链表表头的指针。

(2) 输入学号和成绩时,要保证学号按升序方式输入,否则形成的链表就不是按学号升序排列的。当然,也可以修改该 creat 函数的程序以确保建立的链表是升序的。

2. 遍历链表结点

从表头结点开始依次输出链表中各结点的数据,直到链表结束。

```
void print(struct student *head)
{   struct student *p;
    printf("\n 链表中现有%d 个结点:\n",n);       /* n 是链表中结点的数目 */
    p=head;                                /* 让 p 指向链表表头结点 */
    while(p!=NULL)                         /* 当链表未结束时循环 */
        {  printf("%8ld %5.1f\n",p->num,p->score); /* 输出当前(p 指向)结点的信息 */
           p=p->next;                      /* 让 p 指向下一个结点 */
        }
}
```

3. 插入链表结点

本例中对链表的插入操作是按学号从小到大次序进行的,即学号小的结点插入靠近表头处,学号大的结点插入靠近表尾处。插入分为以下几种情况。

(1) 如果链表为空,则插入的结点作为第一个结点。

(2) 如果学号比链表内所有结点的学号都小,则该结点作为表头结点。

(3) 如果学号比链表内所有结点的学号都大,则该结点作为表尾结点。

(4) 如果学号小于某一结点的学号而大于另一结点的学号,则插入这两个结点之间。

插入链表的过程如图 8.5 所示,其中虚线后带箭头线表示插入结点以后的连接情况。

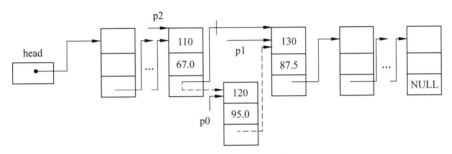

图 8.5　插入链表操作示意图

插入链表的函数 insert 如下。

```
struct student *insert(struct student *head,struct student *stud)
{ struct student *p0, *p1, *p2;
  p1=head;
  p0=(struct student *)malloc(sizeof(struct student));
                                     /* p0 指向要插入的结点,简称 p0 */
  p0->num=stud->num;
  p0->score=stud->score;
  if(head==NULL)                     /* 如果目前是空链表 */
    { head=p0;p0->next=NULL;    }    /* p0 既是表头结点,也是表尾结点 */
  else
    { while((p0->num>p1->num)&&(p1->next!=NULL))
          { p2=p1;
            p1=p1->next;
          }            /* 以上 while 语句用于寻找结点插入的位置 */
      if(p0->num<=p1->num)           /* 该条件满足表示 p0 不用插入表尾 */
        if(p1==head) {p0->next=p1;head=p0;} /* p0 作为表头结点 */
        else {p2->next=p0; p0->next=p1;}    /* 把 p0 插入 p2 和 p1 之间 */
      else  {p1->next=p0;p0->next=NULL;}    /* p0 作为表尾结点 */
    }
  n++;                               /* 链表中结点数加 1 */
  return(head);                      /* 返回表头指针 */
}
```

【说明】　函数的两个形参都是指针变量,head 指向链表头结点,stud 指向被插入的结构体数据。新插入的结点作为表头时，head 的值会发生改变，故需要把这个指针返回主调函数。

4. 删除链表结点

删除的情况有以下几种。

（1）没有找到要删除的结点。

（2）删除的结点是表头结点。

（3）删除的结点是中间结点。

（4）删除的结点是表尾结点。

```
struct student *delete(struct student *head,long num)
{  struct student *p1, *p2;
    if(head==NULL)                              /* 链表为空时,输出"链表为空!"后函数返回 */
       {printf("链表为空!\n");return(head);}
    p1=head;
    while(p1->num!=num && p1->next!=NULL)       /* 寻找要被删除的结点 p1 */
      {  p2=p1; p1=p1->next;  }
    if(num==p1->num)                            /* 如果找到要被删除的结点 p1 */
      {  if(p1==head)head=p1->next;             /* p1 是表头结点时的删除操作 */
         else p2->next=p1->next;                /* p1 不是表头结点时的删除操作 */
         printf("学号为%ld 的结点已被删除!\n",num);
         free(p1);                              /* 释放已被删除结点所占的内存空间 */
         n--;                                   /* 结点数减 1 */

      }
    else printf("链表中没找到学号是 %ld 的结点!\n",num);    /* 没有找到要被删除的结点 */
    return(head);                               /* 返回表头指针值 */
}
```

【说明】 函数有两个形参，head 指向表头，num 是要删除结点的学号，删除链表中结点的过程如图 8.6 所示，其中虚线后带箭头线表示删除结点以后的连接情况。

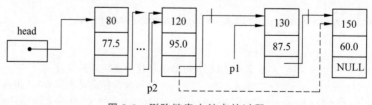

图 8.6   删除链表中结点的过程

本章小结

结构体是构造类型，它是在已有数据类型（包括已定义的结构体类型）的基础上定义的。关于结构体有以下几点需要掌握。

（1）结构体类型不是系统固有的，要由用户自己定义。

（2）一个结构体类型中包括多个不同的成员，这些成员可以具有不同的类型。

（3）结构体变量的长度是所有结构体成员的长度之和。

（4）struct 是结构体类型的关键字，定义和使用结构体类型时都必须使用该关键字。

（5）引用结构体成员的方法主要有两种：①使用结构体变量名引用结构体成员；②通过指向结构体变量的指针引用结构体成员。

常用的动态分配内存的管理函数主要有 3 个，通过这 3 个函数可以在程序的运行过程中方便地申请（或释放已经申请到的）内存空间。这种方法用得较多的是形成动态的结构体数据空间、动态数组等，其高级一些的用法是形成链表。

习题 8

8-1 定义一个结构体变量，包括年、月、日 3 个成员，输入年、月、日数据，并输出到终端显示器上。

8-2 对习题 8-1 中输入的年、月、日计算该日是本年的第几天。

8-3 定义一个结构体类型，其中包括职工号、职工名、性别、年龄、工资、地址。

8-4 定义习题 8-3 中类型的变量，从键盘输入所需的具体数据，然后用 printf 函数输出到终端显示器上。

8-5 有 7 个学生，每个学生的数据包括学号（num）、姓名（name[20]）、性别（sex）、年龄（age）、3 门课的成绩（score[3]）。要求在 main 函数中输入这 7 个学生的数据，然后调用一个函数 count，在该函数中计算出每个学生的总分和平均分，最后输出所有各项数据（包括原有的和新求出的）。

8-6 对习题 8-5 中定义的结构体类型进行修改，增加总成绩（sum）和平均成绩（aver）两个成员，输入学生的已知数据（学号、姓名、性别、年龄、3 门课的成绩）之后，求出的总成绩和平均成绩分别存放到对应学生的结构体成员 sum 和 aver 之中，然后再输出。

8-7 将习题 8-5 中的 7 个学生改成 n 个学生，n 是变量（程序运行后由键盘输入）。

8-8 将习题 8-6 中的学生数据按平均成绩从小到大排序后再次输出，要求排序用函数实现。

8-9 改写例 7-26，用一个函数求 10 个学生成绩的最高分、最低分和平均成绩，其中主函数中的 a、max 和 min 用动态分配内存方法实现。

8-10 编写用插入排序法对 n 个数从大到小排序的程序，其中 n 个元素的数组用动态分配内存方法实现。

第9章 文　　件

　　文件是解决数据永久存放的一种方法。虽然在打印纸上、卡片上也可以实现数据的永久存放,在操作系统中也把打印机、读卡机等按文件进行管理,但是存储在这些介质上的数据的再利用是十分不便的,也不能对数据进行快速的随机检索。

　　本章主要介绍存放在磁盘介质上的数据文件的存取方法。学会了这些方法,就具备了针对大量数据进行快速运算的编程能力,也完成了学习 C 语言编程方法的主要部分。

文件概述

9.1　文件概述

　　程序都是对数据的操作,程序的执行部分一般都包括 3 个主要步骤：①输入数据；②处理数据(又称计算)；③输出数据。

　　程序中输入数据时一般由终端键盘输入,程序在运行过程中使用的数据存储在变量或数组中。当程序运行结束时,这些变量或数组的存储空间要被系统收回,如果想保存这些计算结果必须将它们显示在终端显示器上或者从打印机上打印出来,而这些数据的再利用是很不方便的。在输入数据时,如果输错了一个数据而又按了回车键,那么全部数据都需要重新输入。这既不利于数据的输入,也不便于数据的存储和再利用。

　　如果能够先把输入的数据形成一个数据文件,存放于外部介质(一般是磁盘)上,程序从这些文件中读入数据,其计算后得到的输出结果也存放到数据文件中,那么就可以避免因输入错误而进行的重复输入,其计算结果也能很方便地被其他程序快速使用。

　　文件分为存储介质文件和外部设备文件。存储介质文件指存储在外部存储介质上数据的集合,如磁盘文件、光盘文件等。外部设备文件指的是与主机相连的各种外部设备,如键盘、显示器、打印机等。系统通常把终端键盘看作系统隐含指定的输入文件,把终端显示器看作系统隐含指定的输出文件。scanf 函数是针对系统隐含指定的输入文件(终端键盘)的操作函数,printf 函数是针对系统隐含指定的输出文件(终端显示器)的操作函数。在 Visual C++中,如果一个程序中使用了 scanf 这样的标准输入输出函数库中的函数,一般要使用包含命令♯include "stdio.h",否则编译时会有警告错误；而在 Turbo C 环境中,如果仅使用了 scanf 和 printf 这两个标准输入和输出库函数时,可以省略该包含命令。

9.1.1　文件命名

　　计算机中的操作系统以文件为单位对数据进行管理,这些存放在外部介质上的数据文件需要用一个文件名作为标识。只要给出文件名,计算机就能找到该文件在外部介质上所对应的位置，就可以对这个文件进行写（输出）或者读（输入）操作，也称存取操作。因此，当试图对磁盘等外部介质上的文件进行存取操作时，必须给这个文件起一个名字（实现按名存取），例如 data1.txt、file5.dat 等。文件名必须符合系统的文件命名规则。

9.1.2　文件类型

C 语言把文件中的数据看作一连串的二进制数据流，即文件是由一连串的字节（8 个二进制位）序列组成。

根据数据的组织形式，文件可分为文本文件和二进制文件。文本文件也称为 ASCII 文件，它由一系列的字符组成，这些字符在文件（外部介质）中以 ASCII 码值的形式存放。

例如：

```
int a=27167;
```

定义了 int 型的变量 a。在 Visual C++中它占据 4 字节的内存空间，由于十进制的 27167 转换成二进制是 00000000000000000110101000011111，在内存中的存放方式如图 9.1(a) 所示。如果把 a 中的数据按十进制文本形式输出到磁盘文件上，它至少需要占据 5 字节，如图 9.1(b)所示，它在磁盘上存储的分别是 27167 各个数字的 ASCII 码值（用十进制表示时分别是 50、55、49、54 和 55）。所以，把数据存储到文本文件或者把文本文件中的数据读入内存时需要进行存储格式上的转换。

| 00000000 | 00000000 | 01101010 | 00011111 |

(a) 变量 a 在内存中的存放形式

| 00110010 | 00110111 | 00110001 | 00110110 | 00110111 |

(b) 27167 在文本文件中的存放形式

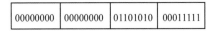

| 00000000 | 00000000 | 01101010 | 00011111 |

(c) 27167 在二进制文件中的存放形式

图 9.1　二进制文件与 ASCII 码文件的存储示例

二进制文件是按照数据在内存中存储的形式原封不动地输出到外部介质上。十进制数 27167，把它存放到二进制文件中时，与在内存中的一样，也是占 4 字节，如图 9.1(c)所示。因此，初步得出一个结论：把一个数据存放到二进制文件中时所占的字节数与它在内存中的一样，而且二进制序列也与其内存中的一样；而要存放到文本文件中时所占的字节数与在内存中所占的字节数往往不同。例如，将 27167 按十进制格式存放到文本文件中时至少占 5 字节，对于负数其符号也要占 1 字节，具体所占字节数与输出时使用的输出格式有关。

实际上，无论是文本文件还是二进制文件，C 语言都是以字节为单位（二进制数据流）读写的，下面学习文件的具体使用方法。

9.1.3　文件指针

在 C 语言中使用文件时，必须首先了解文件类型，C 语言中文件的信息保存在一个类型为 FILE 的结构体类型中。该结构体类型已由系统定义，包含在头文件 stdio.h 中。例如，某 C 系统中具体定义 FILE 类型如下。

```
typedef struct                    /* typedef 是自定义类型名关键字,详见第 10 章 */
{ short          level;           /* 缓冲区"满"或"空"的程度 */
  unsigned       flags;           /* 文件状态标志 */
  char           fd;              /* 文件描述符 */
  unsigned char  hold;            /* 如无缓冲区不读取字符 */
  short          bsize;           /* 缓冲区的大小 */
  unsigned char  * buffer;        /* 缓冲区的位置 */
  unsigned char  * curp;          /* 指针,当前的指向 */
  unsigned       istemp;          /* 临时文件指示器 */
  short          token;           /* 用于有效性检查 */
}FILE;
```

结构体类型 FILE 也称为文件类型即 FILE 类型。实际上，并不需要掌握文件类型 FILE 的具体细节，如果要使用某个文件时，只需要先定义文件类型的文件指针变量，并让其指向待访问的文件，以后对该文件指针变量的操作就是对待访问文件的操作。

例如，要访问某两个文件时，可以先定义文件指针变量：

FILE *fp1, *fp2;

表示定义了两个 FILE 类型的指针变量（简称文件指针）fp1 和 fp2，在程序中 fp1 和 fp2 可以分别代表两个文件，一旦对它们成功地执行了打开文件的操作，它们就具体地指向相应的文件，程序中就可以通过 fp1 和 fp2 访问各自指向的文件。

9.1.4　缓冲文件系统

以前版本的 C 语言系统对文件有两种处理办法：缓冲文件系统（标准 I/O）和非缓冲文件系统（系统 I/O）。缓冲文件系统处理文件时，先在内存开辟一个缓冲区，供程序中的文件读写文件操作时使用。例如，程序执行读磁盘文件的操作时，要先从磁盘文件中将其数据读入内存的缓冲区，装满该文件的缓冲区后，再将缓冲区中的数据依次送到程序的数据区（变量、数组等）。反之，执行写磁盘文件的操作时，要先将数据写入内存的缓冲区，待该文件的缓冲区装满后，再写入该磁盘文件。非缓冲文件系统不自动开辟文件的缓冲区，而是通过操作系统的功能对文件进行读写，只能读写二进制文件。

本章仅介绍缓冲文件系统，9.1.3 节介绍的文件指针也是针对缓冲文件系统的。实际上，对于计算机系统而言，缓冲区只是系统实现快速访问文件的一种组织方式；对普通的 C 用户而言，并不需要知道缓冲区的存在，也不需要因为缓冲区的存在而增加编程代码。

9.2 文件的打开与关闭

使用文件一般经过以下步骤：

（1）定义文件指针变量（见 9.1.3 节）。

（2）打开文件。

（3）对文件进行读写操作。

（4）关闭文件。

文件的打
开与关闭

对文件进行读写操作之前必须定义文件指针变量，然后打开该文件，打开文件操作成功之后就可以对文件进行读写操作了。对文件的读写并不复杂，关键还是对程序流程的控制（顺序、选择和循环 3 种控制结构的复合）。文件使用完毕要进行关闭文件操作。

9.2.1 打开文件函数

对文件操作之前要使用打开文件函数 fopen 打开文件，它有两个参数，其调用形式是：

fopen("文件名","文件操作方式");

例如：

fopen("t1.txt","r");

表示以只读的操作方式（r）打开文本文件 t1.txt 文件，这个文件必须已经存放在 C 系统当前文件夹下（否则，打开文件操作会出现错误）。

再如：

fopen("E:\\VCLIST\\t2.txt","w");

表示以写（w）的操作方式打开 E 盘根目录下 VCLIST 文件夹中的文本文件 t2.txt，这里'\\'是一个转义字符表示一个反斜杠'\'（在 fopen 函数中直接用字符串表示文件名时使用），实际上是要打开 E:\VCLIST 文件夹下的文件 t2.txt。为了叙述的方便，本章讨论例题时都是假定 E:\VCLIST 是当前文件夹，使用该文件夹下的文件时不必再给出文件的路径。

文件的操作方式及含义如表 9.1 所示。操作方式 r 表示只读文本文件，w 表示只写文本文件，a 表示追加方式文本文件（从文本文件尾部添加数据），带字符 b 的表示是二进制文件，带字符＋的表示对文件既能读也能写。

对文本文件和二进制文件进行具体的读写操作时，所使用的函数是不一样的。换句话说，通过打开文件函数中的文件操作方式指定了文本文件或二进制文件之后，也就指定了能对该文件进行读写操作的函数。

表 9.1 文件的操作方式及含义

文件操作方式	含 义
r	只读,为输入打开一个文本文件
w	只写,为输出打开一个文本文件
a	追加,从文本文件结尾处添加数据
rb	只读,为输入打开一个二进制文件
wb	只写,为输出打开一个二进制文件
ab	追加,从二进制文件结尾处添加数据
r＋	读写,为读写打开一个文本文件
w＋	读写,为读写新建一个文本文件
a＋	读写,为读写打开一个文本文件
rb＋	读写,为读写打开一个二进制文件
wb＋	读写,为读写新建一个二进制文件
ab＋	读写,为读写打开一个二进制文件

在 r、r＋、rb、rb＋、a 和 ab 操作方式下,要求打开的文件一定要存在,否则将出错。在 w、w＋、wb 和 wb＋操作方式下,若要打开的文件不存在,则新建一个文件;若要打开的文件已经存在,则将原文件删除后再新建一个同名文件。在 a＋和 ab＋操作方式下,要打开的文件是否存在皆可,若要打开的文件不存在,则新建一个文件,打开文件后,位置指针指向文件末尾,可以读,也可以追加。

fopen 函数通过函数的返回值告诉打开文件操作的状态。若打开文件操作成功,则返回指向该文件信息区的指针(非空,或称非 NULL),否则返回空指针(NULL)。因此,打开文件操作一定要与文件指针变量相联系。例如:

```
fp1=fopen("t1.txt","r");
```

如果成功打开文件,fp1 就代表文件 t1.txt。为了预防打开操作不成功而使程序出现问题,打开文件操作常用如下方法。

```
fp1=fopen("t1.txt","r");    /* 以只读的方式打开文件 t1.txt。若该文件存在,
                               则打开后 fp1 指向它;若不存在,则 fp1 值为空(NULL) */
if(fp1==NULL)              /* 若 fp1 是空指针,则一般表示文件 t1.txt 不存在 */
  { printf("Can't open t1.txt!\n");       /* 输出 Can't open t1.txt! */
    exit(0);              /* 终止正在运行的程序,返回操作系统界面 */
  }
```

exit 是库函数,包含在头文件 stdlib.h 中,其参数是整型值(0 或非 0 值均可),功能是关闭所有已打开的文件,终止正在运行的程序,返回操作系统。

上述程序段表明,若打开文件的操作成功,则使文件指针变量 fp1 指向该文件,接着

执行该 if 语句后面读文件操作的程序段；否则（如在当前文件夹下没有 t1.txt 文件），输出 Can't open t1.txt!，并关闭所有已打开的文件，终止正在运行的程序，返回操作系统。

也可以使用与上段程序功能相同的更规整的方法。

```
if((fp1=fopen("t1.txt","r"))==NULL)
  { printf("Can't open t1.txt!\n");
     exit(0);
  }
```

9.2.2　关闭文件函数

文件使用完毕之后，通过关闭文件函数关闭该文件，以防止后续程序的误操作和数据丢失。

关闭文件的函数 fclose 的调用形式是：

fclose(文件指针变量);

假设 fp1 是 9.2.1 节中已经成功打开的文件指针，并已指向文件 t1.txt。则

```
fclose(fp1);
```

表示关闭文件 fp1，即把文件指针变量 fp1 和所打开的文件 t1.txt 脱离关联，fp1 不再指向文件 t1.txt 的信息区。关闭文件成功之后，不能再对该文件进行操作。若还要使用该文件，需要通过 fopen 函数重新打开之后才能再次对它进行操作。

为了熟悉文件指针的定义、打开文件和关闭文件的操作，例 9-1 给出了一个样例。

【例 9-1】　以只读的方式打开文本文件 dt1.txt，若打开操作成功则输出 Successed!，然后关闭文件，否则输出 Failed!，并结束程序。

【分析】　使用 9.2.1 中的方法打开文件。

```
#include "stdio.h"
#include "stdlib.h"        /* 程序中使用了 exit 函数,需要包含该头文件 */
main()
{ FILE *fp;                /* 定义文件指针变量 fp */
  if((fp=fopen("dt1.txt","r"))==NULL)       /* 打开文件操作 */
    { printf("Failed!\n");
       exit(0);
    }
  printf("Successed!\n");
  fclose(fp);                /* 关闭所打开的文件,让 fp 与文件 dt1.txt 脱离关联 */
}
```

假设文件 dt1.txt 已经存在，其运行结果：

```
Successed!
```

【说明】

(1) 对文件操作前必须先定义文件指针变量。

(2) 用 r 方式打开文件时,要求待打开的文件必须存在,否则会出错。本题默认文件 dt1.txt 已存在,否则运行结果将是 Failed!。

(3) 文件的打开和关闭必须成对出现。在编写程序时,倘若打开了某个文件,则必须在程序结束时(或其他合适的位置)关闭它。

(4) 实际上,将程序中的语句

```
printf("Successed!\n");
```

改写成相应的读文件 dt1.txt 的程序段,就是一个完整的从磁盘文件 dt1.txt 中读取数据的程序。

9.3 文件的读写操作

文件的读写

定义文件指针变量和打开文件之后,就可以对文件进行读(输入)和写(输出)的操作了。所谓的读和写都是针对内存而言的,如果把数据从终端或者数据文件送入内存就称为读,要用到输入函数;而把内存中的数据送到终端或者外部文件中就是写,这时则要用到输出函数,理解这个含义在进行文件的操作中是非常重要的。一般文本文件和二进制文件所能使用的读写函数是不一样的。对文本文件使用的读写函数将在 9.3.1～9.3.3 节中介绍,对二进制文件的读写函数将在 9.3.4 节中介绍。

9.3.1 对文本文件输入输出字符

在叙述对文本文件进行字符的输入输出之前,先看例 9-2 的引例程序。

```
#include "stdio.h"
main()
{ char ch;
  ch=getchar();
  while(ch!='\n')          /* 如果刚输入的字符不是回车则继续循环 */
    { putchar(ch);
      ch=getchar();
    }
  putchar('\n');
}
```

转义字符'\n'在 ASCII 码表中的值是 10,是控制字符,表示 LF(换行)的意思。从键盘上输入数据时,按回车键才能实现换行,因此程序中的表达式 ch!='\n'的意思是输入的字符不是回车符。while 程序段的含义是:如果通过 getchar 函数输入的字符不是回车(换行)符,则继续执行循环体中的语句。通俗地讲,本程序段的功能就是从键盘上输入一个字符,然后把该字符显示在终端显示器上,不断地重复输入字符和显示字符,直到输入的字符是回车(换行)符为止。

运行结果:

```
Welcome to Daqing!↙
Welcome to Daqing!
```

由于'\n'的 ASCII 码的值是 10,所以程序中的表达式 ch!='\n'也可以用 ch!=10 或 ch!='\012'代替,但这样表述程序时易读性较差。

【例 9-2】 修改上述引例程序的功能,还是从键盘上输入字符,但输出不是显示到终端显示器上,而是输出到磁盘文件 dt2.txt 中。

【分析】 与引例程序相比,除了增加打开文件和关闭文件的操作外,还要将 putchar 函数换成将字符输出到文件的函数。

```
#include "stdio.h"
#include "stdlib.h"                /*程序中使用了exit函数,需要包含该头文件*/
main()
{  char ch;
   FILE *fp;                       /*定义文件指针变量*/
   if((fp=fopen("dt2.txt","w"))==NULL)      /*打开文件*/
     {  printf("Can't open dt2.txt!");
        exit(0);
     }
   ch=getchar();                   /*以下是对文件进行操作的控制流程*/
   while(ch!='\n')
     {  fputc(ch,fp);              /*将字符ch输出到fp指向的文件*/
        ch=getchar();
     }
   fclose(fp);                     /*关闭文件*/
}
```

【说明】 该程序是在例 9-1 和例 9-2 的引例基础上改进而成的。首先,例 9-2 的程序结构与例 9-1 的程序基本相同,主函数中也是 4 步:①定义文件指针变量 fp;②打开文件;③对文件进行读或写操作;④关闭文件。其中①和④与例 9-1 相同;②中打开文件的文件名和文件操作方式等变了:文件名是 dt2.txt,文件操作方式是"w"(写),打开文件出错时输出的信息不同(Can't open dt2.txt!);③中对文件进行读写操作是需要重新编写的(取代例 9-1 中的输出语句 printf("Successed!\n");),而它的控制流程恰好与例 9-2 的引例程序相同,只是原来输出到终端显示器上,现在需要使用 fputc 函数输出到文件中。

fputc 函数的功能是将一个字符输出到指定文件中。其调用形式是:

fputc(待输出字符,文件指针);

例如:

```
fputc(ch,fp);
```

其中，ch 可以是一个字符常量、字符变量或者是一个字符的 ASCII 码值；fp 是文件指针变量，该语句的功能是将 ch 所表示的字符写到 fp 所指向的文件中。

例 9-2 程序中文件的操作方式必须是允许写的方式，在 while 循环体中必须有继续读取下一个字符的语句（ch＝getchar();），否则会出错。另外，运行该程序从键盘输入字符时必须有回车符，以保证程序可以终止。

例 9-2 的运行结果：

Welcome to Daqing!↙

由于输出是写到磁盘文件 dt2.txt 中，终端显示器上仅有输入数据，并没有输出结果。可以通过以下几种方法查看 dt2.txt 中的数据。

（1）dt2.txt 是文本文件，可以用 Windows 系统附件中的记事本打开它，如图 9.2 所示。

（2）在 Windows"此电脑"或"资源管理器"中找到该文件，双击它用默认的方式打开该文件。也可以通过鼠标右键选择"打开方式"来选择打开该文件所使用的程序。

（3）使用 DOS 命令 TYPE 查看：

E:\VCLIST>type dt2.txt↙

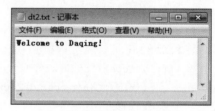

图 9.2　用记事本打开文本文件

（4）使用 fgetc 函数能读出文本文件中的字符（见例 9-3），fgetc 函数的调用形式是：

fgetc(文件指针);

fgetc 函数的功能是从文件指针指向的文件中读入一个字符，函数的返回值就是读入的字符值。例如：

ch=fgetc(fp);

表示从 fp 所指向的文件中读入一个字符，放到字符型变量 ch 中。

【**例 9-3**】　将例 9-2 程序产生的数据文件 dt2.txt 中的内容读入并输出到终端显示器上，同时统计其中字母的个数。

【**分析一**】　仅考虑从文件中读入并输出到终端显示器上的情况（先不考虑统计字母个数），需要使用 fgetc 函数逐个从文件 dt2.txt 中读出字符，使用终止标记法控制循环。

```
#include "stdio.h"
#include "stdlib.h"
main()
{ char ch;
  FILE *fp;
  if((fp=fopen("dt2.txt","r"))==NULL)     /* 文件操作方式是 r(读) */
    { printf("Can't open dt2.txt!\n");
      exit(0);
    }
```

```
    ch=fgetc(fp);                /* 第 10 行,先从文件中读一个字符到 ch 中 */
    while(ch!=EOF)               /* 读入的字符不是文件结束标识时继续循环 */
       { putchar(ch);
         ch=fgetc(fp);           /* 为什么还需要从文件中读一次？ */
       }
    putchar('\n');
    fclose(fp);
}
```

运行结果:

```
Welcome to Daqing!
```

【说明】

(1) 该文件的操作方式必须是允许读的方式,文件必须已经存在,否则 fp 中的值是 NULL。

(2) 在 while 循环中必须判断文件是否已到结束位置,若是则终止循环。在头文件 stdio.h 中有

```
#define EOF  (-1)
```

在文本文件中用 EOF(即-1)作为文件结束标识。

(3) 可以把程序中对文件操作部分(从第 10 行开始,共 5 行)用以下程序段代替:

```
while((ch=fgetc(fp))!=EOF)
   putchar(ch);
```

这段程序可以理解为:从 fp 所指向的文件中读取一个字符,并将其赋给 ch。若 ch 不是文件结束标识(EOF),则继续 while 循环,执行语句 putchar(ch);,向终端输出该字符,否则终止 while 循环过程。

【分析二】 为了完成例 9-3 中要求的统计功能,可以在 while 循环体中增加统计字母个数的语句。需先在程序的声明部分增加:

```
int n;
```

同时,把说明(3)中的 while 循环改成:

```
n=0;
while((ch=fgetc(fp))!=EOF)
   { putchar(ch);
     if(ch>='a'&&ch<='z'||ch>='A'&&ch<='Z')
        n++;
   }
```

并且在 fclose(fp);前边增加语句:

```
printf("文件中字母的个数:%4d\n",n);
```

程序的运行结果：

```
Welcome to Daqing!
文件中字母的个数： 15
```

通过本例可以看到，将文件中的数据读出以后，还要做一些操作。例如，输出到终端显示器上，统计字母字符的个数，等等。这时需要修改程序中对文件读写操作部分（增加变量时要同时增加对该变量的定义），增加相应的程序语句，使其达到解题的要求。

9.3.2　对文本文件格式化输入输出

对文本文件常用的输入输出方式是使用格式化输入输出，格式化输入和格式化输出指的是从指定文件中按照一定格式输入和输出数据的操作。在以前使用的格式化输入输出中，使用的是 scanf 函数（用于键盘输入）和 printf 函数（一般用于终端显示器输出）。

【例 9-4】　求 $100 \sim 290$ 的素数，把这些素数存放到文本文件 dt3.txt 中，每 10 个素数换一次行。

【分析】　由于本例涉及对文件的操作，可能感到无从下手。实际上，对文件的操作可以从不是对文件操作的例子开始。先编写求 $100 \sim 290$ 的素数的程序，运算结果（求出的素数）先输出到终端显示器上。其引例程序如下。

```
#include "stdio.h"
main()
{  int n,num;
   int prime(int m);
   num=0;                          /* num 用于记录素数个数,初值置 0 */
   for(n=100;n<=290;n++)
     if(prime(n)==1)
       {  num++;                    /* 素数个数加 1 */
          printf("%5d",n);          /* 第 9 行 */
          if(num%10==0)printf("\n"); /* 第 10 行 */
       }
   printf("\n");                    /* 第 12 行 */
}
int prime(int m)                     /* 判断整数 n 是否为素数的函数 */
{  int k;
   for(k=2;k<m;k++)
     if(m%k==0)break;
   if(m==k)return 1;
   else return 0;
}
```

该引例程序的运行结果：

```
101  103  107  109  113  127  131  137  139  149
```

```
151  157  163  167  173  179  181  191  193  197
199  211  223  227  229  233  239  241  251  257
263  269  271  277  281  283
```

程序中共有 3 个语句行(第 9 行、第 10 行和第 12 行)使用了 printf 函数进行输出。实际上,只要改造这 3 行的 printf 函数,让其把输出结果写到文件里就可以了。

对文本文件的格式化输出使用 fprintf 函数实现,其功能类似于 printf 函数。fprintf 函数的调用形式是:

fprintf(文件指针,格式控制,输出表列);

【说明】 参数中的文件指针指向所要访问的文件,其余两类参数与 printf 函数中的作用和使用方法相同。

例如:

```
FILE *fp;
int n;
float f;
…
fprintf(fp, "%d%8.2f\n",n,f);
```

表示将 n 以十进制整数的格式(%d)、f 以实型小数格式(数据占 8 列,小数部分占 2 位)输出到 fp 所指的文件中,同时要把换行符输出到该文件中。

对引例程序而言,如果打开文本文件 dt3.txt 时使用的文件指针变量是 fpw,则第 9 行、第 10 行和第 12 行程序可以分别改成:

```
fprintf(fpw,"%5d",n);                     /*第 9 行*/
if(num%10==0) fprintf(fpw,"\n");          /*第 10 行*/
fprintf(fpw,"\n");                        /*第 12 行*/
```

再对例 9-4 的引例程序增加打开和关闭文件部分,则可以编写出实现例 9-4 功能的程序,其中带有注释的行是新增加的,或者是在引例程序的基础上修改的。

```
#include "stdio.h"
#include "stdlib.h"
main()
{ int n,num;
  int prime(int m);
  FILE *fpw;                              /*使用文件时需要定义文件指针变量*/
  if((fpw=fopen("dt3.txt","w"))==NULL)    /*这 4 行实现打开文件操作*/
    { printf("Can't open dt3.txt!\n");
      exit(0);
    }
  num=0;
  for(n=100;n<=290;n++)
    if(prime(n)==1)
```

```
        {  num++;
           fprintf(fpw,"%5d",n);              /*把素数写到 fpw 指向的文件(dt3.txt)中*/
           if(num%10==0)fprintf(fpw,"\n");     /*文件中每 10 个素数换一次行*/
        }
     fprintf(fpw,"\n");                    /*文件中最后再换一次行*/
     fclose(fpw);                          /*关闭文件*/
  }
  int prime(int m)
  {  int k;
     for(k=2;k<m;k++)
        if(m%k==0)break;
     if(m==k)return 1;
     else return 0;
  }
```

例 9-4 产生的文本文件可以使用记事本等直接查看和编辑,也可以在 DOS 环境下使用 type 命令显示(见图 9.3)。

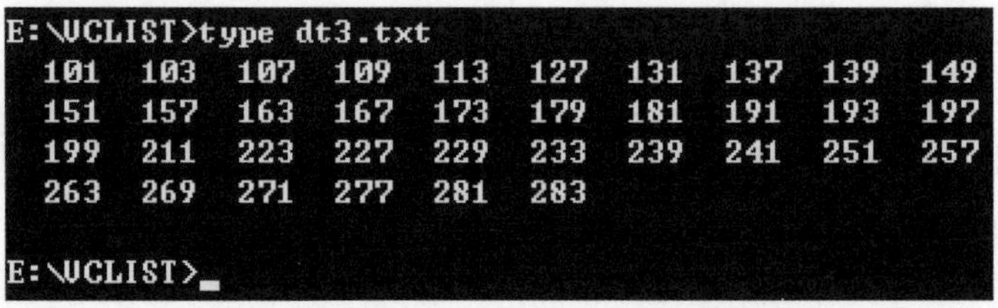

图 9.3　DOS 下通过 type 命令查看 dt3.txt

【说明】

(1) 对比本例的两个程序后可以看出,对文件输出操作的程序可以先不使用文件,等程序调试正确以后,再增加打开和关闭文件的语句及其相关内容,同时将原来使用 printf 函数的输出部分改写成使用 fprintf 函数对文件的输出部分。等对文件的操作部分熟练以后,再直接编写包含对文件操作的 C 程序。

(2) fprintf 函数的功能类似于 printf 函数,除了增加文件指针变量外,其余部分与 printf 函数相同,但 fprintf 函数的输出写入文本文件中,printf 函数将数据输出到系统隐含指定的输出设备(一般是终端显示器)上。

除了记事本和 DOS 下的 type 命令之外,更合适的方法是通过程序查看文本文件。从文本文件输入数据时,需要使用与 scanf 函数功能类似的 fscanf 函数,它的功能是按照一定格式从指定文件中输入一个或多个数据。其调用形式是:

fscanf(文件指针,格式控制,地址表列);

【说明】　参数中的文件指针指向所要访问的文件,其余两类参数与 scanf 函数中的作用和使用方法相同。

例如:

```
FILE *fp;
int n;
char str[10];
float var;
...
fscanf(fp,"%d%s%f",&n,str,&var);
```

表示从 fp 所指向的文件中输入一个整数给变量 n,一个字符串给字符数组 str,一个浮点型数据给变量 var。

【例 9-5】 将例 9-4 求出的素数从文件 dt3.txt 中读出并输出到终端显示器上,同时求出这些素数的个数及其平均数。

【分析】 编写程序时除了打开和关闭文件时要对文件操作之外,输入数据时也要从文件中读出。

```
#include "stdio.h"
#include "stdlib.h"
main()
{ int n,num,sum;
  float aver;
  FILE *fpr;
  if((fpr=fopen("dt3.txt","r"))==NULL)
                               /*文件指针变量是 fpr,文件操作方式是文本文件只读*/
    { printf("Can't open dt3.txt!\n");
      exit(0);
    }
  num=0; sum=0;              /*为素数个数 num、素数之和 sum 赋初值*/
  fscanf(fpr,"%d",&n);       /*用%d 格式从 fpr 指向的文件中读入一个整数放到 n 中*/
  while(!feof(fpr))          /*若文件没结束,则继续 while 循环,否则循环终止*/
    { num++;
      sum=sum+n;
      printf("%5d",n);
      if(num%10==0)printf("\n");
      fscanf(fpr,"%d",&n); /*用%d 格式从 fpr 指向的文件中继续读入整数放到 n 中*/
    }
  aver=sum*1.0/num;
  printf("\n 素数个数=%d,素数的平均值=%6.1f\n",num,aver);
  fclose(fpr);
}
```

运行后,程序在屏幕上的输出结果:

```
101  103  107  109  113  127  131  137  139  149
151  157  163  167  173  179  181  191  193  197
```

```
199   211   223   227   229   233   239   241   251   257
263   269   271   277   281   283
```
素数个数=36,素数的平均值=192.3

【说明】

(1) 程序中的关键部分都加了注释,不难读懂对文本文件进行格式化输入的方法。

(2) 由于对文件中数据的输入往往都是由终止标记方式控制循环,所以一般至少有两处使用 fscanf 函数。以使用 while 循环为例,一处是在 while 循环前对数据预读,然后通过 feof 函数判断文件是否已经结束(若未结束则进入循环体);另一处一般是在循环体内最后部分,以便直接回到 while 循环首行进行文件是否已经读到结尾的判断。

(3) 常用的判断文件结束的方法有两种,一种是用 EOF 标识(−1,见例 9-3),系统会自动在文本文件结束处写入该文件结束标识;另一种使用 feof 函数。EOF 标识法只可用于文本文件,不能用于二进制文件。因为文本文件的每个字节中都是存放一个字符的 ASCII 码值,而 ASCII 码值中没有−1,遇到−1 时可以肯定文件已结束。但是,二进制文件中某个字节数据有可能是−1,所以不能用 EOF 标识法判断二进制文件是否结束,feof 函数既可用于二进制文件,也可以用于文本文件。当遇到文件结束标识时,feof 函数的返回值是非 0,否则返回值是 0。未读到文件尾时,!feof(fpr) 的值是 1,本程序的 while 循环继续。

【例 9-6】 假设有以下 7 个学生的数据:

```
107151   Zhang   78   88   98
107153   Wang    98   96   95
107154   Li      50   60   70
107155   Zhao    80   66   55
107159   Liu     55   65   75
107160   Huang   40   50   70
107161   Du      77   68   89
```

每行代表一个学生的数据,依次是学号(long 型)、姓名(字符串,用字符型数组存放)、3 门课程的成绩(3 个元素的 int 型数组)。这 7 个学生的数据已经存放在文本文件 dt4.txt 中(可以使用系统附件中的记事本程序录入后存储到当前文件夹)。编写程序,将这些学生的数据依次读出,求出学生 3 门课的平均成绩,然后将刚读出的数据和其平均成绩输出到另外一个文件 dt5.txt 中。

【分析】 需要打开两个文件,一个是输入文件 dt4.txt,另一个是输出文件 dt5.txt。核心程序段是从输入文件中读入数据,将读入的每个学生的数据和求出的平均成绩放到输出文件中,这也需要用终止标记法控制循环(在循环前和循环体中各使用一次 fscanf 函数调用)。

```
#include "stdio.h"
#include "stdlib.h"
main()
{ long xh;
```

```
       char xm[12];
       int   jc[3];
       float aver;
       FILE *fp1, *fp2;
       if((fp1=fopen("dt4.txt","r"))==NULL)      /* 打开输入文件 */
         { printf("Can't open dt4.txt!\n");
           exit(0);
         }
       if((fp2=fopen("dt5.txt","w"))==NULL)      /* 打开输出文件 */
         { printf("Can't open dt5.txt!\n");
           exit(0);
         }
       fscanf(fp1,"%ld%s%d%d%d",&xh,xm,&jc[0],&jc[1],&jc[2]);       /* 第 17 行 */
       while(!feof(fp1))
         { aver=(jc[0]+jc[1]+jc[2])/3.0;
           fprintf(fp2,"%8ld%12s%4d%4d%4d%6.1f\n",xh,xm,jc[0],jc[1],jc[2],aver);
           fscanf(fp1,"%ld%s%d%d%d",&xh,xm,&jc[0],&jc[1],&jc[2]);  /* 第 21 行 */
         }
       fclose(fp1);
       fclose(fp2);
   }
```

例 9-6 产生的文本文件 dt5.txt 用记事本打开后如图 9.4 所示。

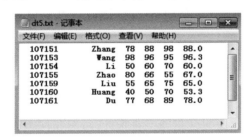

图 9.4　例 9-6 产生的文本文件 dt5.txt 用记事本打开后的内容

【说明】

（1）第 17 行和第 21 行是完全相同的两个 fscanf 函数的运用，这是读文本文件数据时需要的（见例 9-5 的说明部分）。

（2）语句 fscanf(fp1,"%ld%s%d%d%d",&xh,xm,&jc[0],&jc[1],&jc[2]);也可以用以下程序段实现（在程序的声明部分要增加定义 int i;）。

```
fscanf(fp1,"%ld%s",&xh,xm);
for(i=0;i<3;i++)
  fscanf(fp1,"%d",&jc[i]);
```

这段程序虽然多了几行，但通用性、易读性都比较好，特别是如果所学的课程门数增多时仅需要修改 for 循环中表达式 i<3 中的 3 即可。同样，第 20 行 fprintf 函数的使用和第 19 行求和的语句也可以用类似的办法修改。

9.3.3 对文本文件输入输出字符串

除了在 fscanf 和 fprintf 函数中使用"％s"格式输入输出字符串之外，还可以使用 fgets 和 fputs 实现对文本文件输入输出字符串。

1. fgets 函数

fgets 函数的功能是从指定文件输入一个字符串，并在输入的字符串后自动加上字符串结束标志'\0'。其调用形式是：

fgets(存放字符串起始地址,读出的字符数,文件指针);

例如：

```
fgets(str,n,fp);
```

其中，fp 指向要访问的文件，str 是字符数组名（或字符指针），用来存放从文件中读出的字符串。n 表示从文件 fp 中读出 n−1 个字符，系统自动在这 n−1 个字符后面加上字符串结束标志'\0'后，送到起始地址为 str 的存储空间，共占据 n 字节。

2. fputs 函数

fputs 函数的功能是向指定文件输出一个字符串。其调用形式是：

fputs(待输出字符串起始地址,文件指针);

例如：

```
fputs(str, fp);
```

其中，str 为字符数组名、字符串常量或字符指针，fp 是指向文件的指针变量。作用是向 fp 所指向的文件中写入 str 所代表的字符串。

【例 9-7】 从 dt6.txt 文件中一次读取 5 个字符，并将它们与字符数组 cmpstr 的内容比较，若两者不同，则将读取的字符存储到 dt7.txt 的结尾处，直到 dt6.txt 结束。

假设文件 dt6.txt 内容为 BejinabcdegDaqiabcdengShaabcdeabcdengHai。

【分析】 读入 5 个字符的函数为 fgets(filestr,6,fp1);，其中第二个参数 6 仅表示读入 5 个字符，多出的一个字符用于系统自动加上'\0'，使读入的 5 个字符形成字符串。

```
#include "stdio.h"
#include "stdlib.h"
#include "string.h"
main()
{ FILE *fp1, *fp2;
  char filestr[6],cmpstr[6];
  if((fp1=fopen("dt6.txt","r"))==NULL)
    { printf("Can't open dt6.txt!\n");
```

```
        exit(0);
    }
    if((fp2=fopen("dt7.txt","a"))==NULL)
      { printf("Can't open dt7.txt!\n");
        exit(0);
    }
    gets(cmpstr);
    fgets(filestr,6,fp1);
    while(!feof(fp1))
      { if(strcmp(filestr,cmpstr)!=0) fputs(filestr,fp2);
        fgets(filestr,6,fp1);
    }
    fclose(fp1);
    fclose(fp2);
}
```

运行时,从键盘输入:

abcde↙

程序运行结束后,文本文件 dt7.txt 的内容:

BejingDaqingShangHai

【说明】

(1) 文件 dt7.txt 的操作方式是追加方式,可以通过多次运行本程序并查看文件 dt7.txt 中数据的变化情况来理解打开文件操作方式的作用。

(2) 调用 fgets 函数时,第二个参数的值需比实际读取的字符个数大 1。

(3) 本程序使用了字符串比较函数 strcmp,因此需在主函数前包含头文件"string.h"。

(4) 由于用 a 方式打开文件 dt7.txt,a 表示追加方式,即每次输出到文件中的文本数据都是添加到文件当时的结尾处,所以,当第二次运行此程序,键盘输入仍然为

abcde↙

时,程序运行结束后文件 dt7.txt 中的数据是:

BejingDaqingShangHaiBejingDaqingShangHai

9.3.4 对二进制文件输入输出数据块

前面几种读写数据文件的方法都是针对文本文件而言的,存放到文件中的数据是按字节存放的,而且存放的是字符的 ASCII 码值。由于数值型(int 型、long 型、float 型等)数据在内存中都是以二进制形式存放的,把它放到文本文件中需要转换成 ASCII 码形式。仍以图 9.1 为例,int 型变量 a 中的值是十进制的 27167 时,它在 Visual C++系统的内存中占 4 字节(见图 9.1(a))。如果把它存放到文本文件中,使用以下 fprintf 函数输出:

```
fprintf(fp,"%5d",a);
```

其中，fp 指向输出的文本文件，"%5d"格式使 a 在文本文件中占 5 字节，而且存放的是'2'、'7'、'1'、'6'和'7'对应的 ASCII 码值（见图 9.1(b)），显然这需要进行数据格式上的转换。同理，把存放在文本文件中以图 9.1(b)形式存放的十进制数 27167 读入内存的变量中时，也要进行数据格式转换。这种转换不但需要花费机器时间，而且往往还可能增加存储量。例如，若使用"%6d"格式输出变量 a，则在文件中要占 6 字节等。

如果把变量 a 中的数据按其在内存中的存放形式（见图 9.1(a)）存放到文件中（见图 9.1(c)），这并不需要进行格式上的转换，所形成的文件就是二进制文件。C 语言对二进制文件一般采用数据块输入和输出操作方法，其对应函数是 fread 和 fwrite。

1. fread 函数

fread 函数的功能是从指定文件输入一组数据。其调用形式是：

fread(存放读出数据的内存地址,单个数据项的字节数,数据项数,文件指针**);**

【注意】 其中的文件指针放到了函数参数的最后。

例如：

```
FILE *fp;
float arr[10];
fread(arr,4,10,fp);
```

表示从 fp 所指向的文件中一次读取出 10 个 float 型数据（一个数据占 4 字节），存放在数组 arr 中，这实际上读入了 4 字节×10＝40 字节的数据。

2. fwrite 函数

fwrite 函数的功能是向指定文件输出一组数据。其调用形式是：

fwrite(待写入数据在内存中的地址,单个数据项的字节数,数据项数,文件指针**);**

例如：

```
FILE *fp;
float arr[2];
...
fwrite(arr,4,2,fp);
```

表示把数组 arr 中的两个 float 型数据写入 fp 所指向的文件，实际上向文件输出了 4 字节×2＝8 字节的数据。

【例 9-8】 假设每个学生的数据与例 9-6 相同，有学号（long 型）、姓名（字符串）、3 门课程的成绩（int 型）共 5 个数据。从键盘上输入 7 个学生的数据（平均成绩通过计算得出），并将学生包括平均成绩在内的各项数据输出到二进制文件 dt8.txt 中。

【分析】 二进制输出文件的打开方式是 wb，往二进制文件中写入数据需要使用 fwrite 函数。

方法一

```
#include "stdio.h"
#include "stdlib.h"
main()
{ struct stu
    { long xh;
      char xm[12];
      int jc[3];
      float aver;
    }s;                          /*对文件输入输出数据块时需要结构体类型的数据*/
  int i;
  FILE *fp;
  if((fp=fopen("dt8.txt","wb"))==NULL)
                                 /*打开文件的方式是"wb",表示二进制输出文件*/
    { printf("Can't open dt8.txt!\n");
      exit(0);
    }
  for(i=0;i<7;i++)
    {
      scanf("%ld%s%d%d%d",&s.xh,s.xm,&s.jc[0],&s.jc[1],&s.jc[2]);
      s.aver=(s.jc[0]+s.jc[1]+s.jc[2])/3.0;
      fwrite(&s,sizeof(struct stu),1,fp);          /*向文件中输出数据块*/
    }
  fclose(fp);
}
```

运行结果：

```
107151   Zhang      78  88  98↙
107153   Wang       98  96  95↙
107154   Li         50  60  70↙
107155   Zhao       80  66  55↙
107159   Liu        55  65  75↙
107160   Huang      40  50  70↙
107161   Du         77  68  89↙
```

【说明】

（1）运行结果中的输出数据写入文件 dt8.txt 中。由于它是二进制文件，无法使用记事本程序或 DOS 的 type 命令查看该文件。

（2）fwrite 函数的第一个参数需要给出要输出的数据块的起始地址，s 是结构体类型的变量，其地址是 &s。由于 sizeof(struct stu) 的值是 32（Visual C++环境），所以第二个参数直接写 32 也是可以的，但如果算错了结构体数据所占的长度而填错此参数，或者在 Turbo C 系统中使用了 32，写入文件的数据都是不正确的。因此，建议使用 sizeof 运算符来填写第二个参数。

（3）使用"％s"格式输入字符串时，字符串中不能有空格，否则需要使用 gets 输入。
也可以通过以下程序完成例 9-8 的功能。

方法二

```
#include "stdio.h"
#include "stdlib.h"
main()
{ struct stu
    { long xh;
       char xm[12];
       int  jc[3];
       float aver;
    }s[7];
    int i;
    FILE *fp;
    if((fp=fopen("dt8.txt","wb"))==NULL)
      { printf("Can't open dt8.txt!\n");
         exit(0);
      }
    for(i=0;i<7;i++)
      { scanf("%ld%s%d%d%d",&s[i].xh,s[i].xm,&s[i].jc[0],&s[i].jc[1],&s[i].jc[2]);
         s[i].aver=(s[i].jc[0]+s[i].jc[1]+s[i].jc[2])/3.0;
      }
    fwrite(s,sizeof(struct stu),7,fp);
    fclose(fp);
}
```

【说明】

（1）利用 for 循环将 7 个学生的数据输入数组 s 中。其中，第 i 个学生的数据放到 s[i]中。例如，第 i 个学生的学号是 s[i].xh，第 i 个学生第 0 门课程的成绩放到 s[i].jc[0] 中，第 2 门课程的成绩放到 s[i].jc[2]中等。

（2）由于本程序中 s 是数组名，它代表数组的起始地址，所以在 fwrite 函数中的第一个参数可以直接使用 s。实际上，使用 &s[0]和 &s 都是可以的。

【例 9-9】 读出文件 dt8.txt 中的数据，显示在终端显示器上。

【分析】 使用终止标记法从文件中读入数据。由于是二进制输入文件，文件打开方式是 rb，从此文件中读入数据使用 fread 函数。

```
#include "stdio.h"
#include "stdlib.h"
main()
{ struct stu
    { long xh;
       char xm[12];
       int jc[3];
```

```
        float aver;
    }s;
    FILE *fp;
    if((fp=fopen("dt8.txt","rb"))==NULL)    /* 打开二进制文件,用于输入 */
      { printf("Can't open dt8.txt!\n");
        exit(0);
      }
    fread(&s,sizeof(struct stu),1,fp);      /* 读入一个数据块并放到 s 中 */
    while(!feof(fp))                        /* 如果文件没结束则执行循环体 */
      {
        printf("%ld  %-12s%4d%4d%4d%6.1f\n",s.xh,s.xm,s.jc[0],s.jc[1],s.jc[2],
    s.aver);
        fread(&s,sizeof(struct stu),1,fp);
      }
    fclose(fp);
}
```

运行结果:

```
107151    Zhang        78  88  98  88.0
107153    Wang         98  96  95  96.3
107154    Li           50  60  70  60.0
107155    Zhao         80  66  55  67.0
107159    Liu          55  65  75  65.0
107160    Huang        40  50  70  53.3
107161    Du           77  68  89  78.0
```

【说明】 采用了一次输入一个学生的数据(块)的方法,用 feof 函数判断文件是否在结束位置。也可以使用结构体类型的数组,使用一次 fread 函数把 7 个学生的数据全都读入该数组中。

9.4 定位读写文件

每个文件都有一个和该文件相关的位置指针,称为文件位置指针,它指向当前可以进行读写操作的起始位置。一般情况下,对文件的操作都是顺序进行的,读写完一个数据后文件的位置指针会自动顺序下移,指向下一个待读写数据的起始位置。

本节介绍几个能直接修改文件位置指针值的函数,这种文件指针位置的修改称为文件的定位,也称为定位读写文件(的位置)。

定位读
写文件

9.4.1 rewind 函数

rewind 函数的功能是将文件位置指针指向文件的开始处。其调用形式是:

rewind(文件指针);

例如：

```
rewind(fp);
```

通过该函数调用，文件位置指针回到了文件开始处，可以再次从文件开始处对文件进行读写操作。

9.4.2　fseek 函数

fseek 函数强制使文件位置指针移动到指定的位置。其调用形式是：

fseek(文件指针,偏移量,起始位置);

【说明】　文件指针指向所要访问的文件；偏移量指的是目标位置距离起始位置的字节数，是长整型数据，若目标位置在起始位置的后面时偏移量符号取正号，若在起始位置的前面时符号取负号；起始位置有 3 个值：0、1、2，其中 0 代表文件的开始，1 代表文件位置指针当前指向的位置，2 代表文件的结尾。

例如：

```
fseek(fp,20L,1);
```

表示使文件的位置指针从当前位置向后移 20 字节。

再如：

```
fseek(fp,-60L,2);
```

表示使文件的位置指针从文件结尾向前移 60 字节。

可见，通过 fseek 函数可以修改文件位置指针的值，由此可以实现对文件的随机读写操作。

9.4.3　ftell 函数

ftell 函数的功能是返回文件位置指针的当前值，用当前文件位置指针距离文件起始位置的偏移量来表示。其调用形式是：

ftell(文件指针);

例如：

```
long v;
v=ftell(fp);
```

若 fp 所指向的文件不存在时，该函数返回 $-1L$，因此常用下面的方法来判断是否出错。

```
if(v==-1L) printf("Error!\n");
```

【例 9-10】 先显示文件 dt9.txt 中的内容,然后在该文件中查找是否存在字符'♯',若找到则输出当前文件指针的位置,否则输出 Not Found!。

假设文件 dt9.txt 的内容为:ABCD%XY=234-77 $ WinXP♯END。

程序实现如下。

```c
#include "stdio.h"
#include "stdlib.h"
main()
{ FILE *fp;                          /*定义文件指针变量*/
  char ch;
  long position;
  int found=0;
  if((fp=fopen("dt9.txt","r"))==NULL)   /*打开文件 dt9.txt*/
    { printf("Can't open dt9.txt!\n");
      exit(0);
    }
  ch=fgetc(fp);
  while(!feof(fp))                    /*显示文件 dt9.txt 的内容*/
    { putchar(ch);
      ch=fgetc(fp);
    }
  rewind(fp);                         /*使文件位置指针移动到文件的开始*/
  ch=fgetc(fp);
  while(!feof(fp))
    { if(ch=='#')
        { position=ftell(fp);     /*将文件位置指针的值赋给变量 position*/
          found=1;
          printf("\n字符#的位置: %ld\n",position);
          break;
        }
      ch=fgetc(fp);
    }
  if(found==0) printf("Not Found!");
  fclose(fp);                         /*关闭文件 dt9.txt*/
}
```

运行结果:

```
ABCD%XY=234-77$ WinXP#END
字符#的位置: 22
```

【说明】 ftell 函数返回文件位置指针的当前值,在 Turbo C 环境下保存其结果的变量必须定义为长整型。

本章小结

本章主要介绍了文件、文件指针变量以及对文件的操作。文件是指存储在外部存储介质上数据的集合，分为文本文件和二进制文件。C 语言把文件当作一个二进制数据流来看待，以字节为单位进行存取。

在 C 语言中，用文件指针变量（简称文件指针）标识文件。当打开一个文件成功时，可取得该文件的文件指针。对文件进行操作次序是：先打开，然后读写，最后关闭。可以对文件以字符、字符串、数据块为单位进行读写操作，也可以按格式进行操作。文件的操作方式有只读、只写、读写、追加 4 类。

文件指针和文件位置指针是不同的概念：文件指针是文件指针变量，打开文件成功后代表被打开的文件；文件位置指针是系统自动设置的，用以指示文件内部的当前读写位置。对文件的读写操作都是从文件位置指针处开始的，当向文件读写一个数据（可以是字符、字符串或数据块）后，文件位置指针自动移动到下一个数据位置。通过相应的函数移动文件位置指针，就可以实现对文件的随机读写操作。

习题 9

9-1 编程序求出例 9-4 产生的文本文件 dt3.txt 的长度（字符的个数）。

9-2 改写例 9-5，把程序中输出到终端显示器上的所有结果都输出到一个数据文件中。

9-3 分别编写产生习题 4-10 中各个图形的程序，要求把组成每个图形的字符输出到不同的文本文件中，然后用 DOS 命令或记事本程序查看。

9-4 从键盘上输入 20 个整数，并分别以 "%5d" 格式存放到数据文件 file.txt 中，顺序号定为 0～19。然后，输入某一顺序号之后，读出该序号对应的数据并输出到终端显示器上。

9-5 从键盘上输入一批序号，在习题 9-4 程序产生的数据文件 file.txt 中查找对应序号的数读出，并输出到终端显示器上，直到从键盘上输入的序号无法在 file.txt 文件中找到对应的有效数据时为止。

9-6 将例 9-6 产生的文本文件 dt5.txt 中的数据读入数组中，并按学生的平均分从大到小排序后输出到另外的一个文本文件中（也可以输出到二进制文件中）。

9-7 将 10 名职工的数据从键盘输入，然后送入磁盘文件 worker1.rec 中保存。设职工数据包括：职工号、职工名、性别、年龄、工资，再从文件读入这些数据，依次输出到终端显示器上（使用 fread 和 fwrite 函数实现文件操作）。

9-8 从键盘输入多行字符串，然后把它们输出到磁盘文件 file.txt 中，用字符串 "stop" 作为终止标记，该终止标记不保存在文件中。

9-9 已有文本文件 file1.txt 和 file2.txt，其中存放的都是 float 型的数据，并且都已按从小到大的次序排好。要求读入这两个文件中的数据,把它们的数据合并后存放到文本文件 file3.txt 中,该文件中数据也具有从小到大的次序。

提示:file1.txt 和 file2.txt 中的数据可以由用户编写的程序产生,也可以用记事本程序或 Visual C++的集成开发环境编辑录入。

9-10 实现习题 9-9 的功能,但要求存放到 file3.txt 中的数据从大到小存放。

9-11 实现习题 9-10 的功能,但要求 file3.txt 是二进制文件。

第 10 章　C 语言涉及的其他知识

在前面的 9 章中介绍了 C 语言涉及的核心内容,这些内容会占据程序设计的主要篇幅。但是,作为一种非常优秀的程序设计语言,C 语言还有许多很好的功能,如果读者能够很好地应用这些知识,将使程序设计更加自如。本章简要介绍这些知识。

10.1　共用体

共用体类型属于构造类型,由用户根据需要自行声明。

10.1.1　共用体类型的声明

共用体类型声明的一般形式是:

union 标识符
{成员表列};

【说明】　union 是关键字,而成员表列是对构成共用体类型各成员的类型说明。
例如:

```
union type
{ int a;
  short b;
  char c[4];
};
```
定义的共用体类型 union type 有 a、b 和 c 3 个成员。

10.1.2　共用体类型变量的定义

声明共用体类型后,就可以定义该类型的变量了。具体定义形式有以下 3 种。
(1) 定义形式一:

```
union type
{
    int a;
    short b;
    char c[4];
}x,y,z;
```

（2）定义形式二：

```
union type
{
    int a;
    short b;
    char c[4];
};
union type x,y,z;
```

（3）定义形式三：

```
union
{
    int a;
    short b;
    char c[4];
}x,y,z;
```

int、short 和 char 类型数据分别占据 4 字节、2 字节和 1 字节的存储空间，c 是一个字符数组，共计占用 4 字节。以上 3 个成员在内存中尽管占用的字节数不同，但都从同一地址开始存放，也就是它们共享同一段内存空间。

上面 3 种定义形式与结构体变量的定义形式类似（但意义不同），这里不再赘述。共用体类型变量（简称共用体变量）成员的引用，也与结构体变量成员的引用类似。例如，可以引用 x.a、y.b、z.c[2] 等；也可以对共用体变量初始化，但不能整体输入输出。

10.1.3 共用体变量的应用

共用体类型变量的特殊之处在于共用体变量的地址与每个成员的地址相同，这是由于每个成员共用内存空间的缘故。下面通过例 10-1 具体分析内存单元是如何共用的。

【例 10-1】 查看内存地址，提取每个字节的内容。

```
#include "stdio.h"
union type
{ int a;
  short b;
  char c[4];
}x;
main()
{ x.a=0xfcfdfeff;
  printf("查看共用体变量及成员的地址:\n");
  printf("&x=%d,&x.a=%d,&x.b=%d,x.c=%d\n",&x,&x.a,&x.b,x.c);
  printf("查看每个字符成员地址:\n");
  printf("&c[0]=%d,&c[1]=%d,&c[2]=%d,&c[3]=%d\n",
```

```
        &x.c[0],&x.c[1],&x.c[2],&x.c[3]);
    printf("查看每个字节的值:\n");
    printf("1字节=%d,2字节=%d,3字节=%d,4字节=%d\n",
        x.c[0],x.c[1],x.c[2],x.c[3]);
}
```

运行结果：

查看共用体变量及成员的地址：
&x=4357680,&x.a=4357680,&x.b=4357680,x.c=4357680
查看每个字符成员地址：
&c[0]=4357680,&c[1]=4357681,&c[2]=4357682,&c[3]=4357683
查看每个字节的值：
1字节=-1,2字节=-2,3字节=-3,4字节=-4

【说明】 通过例题 10-1，可以总结出共用体变量具有以下特点：

（1）共用体变量与其各成员的地址相同，由此可以说明其"共用"性。

（2）由于 x.a 是 int 型数据占 4 字节，其最高位字节应与字符数组 x.c 的最大下标成员 x.c[3] 共用相同的内存空间，其最低位字节应与 x.c 的最小下标成员 x.c[0] 共用相同的内存空间。同理，由于 short 型数据 x.b 仅占 2 字节，应与字符数组 x.c 的较小下标的两个元素共用相同的内存空间，当然也与 x.a 的较低位的 2 字节共用相同的内存空间。共用体成员共用 4 字节内存的情况如图 10.1 所示。其中，为了直观地表明 int、short 型数据高低位字节的左右排列次序，数组 x.c 采用了先高位下标元素、后低位下标元素次序的排列方法。

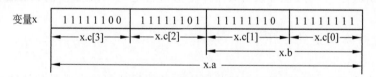

图 10.1　共用体成员共用 4 字节内存的情况

（3）本程序由于共用体变量的 3 个成员都是整数系列的，因此能够直接进行数据传递，而如果某个成员是浮点型（float 或 double）的，则由于数据存储方式的不同，将不能直接传递。假设将 b 成员的定义改为 float b;而 x.a=10;，那么 x.b 绝对不会是 10.0。请读者自己进行验证。

对于共用体类型的数据，可以引入指向共用体类型的指针变量，共用体类型的数据也可以作为参数进行传递，这里不再介绍。

10.2　枚举类型

枚举类型是一种构造类型（有的教材将枚举类型单列为一类）。如果变量的取值是几个固定的可能值，这样就可以定义为枚举类型。

枚举类型的定义形式是：

```
enum   标识符 {枚举元素列表};
```

【说明】　enum 是枚举类型的关键字，"enum 标识符"构成了新的枚举类型名，枚举元素是用户指定的名字，供枚举变量使用。

例如：

```
enum color {black,blue,green,red,yellow};
```

声明了一个枚举类型 enum color，使用该类型可以定义枚举变量：

```
enum color toy1,toy2;
```

那么变量 toy1、toy2 就只能在定义的 5 个枚举元素内取值，例如：

```
toy1=yellow;
toy2=toy1;
```

这里需要特别强调的是，虽然给 toy1 变量赋值 yellow，变量 toy1 的值并不是 yellow，而是 4。因为 C 语言规定，枚举元素在内存中是按照顺序号存储的，这 5 个枚举元素的值依次是 0、1、2、3、4。当用户给某个元素赋值新的序号后，其后面的元素依次排列。

【例 10-2】　输出枚举变量的值。

```
#include "stdio.h"
main()
{ enum color {black=5,blue,green,red,yellow};
  enum color toy;
  for(toy=black;toy<=yellow;toy++)
     printf("%3d",toy);
  printf("\n");
}
```

运行结果：

```
5  6  7  8  9
```

10.3　自定义类型名 typedef

前面介绍了 C 语言的许多基本类型和构造类型等，在 C 语言中还允许使用 typedef 关键字给这些存在的类型取一个别名，这样新名字与原来的名字都可以用来定义变量。自定义类型名是为了直观或者书写方便。

自定义类型名的一般形式是：

```
typedef   原类型名   新类型名;
```

例如，利用下面的定义：

```
typedef int INTEGER;
```

将产生一个 int 类型的别名 INTEGER，使用下面的定义：

```
INTEGER a,b,c;
```

就定义了 int 型的变量 a、b、c。

【例 10-3】 求一个结构体数组中所有性别为 M 的记录的个数。

```
#include "stdio.h"
#define N 3
typedef struct student
{  int num; char nam[10]; char sex;
}SS;
int fun(SS person[ ])
{  int i,n=0;
   for(i=0; i<N; i++)
      if( person[i].sex =='M') n++;
   return n;
}
main()
{  SS W[N]={{1,"AA",'F'},{2,"BB",'M'},{3,"CC",'M'}};
   int n;
   n=fun(W);
   printf("n=%d\n", n);
}
```

在本程序中，把结构体类型 struct student 自定义为 SS，在书写上就很方便了。typedef 还有以下特殊应用。

（1）定义数组类型。

```
typedef char NAME[20];          /*定义 NAME 是数组类型*/
NAME zhao,liu;                  /*定义 zhao、liu 是具有 20 个元素的字符数组*/
```

（2）定义指针类型。

```
typedef int *pointer;
pointer p1,p2;                  /*定义 p1、p2 为指向 int 型数据的指针变量*/
```

10.4 位运算

C 语言的主要特色之一就是具有低级语言的功能，即允许直接访问物理地址，并能进行位运算，也就是能够按照二进制位进行运算，进而可用其编写系统软件。位运算需要把十进制数转化为二进制数再按位进行运算，运算得到结果后一般还要转化成十进制或者其他 C 语言能够表示的整数。

10.4.1　位运算符和位运算

C 语言提供了 6 种位运算符,具体见表 10.1。

表 10.1　C 语言的位运算符

运算符	含　义	运算符	含　义
~	按位取反	&	按位与
<<	左移	^	按位异或
>>	右移	|	按位或

在这些位运算符中,除了 ~ 是单目运算符外,其余都是双目运算符,并且运算符的优先级由高到低的顺序是(其中两个移位运算符同级):

$$\sim \to <<,>> \to \& \to \wedge \to |$$

位运算的操作数必须是整型或字符型数据。

1. 按位与运算

参与运算的两个数按二进制位进行 &(与)运算,只有对应的两个二进制位均为 1时,结果位才为 1,否则为 0。

$$1\&1=1, \quad 1\&0=0, \quad 0\&1=0, \quad 0\&0=0$$

例如,9&5 可写算式(先把 9 和 5 转换为二进制数,并用补码表示。为方便起见,用 8位表示)如下:

```
        00001001   （9）
   &    00000101   （5）
        00000001   （1）
```

因此,9&5 的值是 1。

2. 按位或运算

参与运算的两个数按二进制位进行 |(或)运算,只要对应的两个二进制位有一个为 1,结果就是 1,只有两个二进制位都是 0 的时候才是 0。

$$1|1=1, \quad 1|0=1, \quad 0|1=1, \quad 0|0=0$$

例如,9|5 可写算式如下:

```
        00001001   （9）
   |    00000101   （5）
        00001101   （13）
```

所以,9|5 的值是 13。

3. 按位异或运算

参与运算的两个量的对应二进制位只要相同结果就是 0,否则是 1。

$$1\verb|^|1=0,\quad 1\verb|^|0=1,\quad 0\verb|^|1=1,\quad 0\verb|^|0=0$$

按照这样的运算规则,显然 9^5=12。

4. 按位取反运算

～是位运算符中唯一的单目运算符,其作用是把一个数二进制补码表示的每一位都取反,把 0 变成 1,把 1 变成 0。这里需要特别注意的是,应对一个数据的全部二进制位取反,例如对于用 4 字节存储一个整数的情况,需要对其 32 位全部取反。

例如,计算～8。

（1）将 8 转换为 32 位存储的补码形式为

$$00000000000000000000000000001000$$

（2）按位取反得到

$$11111111111111111111111111110111$$

（3）把得到的结果转化成其真值。由于按位取反后得到的补码最高位是 1,表明是一个负数,那么按照负数由补码求出其原码的规律"除符号位外,其他各位取反,最后加 1",得到原码为

$$10000000000000000000000000001001$$

可见其真值为－9。也就是说～8 的值是－9,可千万不要认为～8 的值是－8。

5. 左移和右移运算

移位运算的一般格式是:

操作数　移位运算符　移动位数

例如,12<<1 就表示把 12 左移 1 位。

左移位运算的规则是(以移动 1 位为例):把二进制数的补码形式整体(如果是 int 型数据就是 32 位)左移 1 位,原来的最高位丢弃,低位补 0。

按照上面的规则,12<<1 的值是 24。而－9<<1 的值是－18。

右移位运算的规则是(以移动 1 位为例):把二进制数的补码形式整体右移 1 位,原来的最低位丢弃,最高位原来是 1 则补 1,原来是 0 则补 0。

例如,12>>1 的值是 6,－9>>2 的值是－3。

对于负数的移位运算一般来说比较复杂,不像正数那样简单,在一些特殊的情况下,负数移位运算后还可能得到正数。

6. 位赋值运算符

位运算符与赋值运算符可以组成复合赋值运算符,这样的运算符共有 5 个(取反运算符～不能与赋值运算结合):>>=、<<=、&=、^=、|=。

10.4.2　位运算应用

【例 10-4】　交换整型变量 a、b 的内容,不用引入其他临时单元。采用下面 3 个异或

运算式就可以实现该功能。

```
a=a^b
b=b^a
a=a^b
```

程序实现如下。

```
#include "stdio.h"
main()
{ int a,b;
  printf("请输入两个整数:");
  scanf("%d%d",&a,&b);
  printf("交换前:a=%d,b=%d\n",a,b);
  a=a^b;
  b=b^a;
  a=a^b;
  printf("交换后: a=%d,b=%d\n",a,b);
}
```

运行结果：

```
请输入两个整数: 12 45
交换前: a=12,b=45
交换后: a=45,b=12
```

【例 10-5】　取出一个整数 a 从右端开始的 5～9 位,组成一个新数,并分别用八进制和十进制形式输出。

【分析】　一个整数的二进制数形式的每一位都是 0 或 1,根据前面所学的位运算符可以知道,当用 1 与某一位做"按位与"运算时,会保持原来数字的状态不变;而用 0 与某位进行"按位与"运算时,不管原来是什么,都会变成 0,利用这个特点可以把 a 从右端开始的第 5～9 位移到最后(移走原数最后的 5 位即可),然后用 11111 和 a 进行"按位与"运算就可以得到这 5 位(实际上是用 00000000000000000000000000011111 与 a 进行"按位与"运算)。

```
#include "stdio.h"
main()
{ unsigned int a,b,c;
  scanf("%o",&a);
  b=a>>5;          /* 二进制数的最低位是从 0 位开始计数的 */
  c=b&0x1f;
  printf("%o  %d\n%o  %d\n",a,a,c,c);
}
```

程序某次的运行结果：

```
33331↙
```

```
33331  14041
26   22
```

【说明】 程序输入的数据是八进制的 33331,也就是二进制数 011011011011001,最后的 0~4 位 11001,则要取出的 5~9 位是 10110,转换为八进制数就是 26,转换为十进制数为 22。

10.4.3 位段

位段又称位域。针对待处理数据的范围很小的情况,可以定义比一个存储单元的二进制位数少的位段来进行处理。使用位段的目的就是减少空间的占用,节省内存。在 C 语言中,没有专门的位段类型,可用结构体类型来定义位段。

1. 位段结构说明

下面通过一个具体的例子来介绍位段结构。

```
struct node
{ int num;
  unsigned int sex:1;
  unsigned int age:7;
  struct node * next;
};
```

在结构体类型 struct node 中有 4 个成员,其中 sex 和 age 成员就是位段成员,其中 sex 占 1 个二进制位,目的用来存放性别,取值是 0 或 1;age 占 7 个二进制位,它的取值范围是 0~127,用来表示年龄也够用了。位段必须定义成 unsigned 类型。

2. 位段的引用方法

由于位段是结构体类型的成员,因此要首先定义结构体变量,然后再引用位段。例如:

```
struct node stu;
```

定义了结构体变量 stu 后,就可以按照下面的方法对其中位段成员进行赋值。

```
stu.age=37;
stu.sex=1;
```

从这个应用看,位段的使用只是数据表示的范围具有一定的限制,其他方面与普通的结构体变量没有什么大的区别。但是,由于位段是以位为单位,所以不能对位段成员取地址。

本章小结

本章介绍了一些在 C 语言中可能不是很常用,但是在特定的程序设计环境下会很有用的知识,如共用体、枚举类型、自定义类型名和位运算等,这些内容排列在同一章中的关联性不是很强,但也是 C 语言的有机组成部分,如果运用得好,会使编程更加方便。

习题 10

10-1　运行以下程序,并通过运行结果了解数据在内存中的存储方式。

```
#include "stdio.h"
main()
{ union abc
    {
        int i;
        char c[2];
    }a;
    a.i=0x1234;
    printf("%x,%x\n%d,%d\n",a.c[0],a.c[1],a.c[0],a.c[1]);
}
```

10-2　设有下面的定义:

```
typedef struct
{ int a;
  char name[20];
}PERSON;
```

则以下叙述中正确的是(　　　)。

A. typedef struct 是结构体类型名　　　　B. struct 是结构体类型名

C. PERSON 是结构体类型名　　　　　　　D. PERSON 是结构体变量名

10-3　若有以下声明:

```
typedef struct stu
{int num;char sex;double score;}STU;
```

则下面定义结构体数组并赋初值的语句中正确的是(　　　)。

A. STU a[2]={{1,'m',78.5};{2,'f',95.0}};

B. struct stu b[2]={{1,m,78.5},{2,f,95.0}};

C. STU c[2]={{1,"m",78.5},{2,"f",95.0}};

D. struct stu d[2]={1,'m',78.5,2,'f',95.0};

10-4　回答以下问题:

(1) 使一个整型变量的低 4 位翻转(即 0 变为 1,1 变为 0),应进行的运算是什么?

(2) a 是一个八进制数,其值是 05654,能将变量 a 的各二进制位均置 1 的表达式是什么?

(3) 运用位运算,能把八进制数 032100 除以 4,然后赋值给变量 a 的表达式是什么?

ASCII值	字符	控制字符	ASCII值	字符	ASCII值	字符	ASCII值	字符	ASCII值	字符	ASCII值	字符	ASCII值	字符	ASCII值	字符
0	(null)	NUL	32	(space)	64	@	96	`	128	Ç	160	á	192	└	224	α
1	☺	SOH	33	!	65	A	97	a	129	ü	161	í	193	┴	225	β
2	☻	STX	34	"	66	B	98	b	130	é	162	ó	194	┬	226	Γ
3	♥	ETX	35	#	67	C	99	c	131	â	163	ú	195	├	227	π
4	♦	EOT	36	$	68	D	100	d	132	ä	164	ñ	196	─	228	Σ
5	♣	ENQ	37	%	69	E	101	e	133	à	165	Ñ	197	┼	229	σ
6	♠	ACK	38	&	70	F	102	f	134	å	166	ª	198	╞	230	µ
7	•	BEL	39	'	71	G	103	g	135	ç	167	º	199	╟	231	τ
8	◘ (backspace)	BS	40	(	72	H	104	h	136	ê	168	¿	200	╚	232	Φ
9	○ (tab)	HT	41	)	73	I	105	i	137	ë	169	⌐	201	╔	233	θ
10	◙ (line feed)	LF	42	*	74	J	106	j	138	è	170	¬	202	╩	234	Ω
11	♂	VT	43	+	75	K	107	k	139	ï	171	½	203	╦	235	δ
12	♀	FF	44	,	76	L	108	l	140	î	172	¼	204	╠	236	∞
13	♪ (carriage return)	CR	45	-	77	M	109	m	141	ì	173	¡	205	═	237	φ
14	♫	SO	46	.	78	N	110	n	142	Ä	174	«	206	╬	238	∈
15	☼	SI	47	/	79	O	111	o	143	Å	175	»	207	╧	239	∩
16	►	DLE	48	0	80	P	112	p	144	É	176	░	208	╨	240	≡
17	◄	DC1	49	1	81	Q	113	q	145	æ	177	▒	209	╤	241	±
18	↕	DC2	50	2	82	R	114	r	146	Æ	178	▓	210	╥	242	≥
19	‼	DC3	51	3	83	S	115	s	147	ô	179	│	211	╙	243	≤
20	¶	DC4	52	4	84	T	116	t	148	ö	180	┤	212	╘	244	⌠
21	§	NAK	53	5	85	U	117	u	149	ò	181	╡	213	╒	245	⌡
22	▬	SYN	54	6	86	V	118	v	150	û	182	╢	214	╓	246	÷
23	↨	ETB	55	7	87	W	119	w	151	ù	183	╖	215	╫	247	≈
24	↑	CAN	56	8	88	X	120	x	152	ÿ	184	╕	216	╪	248	°
25	↓	EM	57	9	89	Y	121	y	153	Ö	185	╣	217	┘	249	∙
26	→	SUB	58	:	90	Z	122	z	154	Ü	186	║	218	┌	250	·
27	←	ESC	59	;	91	[	123	{	155	¢	187	╗	219	█	251	√
28	∟	FS	60	<	92	\	124	|	156	£	188	╝	220	▄	252	^{n}
29	↔	GS	61	=	93	]	125	}	157	¥	189	╜	221	▌	253	^{2}
30	▲	RS	62	>	94	^	126	~	158	Pt	190	╛	222	▐	254	■
31	▼	US	63	?	95	_	127	⌂	159	ƒ	191	┐	223	▀	255	(blank 'FF')

附录 B　C 语言中的关键字

auto	break	case	char	const
continue	default	do	double	else
enum	extern	float	for	goto
if	int	long	register	return
short	signed	sizeof	static	struct
switch	typedef	union	unsigned	void
volatile	while			

附录 C 运算符的优先级和结合方向

优 先 级	运 算 符	含 义	结合方向	说 明
1	( )	圆括号	自左至右	
	[ ]	下标运算符		
	->	指向结构体成员运算符		
	.	结构体成员运算符		
2	!	逻辑非运算符	自右至左	单目运算符
	~	按位取反运算符		
	+	正号		
	-	负号		
	(类型标识符)	强制类型转换运算符		
	++	自增运算符		
	--	自减运算符		
	*	指针运算符		
	&	取地址运算符		
	sizeof	求字节数运算符		
3	*	乘法运算符	自左至右	双目运算符
	/	除法运算符		
	%	求余运算符		
4	+	加法运算符	自左至右	双目运算符
	-	减法运算符		
5	<<	左移运算符	自左至右	双目运算符
	>>	右移运算符		
6	<	小于运算符	自左至右	双目运算符
	<=	小于或等于运算符		
	>	大于运算符		
	>=	大于或等于运算符		
7	==	等于运算符	自左至右	双目运算符
	!=	不等于运算符		

续表

优先级	运算符	含义	结合方向	说明
8	&	按位与运算符	自左至右	双目运算符
9	^	按位异或运算符	自左至右	双目运算符
10	|	按位或运算符	自左至右	双目运算符
11	&&	逻辑与运算符	自左至右	双目运算符
12	||	逻辑或运算符	自左至右	双目运算符
13	? :	条件运算符	自右至左	三目运算符
14	=	赋值运算符	自右至左	双目运算符
	+=	加后赋值运算符		
	−=	减后赋值运算符		
	*=	乘后赋值运算符		
	/=	除后赋值运算符		
	%=	求余后赋值运算符		
	<<=	左移后赋值运算符		
	>>=	右移后赋值运算符		
	&=	按位与后赋值运算符		
	^=	按位异或后赋值运算符		
	|=	按位或后赋值运算符		
15	,	逗号运算符	自左至右	双目运算符

附录 D 常用的 C 语言库函数

虽然库函数不是 C 语言的组成部分,但具体的 C 语言系统都提供了丰富的已经编写好的函数(称为库函数),供软件开发者使用。根据这些库函数的功能把它们划分成若干种类,每一类形成了 C 语言的一个函数库。例如,fabs、sqrt 和 sin 等数学类函数被放到数学函数库(math.h)中,使用该库中的函数时,需要使用文件包含命令♯include "math.h"或♯include ＜math.h＞,其他库函数类似。此附录列出了一些主要函数库中常用函数的使用说明,供读者参考。但具体到 C 语言的实际系统时,其函数库的种类以及每个函数库中包含的库函数都会有所不同,这需要查找所用系统提供的库函数的详细资料。

1. 数学函数库(见附表 D.1)

附表 D.1 数学函数库 math.h

函数名称	函数原型	功　能	说　明
fabs	double fabs(double x)	求浮点数 x 的绝对值	计算|x|,当 x 不为负时返回 x,否则返回 −x
abs	int abs(int x)	求整数 x 的绝对值	计算|x|,当 x 不为负时返回 x,否则返回 −x
acos	double acos(double x)	求 x(弧度表示)的反余弦值	x 的定义域为[−1.0,1.0],值域为[0,π]
asin	double asin(double x)	求 x(弧度表示)的反正弦值	x 的定义域为[−1.0,1.0],值域为[−π/2,π/2]
atan	double atan(double x)	求 x(弧度表示)的反正切值	值域为(−π/2,π/2)
atan2	double atan2(double y, double x)	求 y/x(弧度表示)的反正切值	值域为(−π/2,π/2)
ceil	double ceil(double x)	求不小于 x 的最小整数(即上舍入)	返回 x 的上限,如 37.12 的上限为38,−37.12 的上限为−37。
cos	double cos(double x)	求 x(弧度表示)的余弦值	值域为[−1.0,1.0]
cosh	double cosh(double x)	求 x 的双曲余弦值	
exp	double exp(double x)	求 e 的 x 次幂	e=2.718281828…
floor	double floor(double x)	求不大于 x 的最大整数(即下舍入)	返回 x 的下限,如 37.12 的下限为37,−37.12 的下限为−38。
fmod	double fmod(double x, double y)	求 x/y 的余数	返回 x−n * y,符号同 x。n=[x/y](向离开 0 的方向取整)

续表

函数名称	函 数 原 型	功 能	说 明
log	double log(double x)	求 x 的自然对数	x 的值应大于 0
log10	double log10(double x)	求 x 的常用对数	x 的值应大于 0
pow	double pow(double x, double y)	求 x 的 y 次幂	
pow10	double pow10(double x)	求 10 的 x 次幂	相当于 pow(10.0,x)
sin	double sin(double x)	求 x(弧度表示)的正弦值	值域为[−1.0,1.0]
sinh	double sinh(double x)	求 x(弧度表示)的双曲正弦值	
sqrt	double sqrt(double x)	求 x 的平方根	x 应大于或等于 0
tan	double tan(double x)	求 x(弧度表示)的正切值	
tanh	double tanh(double x)	求 x 的双曲正切值	

2. 字符串函数库(见附表 D.2)

附表 D.2　字符串函数库 string.h

函数名称	函 数 原 型	功 能	说 明
strcat	char *strcat(char *s1,char *s2)	把 s2 所指字符串添加到 s1 结尾处并添加'\0'	
strchr	char *strchr(char *s,char c)	查找字符串 s 中首次出现字符 c 的位置	返回首次出现 c 的位置的指针,若 s 中不存在 c 则返回 NULL
strcmp	intstrcmp(char *s1,char *s2)	比较字符串 s1 和 s2	当 s1<s2 时,返回值小于 0;当 s1=s2 时,返回值等于 0;当 s1>s2 时,返回值大于 0
strcpy	char *strcpy(char *s1,char *s2)	把 s2 所指的字符串复制到 s1 所指的数组中	
strlen	int strlen(char *s)	计算字符串 s 的长度	返回 s 的长度,不包括结束符 NULL('\0')
strlwr	char *strlwr(char *s)	将字符串 s 转换为小写形式	返回指向 s 的指针
strupr	char *strupr(char *s)	将字符串 s 转换为大写形式	返回指向 s 的指针
strncat	char *strncat(char *s1,char *s2,int n)	把 s2 所指字符串的前 n 个字符添加到 s1 结尾处并添加'\0'	返回指向 s1 的指针

函数名称	函 数 原 型	功 能	说 明
strncmp	int strncmp(char *s1,char *s2,int n)	比较字符串 s1 和 s2 的前 n 个字符	当 s1<s2 时,返回值小于 0;当 s1=s2 时,返回值等于 0;当 s1>s2 时,返回值大于 0
strncpy	char *strncpy(char *s1,char *s2, int n)	把 s2 所指由 NULL('\0')结束的字符串的前 n 个字符复制到 s1 所指的数组中	
strrev	char *strrev(char *s)	把字符串 s 的所有字符的顺序颠倒过来	返回指向颠倒顺序后的字符串指针
strstr	char *strstr(char *s1,char *s2)	从字符串 s1 中寻找 s2 第一次出现的位置	返回指向第一次出现 s2 位置的指针,若没找到则返回 NULL

3. 标准输入输出函数库（见附表 D.3）

附表 D.3　标准输入输出函数库 stdio.h

函数名称	函 数 原 型	功 能	说 明
fclose	int fclose(FILE *fp)	关闭 fp 所指的文件,释放文件缓冲区	文件正确关闭函数则返回 0,否则返回非 0
feof	int feof(FILE *fp)	检查 fp 所指的文件是否结束	遇文件结束符则返回非 0 值,否则返回 NULL
fgetc	int fgetc(FILE *fp)	从 fp 所指文件的当前位置取得一个字符	读取成功则返回该字符,若出错返回 EOF(−1)
fgets	char *fgets(char *string, int n,FILE *fp)	从 fp 所指文件读取 n−1 个字符,存入起始地址为 string 的空间	读取成功则返回地址 string,若遇文件结束或出错则返回 NULL
fopen	FILE *fopen(char *filename, char *mode)	以 mode 指定的方式打开由 filename 指向的字符串作为文件名的文件	打开成功则返回文件的指针,否则返回 NULL
fprintf	int fprintf(FILE *fp,char *format[,args,…])	把数据按指定的格式输出到 fp 所指的文件中	输出成功则返回字符数
fputc	int fputc(int ch,FILE *fp)	把字符 ch 输出到 fp 指向的文件	输出成功函数则返回该字符,否则返回非 0 值
fputs	int fputs(char *string, FILE *fp)	将字符串 string 输出到 fp 文件中	输出成功则返回 0,否则返回非 0 值
fread	int fread(void *ptr,int size, int n,FILE *fp)	从 fp 指定的文件中读取长度为 size 的 n 个数据项,存到 ptr 所指向的内存区	读取成功则返回 n 值,否则返回 NULL

函数名称	函 数 原 型	功　　能	说　　明
fscanf	int fscanf(FILE *fp,char *format[,args,…])	从 fp 所指文件中按格式读出数据	读取成功则返回输入数据的个数
fseek	int fseek（FILE * fp，long offset,int base)	将文件指针移动到指定的位置	按照 base 规定的方向移动 offset 位移量,若不成功则返回 EOF(−1)
ftell	long ftell(FILE *fp)	返回当前文件指针位置	
fwrite	int fwrite(void *ptr,int size,int n,FILE *fp)	把从 ptr 开始的 n*size 个字节输出到 fp 指向的文件	输出成功则返回 n,否则返回 0
getc	int getc(FILE *fp)	从 fp 指向的文件读取一个字符	读取成功则返回该字符,否则返回 EOF(−1)
getchar	int getchar(void)	从标准设备读取一个字符	读取成功则返回该字符,否则返回 EOF(−1)
gets	char *gets(char *string)	从标准设备读取一个字符串	输入的字符串存放到 string 指向处,并用 NULL('\0')代替输入的换行符
printf	int printf（char * format [,args,…])	按指定的格式向标准设备输出数据	输出成功则返回输出数据字节数,输出出错则返回 EOF(−1)
putc	int putc(intch,FILE *fp)	把字符 ch 写入 fp 指向的文件中	输出成功则返回该字符,否则函数返回 EOF(−1)
putchar	int putchar(char ch)	把字符 ch 输出到标准设备	输出成功函数则返回该字符,否则返回 EOF(−1)
puts	int puts(char *string)	把 str 字符串输出到标准设备	输出时把字符串终止标记'\0'转化为换行符并返回换行符,否则返回 EOF(−1)
rename	int rename(char *old,char * new)	把文件名 old 改为 new	改名成功则返回 0,否则返回−1
rewind	int rewind(FILE *fp)	把文件 fp 反绕到文件的起始位置	
scanf	int scanf（char * format [,args,…)	按指定的格式从标准设备输入数据	输入成功则返回输入数据的个数,遇到文件结束则返回 EOF,输入出错则返回 0
perror	void perror(char *string)	显示系统错误信息	

4. 字符函数库（见附表 D.4）

附表 D.4　字符函数库 ctype.h

函数名称	函数原型	功　能	说　明
iscntrl	int iscntrl(char c)	判断字符 c 是否为控制字符	当 c 在 0x00～0x1F 或等于 0x7F（DEL）时，则返回非 0 值，否则返回 0
isalnum	int isalnum(char c)	判断字符 c 是否为字母或数字	当 c 为数字 0～9 或字母 a～z 或 A～Z 时，则返回非 0 值，否则返回 0
isalpha	int isalpha(char c)	判断字符 c 是否为英文字母	当 c 为英文字母 a～z 或 A～Z 时，则返回非 0 值，否则返回 0
isascii	int isascii(char c)	判断字符 c 是否为 ASCII 码	当 c 为 ASCII 码时，则返回非 0 值，否则返回 0。ASCII 码指 0x00～0x7F 的字符
isdigit	int isdigit(char c)	判断字符 c 是否为数字	当 c 为数字 0～9 时，则返回非 0 值，否则返回 0
isgraph	int isgraph(char c)	判断字符 c 是否为除空格外的可打印字符	当 c 为可打印字符（0x21～0x7e）时，则返回非 0 值，否则返回 0
islower	int islower(char c)	判断字符 c 是否为小写英文字母	当 c 为小写英文字母（a～z）时，则返回非 0 值，否则返回 0
isprint	int isprint(char c)	判断字符 c 是否为可打印字符（含空格）	当 c 为可打印字符（0x20～0x7e）时，则返回非 0 值，否则返回 0
ispunct	int ispunct(char c)	判断字符 c 是否为标点符号	当 c 为标点符号时，则返回非 0 值，否则返回 0。标点符号指那些既不是字母数字也不是空格的可打印字符
isspace	int isspace(char c)	判断字符 c 是否为空白符	当 c 为空白符时，则返回非 0 值，否则返回 0。空白符指空格、水平制表、垂直制表、换页、回车和换行符
isupper	int isupper(char c);	判断字符 c 是否为大写英文字母	当 c 为大写英文字母（A～Z）时，返回非零值，否则返回零
isxdigit	int isxdigit(char c)	判断字符 c 是否为十六进制数字	当 c 为 A～F 或 a～f 或 0～9 的十六进制数字时，则返回非 0 值，否则返回 0
toascii	int toascii(char c)	将字符 c 转换为 ASCII 码	将字符 c 的高位清 0，仅保留低 7 位。返回转换后的数值

函数名称	函 数 原 型	功　能	说　明
tolower	int tolower(char c)	将字符 c 转换为小写英文字母	如果 c 为大写英文字母,则返回对应的小写字母;否则返回原来的值
toupper	int toupper(char c)	将字符 c 转换为大写英文字母	如果 c 为小写英文字母,则返回对应的大写字母,否则返回原来的值

5. 标准库函数库(见附表 D.5)

附表 D.5　标准库函数库 stdlib.h

函数名称	函 数 原 型	功　能	说　明
atof	double atof(const char *nptr)	把字符串转换成浮点数	扫描该字符串,跳过前面的空格字符,直到遇上数字或正负符号开始转换,再遇到非数字或字符串结束时('\0')结束转换,并将结果返回。该字符串可包含正负号、小数点或 E(e) 来表示指数部分,如 123.456 或 123e−2
atoi	int atoi(const char *s)	把字符串转换成整型数	扫描该字符串,跳过前面的空格字符,直到遇上数字或正负符号开始转换,再遇到非数字或字符串结束时结束转换,并将结果返回
atol	long atol(const char *s)	把字符串转换成长整型数	同 atoi
calloc	void *calloc(unsigned n, unsigned size)	分配 n 个大小为 size 的连续内存空间	其返回值是指向第一个元素的指针,指针的类型可以通过强制类型转换实现
exit	void exit(int n)	终止程序运行,清除和关闭所有文件	exit(0) 正常结束程序运行,exit(非0)非正常结束程序运行
free	void free(void *p)	释放 p 所指的内存区	
malloc	void *malloc(unsigned size)	分配 size 字节的内存空间	返回指向该内存空间的指针,指针的类型通过强制类型转换实现
rand	int rand(void)	返回下一个伪随机数	产生 [0,RAND_MAX) 的一个随机数,RAND_MAX 一般是 32767
srand	void srand(unsigned seed)	初始化随机数发生器	seed 最好采用时间函数,练习时可用 time(NULL)
strtod	double strtod(char *nptr, char **endptr)	将字符串转换成双精度数,并返回这个数	参照 atof 函数

续表

函数名称	函 数 原 型	功　　能	说　　明
strtol	long strtol（char *nptr,char **endptr,int base）	将字符串转换成长整型数	参数 base 代表采用的进制方式,如 base 值为 10 则采用十进制。
strtoul	unsigned long strtoul（char *nptr, char **endptr, int base）	将字符串转换成无符号长整型数	参照 strtol 函数

【说明】　在 Turbo C 中常用的产生随机数的函数为 random 和 randomize,但它们实际上是宏定义：

```
#define random(num) (rand()%(num))       /*返回值是[0,num-1]的随机整数*/
#define randomize() srand((unsigned)time (NULL))      /*初始化随机数发生器*/
```

6. 时间函数库（见附表 D.6）

附表 D.6　时间函数库 time.h

函数名称	函 数 原 型	功　　能	说　　明
stime	int stime(long *tp)	设置时间	设置系统的时间和日期,tp 指向以秒为单位的、从 1970 年 1 月 1 日 00：00：00 算起的时间值
time	long time(long *tloc)	得到时间	返回以秒为单位、从 1970 年 1 月 1 日 00：00：00 算起的当前时间,并把它存放到由 tolc 所指的位置中

参 考 文 献

[1] Brian W. Kernighan, Dennis M Ritchie.The C Programming Language[M]. 2nd ed. 北京：机械工业出版社,2007.

[2] 谭浩强. C 程序设计[M]. 5 版. 北京：清华大学出版社,2017.

[3] 谭浩强,张基温,唐永炎.C 语言程序设计教程[M]. 3 版. 北京：高等教育出版社,2018.

[4] 裘宗燕. 从问题到程序——程序设计与 C 语言引论[M]. 2 版. 北京：机械工业出版社,2011.

[5] 李红豫. C 程序设计教程[M]. 5 版. 北京：清华大学出版社,2018.

[6] 龚本灿. C 程序设计教程[M]. 3 版. 北京：高等教育出版社,2020.

[7] 苏小红,赵玲玲,孙志岗,等. C 程序设计教程[M]. 4 版. 北京：高等教育出版社,2019.

[8] 吴雅娟.C 语言程序设计教程[M]. 修订版. 哈尔滨：哈尔滨工业大学出版社,2009.

[9] 吴国凤,宣善立. C/C++程序设计[M]. 北京：高等教育出版社,2009.

[10] 龚沛曾,杨志强. C/C++程序设计教程[M]. 北京：高等教育出版社,2020.

[11] King K N. C Programming：A Modern Approach[M]. 吕秀峰,译. 北京：人民邮电出版社,2007.

[12] 吕国英. 算法设计与分析[M]. 2 版. 北京：清华大学出版社,2009.

[13] 刘华蓥,衣治安. C 语言综合应用教程[M]. 北京：科学出版社,2013.

[14] 陈国良. 计算思维导论[M]. 北京：高等教育出版社,2012.

[15] 夏耕,黄小瑜. 计算思维基础[M]. 北京：电子工业出版社,2012.

[16] 李震平,韩晓鸿. C 语言程序设计项目教程[M]. 北京：北京理工大学出版社,2011.

图 书 资 源 支 持

感谢您一直以来对清华版图书的支持和爱护。为了配合本书的使用，本书提供配套的资源，有需求的读者请扫描下方的"书圈"微信公众号二维码，在图书专区下载，也可以拨打电话或发送电子邮件咨询。

如果您在使用本书的过程中遇到了什么问题，或者有相关图书出版计划，也请您发邮件告诉我们，以便我们更好地为您服务。

我们的联系方式：

地　　址：北京市海淀区双清路学研大厦 A 座 714

邮　　编：100084

电　　话：010-83470236　　010-83470237

客服邮箱：2301891038@qq.com

QQ：2301891038（请写明您的单位和姓名）

资源下载：关注公众号"书圈"下载配套资源。

资源下载、样书申请

书圈

获取最新书目

观看课程直播